2008年度国家精品课程
中国地质大学（武汉）地学类系列精品教材

高等学校教材

构 造 地 质 学
GOUZAO DIZHIXUE

名誉主编：朱志澄

主　　编：曾佐勋　樊光明

编写成员：曾佐勋　樊光明　王国灿
　　　　　李德威　秦松贤　张旺生
　　　　　索书田

内 容 简 介

构造地质学是地质学的主要分支学科,是地质学专业的基础课程,为了教学需要,于1990年由朱志澄、宋鸿林主编出版了《构造地质学》第一版。1999年由朱志澄主编出版了《构造地质学》第二版。本书是《构造地质学》第三版,对原书内容作了更新和完善。

编写第三版的指导思想和思路是:保持第二版的基本框架和风格,体现以构造解析为思路的构造地质学现代水平,符合教学规律和要求,并具有中国特色。全书在系统论述构造地质学基础理论的基础上,着重培养学生认识和分析各类构造的开阔视野和创新思维,以适应新时期对地学人才的构造地质学知识的基本要求。本次修编过程中,将课堂教学实习和野外教学实习内容单独成书《构造地质学实习指导书》,与本书配套使用。

本书可作为高等学校地质专业的教材,也可供研究生、地质生产和科研人员参阅。

图书在版编目(CIP)数据

构造地质学/曾佐勋,樊光明主编.—3版.—武汉:中国地质大学出版社,
ISBN 978-7-5625-2279-9（2025.5重印）

Ⅰ．构…
Ⅱ．①曾…②樊…
Ⅲ．构造地质学
Ⅳ．P54

中国版本图书馆 CIP 数据核字(2008)第 119879 号

构造地质学	曾佐勋 樊光明 **主编**

责任编辑:段连秀	策划编辑:段连秀	责任校对:张咏梅

出版发行:中国地质大学出版社(武汉市洪山区鲁磨路388号)	邮政编码:430074
电　　话:(027)67883511 传真:67883580	E-mail:cbb@cug.edu.cn
经　　销:全国新华书店	http://www.cugp.cn
开本:787毫米×1092毫米 1/16	字数:390千字　印张:14.875
版次:1990年11月第1版　1999年12月第2版　2008年8月第3版	印次:2025年5月第24次印刷
印刷:武汉市籍缘印刷厂	
ISBN 978-7-5625-2279-9	定价:32.00元

如有印装质量问题请与印刷厂联系调换

中国地质大学(武汉)地学类系列精品教材

策划、编辑委员会

策划部组成

主　　任：梁　志

副主任：刘桂涛

成　　员：张晓红　段连秀　赵颖弘

编辑部组成

主　　任：刘桂涛

成　　员：张晓红　段连秀　赵颖弘

　　　　　谌福兴　王凤林　周　华

第三版前言

本书是1990年中国地质大学出版社出版的《构造地质学》一书重新修编的第三版。原书第一版由朱志澄、宋鸿林主编，李智陵、郭颖、李德威等参加编写，马杏垣作序，曾两次重印，并于1996年获原地质矿产部第三届普通高等学校优秀教材一等奖，1997年获原国家教育委员会国家级教学成果二等奖。第二版由朱志澄主编，韦必则、张旺生、曾佐勋、索书田参加编写，五次重印，累计印数达2.45万册。

在原书编写中提出的指导思想和思路是：教材内容应反映以新构造观为核心、以构造解析为思路的构造地质学的现代水平，符合教学规律和要求，并具有中国特色。在这次修编再版中，我们仍然遵循这一指导思想和思路，保留了第二版的框架、风格和基本内容。

本次修编过程中为了更加突出实践性教学环节的重要性，与国际上的做法接轨，将构造地质学课堂实习和野外实习内容合并单独成书《构造地质学实习指导书》，并与本书配套使用。

本书为高等院校地质学专业的专业基础课教材，但其内容具有延伸性，可供高年级学生和研究生参阅。

本书以朱志澄教授为名誉主编，曾佐勋、樊光明为主编，编写分工如下：前言、第一、三、四、五章，由曾佐勋执笔；第六、十五章，由樊光明执笔；第十、十一章，由王国灿执笔；第十三、十四章，由李德威执笔；第二、七章，由秦松贤执笔；第八、九章，由张旺生执笔；第十二章，由索书田执笔。本书编写中吸取了构造地质系（原区域地质教研室和原构造地质教研室）的同志们多年来的教学和科研成果，所以在一定程度上该书可以看作是全系同志们共同劳动的结晶，尤应对作为前两版的编者们为本版奠定的基础致以谢忱。

对于关心、鼓励和支持本书出版的同志们，尤其对第二版和本次修编工作提出宝贵建议的同志们谨表谢忱。我们还要特别感谢中国地质大学教务处、地球科学学院和中国地质大学出版社对本书出版的一贯大力支持。

最后，我们谨以此书的出版，向前两任主编和本书的名誉主编、德高望重的朱志澄教授多年来对我们的悉心指导、热情鼓励表示衷心感谢，祝愿他健康长寿。

限于水平，书中缺点和疏漏在所难免，敬请指正。

编　者
2008年5月于武昌

第一版序

长期以来向往着有一本以马克思主义哲学为指导、以我国的地质构造实践和实际资料为基础的构造地质学教材,并曾以"解析构造学"为主题加以讨论(马杏垣,1983①)。该文曾开宗明义地说:"提出解析构造学是为了探索地质构造教学的一种新体系。"在这个体系中以唯物辩证法为核心去观察和研究各种地质构造的矛盾运动及其规律性,这将构成我们的构造观和方法论。

当时突出"解析"还有另一层意思,就是针对过去地质构造实践中的一种倾向,即往往通过比较的推理去追求对构造总体的把握而疏于细致分析的思维方式和工作方法,突出了从具体到整体的解析式的工作方法。当然,解析与综合两种思维方式和工作方法还是要结合与统一的。

中国地质大学区地教研室的教师们曾沿着这个方向进行了广泛的地质构造实践,取得了丰硕的成果。现在以朱志澄、宋鸿林两位教授为首的编写集体在此基础上,结合近年来国内外构造地质研究的先进成果编写出这份教材,并适度引进了当代构造地质学的一些新方法、新概念、新模型和新理论,基本上反映了现代构造地质学的发展趋向,有助于读者开拓思路、敢于创新、深化认识。

应该指出的是:构造过程是力与岩体这一对矛盾在空间和时间中相互作用的过程。因此,书中注意了把力学分析的原则和理论与传统的构造地质方法相结合。为了加强流变学原理的应用,本书增加了塑性变形和微观机制的论述,如韧性剪切带、侵入体热动力变形等,还相应地单列一章讨论了应变测量,体现了构造地质研究从定性到定量、从几何学到运动学和动力学分析的趋向。

把断裂及相关构造分四章论述,体现了"伸、缩、剪、滑"四种变形体制及其与特定构造背景的关系,以及它们之间相互独立而又相互关联的思想,突破过去的挤压作用为主导的传统论述。

编者还结合嵩山地区五佛山群重力滑动构造的研究与再认识,编写了"软沉积变形"一部分,着墨不多,但体现了构造成因的多样性和构造变形的多期性。

还有许多值得提出的,就不一一列举了。在指出本书优点的同时,也应提到它还存在着种种不足,但它毕竟迈出了可喜的一步。我深信它必将在我国地质教育的园地中哺育出新一代的地质工作者。为此,我对辛勤劳动的编者致以衷心的祝贺。

马杏垣
1990 年 5 月

---

①马杏垣.解析构造学刍议.地球科学.1983,(3)

第二版序

构造地质学是地质学主要分支学科之一,是培养地质人才的奠基性学科。我在《构造地质学》第一版序言中写道:"长期以来向往着有一本以马克思主义哲学为指导、以我国的地质构造实践和实际资料为基础的构造地质学教材,并曾以'解析构造学'为主题加以讨论。"以朱志澄、宋鸿林两位教授为首的编写集体以此为基本思路于1990年编写出版了本书第一版《构造地质学》。原书出版十年来受到我国地质界等有关学者和使用本书师生们的关注和欢迎,并于1996年受到原地质矿产部第三届普通高等学校优秀教材评选委员会和1997年原国家教育委员会教学成果评选委员会的嘉奖。

正如我在第一版序言中指出的"……在指出本书优点的同时,也应提到它还存在着种种不足……"阅读和使用本教材的师生也反映了本书中一些有待提高与完善的方面,并提出了一些中肯有益的建议。以朱志澄为首的新的编写集体认真考虑并吸取了这些意见和建议,结合构造地质学的新进展,社会主义市场经济、知识经济和可持续发展对工科和理科地质人才的要求,对原书作了新的调整、修改和充实,进一步提高了新版《构造地质学》的水平。

首先新版本重新安排了章节,调整了全书结构,使全书结构更趋于严谨和合理,学术体系和教学体系更臻于统一。尤其是将原书实习作业和赤平投影一章予以合并并加以充实提高,组成"构造地质学的研究方法和技术"一章,再结合各章内容的更新和扩展,将使学生能更深入全面地理解构造地质学的基础理论和研究方法,从而改善了以单纯读图、制图和野外工作能力为主的培养方式,以有助于提高和增进学生的创新思维、开拓视野,以及适应多方面需求的基础知识和技能。

对于具体体现辩证思维的"构造解析"一章,在新版本中除进一步渗透于各章的论述外,并置于绪论一章,从而更突出其在构造研究中的指导意义,还可提出的是,新版本在阐明构造解析的几何学、运动学和动力学三个原则时,更明确地渗进了其物理学意义,强调了流变学分析的原则。

本书新版虽有较大程度的提高,从处于跨世纪的历史阶段和科教兴国的新形势来看,尚有难以适应之感,尤其在内容的更新和我国地质特色的反映方面,尚需作进一步的努力。

马杏垣
1999年2月

目 录

第一章 绪论 ………………………………………………………………………………… (1)
    第一节 构造地质学的内涵、构造尺度和构造变形场 ………………………………… (1)
    第二节 地壳-岩石圈的层圈式结构和构造层次 ……………………………………… (2)
    第三节 构造观和褶皱幕问题 ………………………………………………………… (4)
    第四节 构造解析的基本原则 ………………………………………………………… (5)
    第五节 构造地质学的发展态势 ……………………………………………………… (9)

第二章 地质体的基本产状及沉积岩层构造 ……………………………………………… (11)
    第一节 面状构造和线状构造的产状 ………………………………………………… (11)
    第二节 沉积岩层的原生构造 ………………………………………………………… (12)
    第三节 软沉积变形 …………………………………………………………………… (15)
    第四节 水平岩层 ……………………………………………………………………… (17)
    第五节 倾斜岩层 ……………………………………………………………………… (18)
    第六节 不整合的观察和研究意义 …………………………………………………… (20)

第三章 构造研究中的应力分析基础 ……………………………………………………… (24)
    第一节 应 力 …………………………………………………………………………… (24)
    第二节 应力场 ………………………………………………………………………… (30)

第四章 变形岩石应变分析基础 …………………………………………………………… (35)
    第一节 位移和变形 …………………………………………………………………… (35)
    第二节 应变的度量 …………………………………………………………………… (36)
    第三节 均匀形变和非均匀形变 ……………………………………………………… (37)
    第四节 应变椭球体的概念 …………………………………………………………… (38)
    第五节 应变椭球体形态类型及其几何表示法 ……………………………………… (39)
    第六节 有旋变形和无旋变形 ………………………………………………………… (40)
    第七节 递进变形 ……………………………………………………………………… (41)

第五章 岩石力学性质 ……………………………………………………………………… (45)
    第一节 岩石力学性质的几个基本概念 ……………………………………………… (45)
    第二节 影响岩石力学性质的因素 …………………………………………………… (48)
    第三节 岩石的能干性 ………………………………………………………………… (53)
    第四节 岩石变形的微观机制 ………………………………………………………… (55)
    第五节 岩石断裂准则 ………………………………………………………………… (61)

第六章 劈理 ··· (65)
  第一节 劈理的结构、分类和产出背景 ··· (66)
  第二节 劈理的形成作用和应变意义 ··· (70)
  第三节 劈理的观察与研究 ··· (74)

第七章 线理 ··· (77)
  第一节 线理的分类 ·· (77)
  第二节 小型线理 ·· (77)
  第三节 大型线理 ·· (78)
  第四节 线理的观察与研究 ··· (83)

第八章 褶皱的几何分析 ·· (87)
  第一节 褶皱和褶皱要素 ··· (87)
  第二节 褶皱形态描述 ·· (88)
  第三节 褶皱的分类 ·· (94)
  第四节 褶皱的组合型式 ··· (100)
  第五节 叠加褶皱 ·· (103)

第九章 褶皱的成因分析 ·· (108)
  第一节 纵弯褶皱作用 ··· (109)
  第二节 横弯褶皱作用 ··· (124)
  第三节 剪切褶皱作用 ··· (127)
  第四节 柔流褶皱作用 ··· (129)
  第五节 关于褶皱作用问题 ··· (130)

第十章 节理 ··· (133)
  第一节 节理的分类 ·· (133)
  第二节 雁列节理和羽饰构造 ·· (137)
  第三节 节理脉的充填机制和压溶作用 ·· (139)
  第四节 区域性节理 ·· (141)
  第五节 岩浆岩体中的节理 ··· (144)
  第六节 节理的野外观测 ··· (145)

第十一章 断层概论 ·· (148)
  第一节 断层的几何要素和位移 ·· (148)
  第二节 断层分类 ·· (150)
  第三节 断层形成机制 ··· (152)
  第四节 断层位移-长度关系及断层联结 ··· (155)
  第五节 断层岩 ·· (158)
  第六节 断层效应 ·· (159)
  第七节 断层的识别 ·· (162)
  第八节 断层的观测 ·· (164)
  第九节 断层作用的时间性 ··· (168)

第十二章 伸展构造 ·· (172)
第一节 伸展构造型式 ·· (172)
第二节 伸展构造发育模式 ·· (175)
第三节 构造反转 ·· (178)
第四节 伸展构造的鉴别 ·· (178)

第十三章 逆冲推覆构造 ·· (181)
第一节 逆冲推覆构造的组合型式 ·· (181)
第二节 逆冲推覆构造的几何结构 ·· (183)
第三节 逆冲推覆构造的扩展 ··· (189)
第四节 逆冲作用与褶皱作用 ··· (190)
第五节 逆冲推覆构造的运动学和动力学 ·· (193)
第六节 逆冲推覆构造的地质背景及其与滑覆和岩浆活动的关系 ················ (194)

第十四章 走向滑动断层 ·· (199)
第一节 走向滑动断层的基本结构 ·· (199)
第二节 走向滑动断层的应力状态 ·· (200)
第三节 走向滑动断层的相关构造 ·· (203)
第四节 走向滑动断层的发育背景及成因分析 ·· (207)

第十五章 韧性剪切带 ··· (210)
第一节 剪切带的基本类型 ·· (210)
第二节 韧性剪切带的几何特征 ·· (211)
第三节 韧性剪切带内的岩石变形 ·· (213)
第四节 韧性剪切带运动方向的确定 ··· (219)
第五节 区域韧性剪切带及其构造型式 ··· (222)
第六节 韧性剪切带的观察与研究 ·· (224)

第一章

绪 论

第一节 构造地质学的内涵、构造尺度和构造变形场

一、构造地质学的内涵

构造地质学是地质学的基础学科之一,主要研究组成类地行星及行星卫星的岩石、岩层和岩体在力的作用上的各种变形样式、组合型式和形成过程,探讨产生这些构造的作用力的方式和方向。对地球的构造研究可以称为地球构造地质学,对火星的构造研究可以称为火星构造地质学,依此类推。本书内容属于地球构造地质学。

二、构造尺度

构造尺度主要是指构造规模。地壳和岩石圈中的构造规模相差极大,大至全球性,小至纳米级,为研究方便乃对各级不同规模的构造划分为不同尺度。构造尺度的划分不仅与研究的内容和侧重点相关,而且与研究方法和手段有关。各种尺度的构造既表现在空间的组合和叠加,还表现在构造的主次控制关系。每一构造单元和构造实体,都可划分为不同尺度的构造。每一级尺度的构造既具有其自身特征,又反映其总体规律。因此,越是从不同尺度观察和研究构造,对构造的认识也越全面越深入。

关于构造尺度的划分尚无统一方案,一般分为巨型、大型、中型、小型、微型和超微型六级。

巨型构造 主要是指山系和区域性地貌的构造单元,如喜马拉雅造山带等。

大型构造 造山系等区域构造单元中的次级构造单元,如复背斜、复向斜或区域性大断裂。一般展布于1:200 000图幅或联幅范围内。

中型构造 主要见于一个地段上的褶皱和断层,在1:50 000或更大比例尺地质图可见其全貌。

小型构造 主要指出露于露头上和手标本上的构造,如各种小褶皱、断裂及面状和线状等构造。

微型构造 主要指偏光显微镜下显示的构造,如云母鱼、亚颗粒、变形纹(Passchier & Trouw,2005)。

超微构造 主要是利用电子显微镜研究的构造,如位错构造。

上述构造尺度的划分是相对的,变化范围很大。不同尺度构造研究的对象、任务、目的、研究方法和手段也各不相同。构造地质学的主要研究对象是中、小型构造;大型、巨型以至全球性构造则属于大地构造学的研究范畴。

以中、小型构造为主要探讨对象的构造地质学是各地质专业的一门基础课程。由于中、小型构造与大型以至巨型构造之间有着天然的联系,在分析讨论中、小型构造时,不得不涉及更

大型的构造和更广阔的区域构造背景。另一方面为了探索构造与其内部组构的关系和构造的运动学过程、动力学机制，还必须研究微型构造和超微构造。

三、构造变形场

构造变形一般包括四种分量，即刚性平移、刚性转动、形变和体变。区域性构造变形场可概括为六种基本类型：伸展构造、压缩构造、升降构造、走滑构造、滑动构造和旋转构造。简称之为伸、缩、升降、剪、滑、旋。

1. 伸展构造　伸展构造是水平拉伸形成的构造，或垂向隆起导生的水平拉伸形成的构造，如裂谷、地堑-地垒、盆岭构造、变质核杂岩等构造。
2. 压缩构造　压缩构造是水平挤压形成的构造，如褶皱系和逆冲推覆构造。
3. 升降构造　升降构造是岩石圈或地幔物质垂向运动的体现，表现为地壳的上升和下降，区域性隆起和拗陷。隆起造就了山系和高原；而拗陷则形成各种盆地。
4. 走滑构造　走滑构造是顺直立剪切面水平方向滑动或位移形成的构造。直立剪切面可以是区域剪切扭动形成的走滑断层，也可以是区域压缩引起的两组交叉走滑断裂。
5. 滑动构造　滑动构造主要是重力失稳引起的重力滑动构造，也包括某些大型平缓正断层。
6. 旋转构造　旋转构造是指陆块绕轴转动形成的构造。

以上六种基本构造变形场，各有其特定构造和力学属性，也存在着各种交叉和过渡型式，规模上也可以分为不同级次。

第二节　地壳-岩石圈的层圈式结构和构造层次

一、地壳-岩石圈的层圈式结构

地壳-岩石圈垂向上是成层的，侧向上是不均一的。岩石圈可分为大陆岩石圈和大洋岩石圈，两者的结构、厚度和物质组成、地球物理属性、形成演化和年代截然不同，以下讨论的主要是大陆岩石圈。

大陆岩石圈包括地壳和软流圈以上的地幔顶部，地壳可分为上地壳、中地壳和下地壳。上地壳又分为由沉积岩、火山岩和相应中、浅变质岩组成的盖层及结晶基底，后者包含花岗岩类侵入岩和片麻岩、结晶片岩等。中地壳主要是闪长岩类岩石及物性上相近的片麻岩和部分片岩。下地壳主要是玄武岩质的辉长岩类及相应变质岩等岩石。莫霍面以下的地幔岩石圈主要是超基性岩类。各层圈的密度、强度、地球物理性质互有差异，层圈内部也是不均一的。大陆岩石圈的厚度和地壳及其各分层的厚度变化很大。各层圈的界面及其内部分层界面可以是渐变的，也可以是急变的，它们不仅是物质组成的划分面，也常常是构造活动面。通过地球物理探测、地震活动性和区域构造分析提出的中地壳低速层已引起地质学家的关注。

中地壳低速层是具有很高塑性的可以发生很大蠕变而表现为韧性的流动层或壳内软层，维尼克(Vernicke)将其称之为流壳层(fluid crustal layer)。宋鸿林等认为维尼克模式中的流壳层更相当于一个近水平的韧性剪切带。流壳层一般位于地下 10～15km 处，这一深度的温度相当于绿片岩相的变质环境。由于分层的不均一性，不同岩性层进入流变限的温压条件各异，所以流壳层不止一个，更可能是一个层组。中地壳流变层是一重要的构造界面，上地壳中的某些陡倾大断裂可能终止于此面(层)，某些犁式大断层则可能向下与近水平的韧性剪切带

（流壳层）连通。它可以是构造滑脱面、拆离面，并且具有对上地壳伸展和挤压的调节作用。

在盖层与结晶基底之间及盖层内部也存在一些软弱岩系。这些软弱岩系及其与强硬岩系的界面，往往既是构造滑动面，又是上下层系构造不协调的划分面。

因此在构造研究中，应充分注意地壳-岩石圈的各级层圈性及其构造活动性。

二、构造层次

构造层次是与构造层圈性论述的现象近似的一个概念，可用于讨论地壳-岩石圈的分层性。地壳-岩石圈的层圈式分层主要是由组成地壳-岩石圈的物质不同和变化引起的；而构造层次主要是因向地下深处温压升高引起岩石力学性质变化导致变形变化造成的。在同一次构造变形中，不同深度的各带的变形各具特点和规律，形成特征性构造。于是，自表层至深层划分成不同层次。

在构造层次划分上涉及以下几个问题：①深度问题。层次与深度关系密切，但并不严格按深度划分。不同构造区的同一构造层次有深有浅，同一构造区内同一构造层次也可以有明显起伏。②温压变化和物态问题。随着趋向深处温压升高，岩石由脆性转变为韧性以至流变，相应产生不同性质和特色的变形。在影响岩石物性变化和物态转变上，温度影响比压力影响更大更重要。③层次的代表性构造问题。一般以变形中反应物性、物态比较敏感的褶皱作为基本依据，结合断层和面理进行分层。④界面性质问题。有些界面是渐变的；有些是急变的，即不整合面尤其是断层面；也有一些渐变性界面上叠加界面急变的断层。

根据深度变化引起岩石物性物态的变化和相应产出的构造，朱志澄将构造层次划分为：表构造层次、浅构造层次、中构造层次和深构造层次（图1-1）。

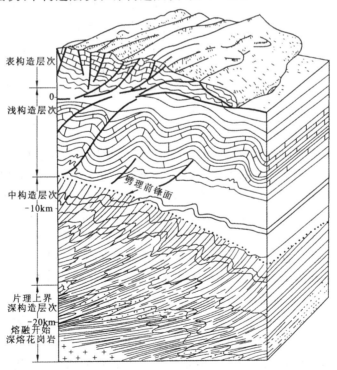

图1-1 理想的构造层次示意图

（朱志澄据Mattauer，1980，改编）

表构造层次 主导变形作用是剪切作用和块断作用,代表性构造是各类断层、断块构造、横弯褶皱和纵弯褶皱。

浅构造层次 主导变形作用是纵弯褶皱作用,代表性构造是平行褶皱和各类断层。

中构造层次 主导变形作用是相似褶皱作用和压扁作用。该层次顶面以板劈理出现为界,即板劈理前锋面。代表性构造是相似褶皱、顶厚褶皱及韧性剪切带和断层。

深构造层次 主导变形作用是流变作用和深熔作用,顶面以片理带为界。代表性构造是柔流褶皱和韧性剪切带,深部发生混合岩化,甚至形成深熔花岗岩。

以上各构造层次一般在造山带内展示比较明显。由于造山带内地热梯度和构造梯度大且变化显著,所以层次较全,各层次的厚度较小,层次界面变化也大。由于构造变形幕中地壳的升降及多幕变形的影响,会出现层次的穿插和急变。在巨大的逆冲推覆等作用下,甚至可能发生层次倒置现象。

第三节 构造观和褶皱幕问题

构造观是指对全球构造和岩石圈构造的总体结构、形成和演化、铸成构造的构造运动性质和动力来源的基本认识和观点。构造观涉及到对大地构造学和构造地质学中一系列重大问题的看法和态度。例如,是活动论还是固定论?是灾变论还是均变论?是水平运动为主导还是升降运动为主导?控制地壳-岩石圈构造变形的仅仅是挤压作用还是挤压、拉伸和剪切等多种作用?以及构造动力来源、构造旋回和褶皱幕问题等。我们不拟对这些问题一一讨论,只是提出我们在分析构造上的主导性、趋向性的认识。简言之可概括如下:①以水平运动为主因的岩石圈构造是高度活动的;②构造演化是以不可逆的渗入突变的阶段式发展,而非表现为时限相对一致的旋回式进程;③构造动力主要来自地球深部活动,地球旋转和包括陨星撞击的天文活动也有一定作用;④岩石圈结构是层圈式的、不均一的,各分层界面常常是活动的,具有一定的控制性;⑤挤压作用、伸展作用和剪切作用分别或共同铸造了地壳-岩石圈的各级各类构造;⑥构造形成过程和定型有多种方式,一般表现为缓慢渐近发育达到急变而定型,但是不能认为这是构造形成的唯一方式,如某些同沉积构造和区域滑脱引发的构造就是在长期缓慢持续渐进中成型的。这又涉及到"褶皱幕"问题。

"褶皱幕"理论是著名构造地质学家施蒂莱(Stille)提出的,曾被奉为地质基本规律,也曾起过有益的作用。但是随着资料的积累和研究的深入,"褶皱幕"观点寓含的问题日益显露,受到众多地质学家的批判。关于其"褶皱幕"全球同时的观点虽已被扬弃,但其内涵的某些方面仍有较大的影响。现举一例以说明"褶皱幕"观点引起的混乱:燕山运动被认为是我国东部侏罗纪—白垩纪时期广泛强烈的运动,各地区"幕"的划分理应一致,可是在同一构造单元的各省没有哪两个省的划分是一致的,不仅时间不同,而且性质和强度各异。

"褶皱幕"应予批判的主要原因,首先是其立论依据的收缩论与当代认识的地质实际和基本理论相悖。其次,板块运动和对接缝合碰撞是区域构造变形的基本作用和主导因素,而各板块的运动是相对独立的,板块的相互缝合及不平直边缘的两板块不同部位的缝合碰撞,都不会是同时的。第三,地壳-岩石圈是三维多级镶嵌体,不均一性是其基本属性,即使在同一场构造运动中,各级块体也反映各异,变形时期也有差异。又如张治洮指出的"把造山、侵蚀、褶皱、断裂活动……都叙述在一个纪的末期,即构造幕内进行,也就是把这些长期行为塞入短期内"。

总之,在分析和认识一定构造单元的构造及其发展和演化上,应该依据以上论述的现代构造观的基本方面以及影响构造的多因、多时、多性（脆性、塑性、弹塑性和流变性等）的基本因素。对"褶皱幕"的理解和使用应严加限制，应限定为：在结构和组成基本均一的同一构造单元的构造演化中构造急变定型的变形期。

第四节 构造解析的基本原则

如何研究构造，认识其基本面貌，揭示其发展过程和形成原因，一直是构造地质学家不懈探索的课题，并从不同视角提出了各种研究方法和思路。马杏垣(1983)基于构造研究的丰富实践，结合有关论述，以辩证唯物论作指导，提出了研究构造的解析原则，为观察、分辨、分析和处理构造树立了一条正确的构造观和方法论。他指出："它（解析）包括几何学的、运动学的和动力学的解析三个方面。而所谓'解析'也是一种思维方法，即把整体分解为部分，把复杂的事物分解为简单的要素加以研究的方法。解析的目的在于透过现象掌握本质，因此，需要把构造现象的各个方面放在矛盾双方的相互联系、相互作用中去，放到构造的运动、演化中去，看看它们在地壳、岩石圈的整体结构中各占何种地位，各起什么作用，各以何种方式与其他方面发生相互制约又相互转化的关系等等。"

几何学解析就是认识和测量各类各级构造的形态、产状、方位、大小、构造内部各要素之间及该构造与相关构造之间的几何关系，从而建立一个完整的具有几何规律的构造系或型式。几何学分析提供的资料和数据则是运动学和动力学分析的基础。

运动学解析的目的在于再现岩石形成至变形期间所经历的过程和发生的运动，主要是通过对岩石或岩层中的原生构造，尤其是次生构造的分析揭示其运动规律，解释改变岩层和岩体的位置、方位、大小和形态的平移、转动、形变及体变的组合情况。

动力学解析是要阐明产生构造的力、应力和力学过程，其目的是查明引起变形的应力性质、大小和方位。在进行动力学分析时，常常要求以岩石应变分析和流变分析为基础。

对于一套区域性构造，构造解析还涉及构造层次、演化序列、叠加置换和所处的构造变形场等等。

地质构造是地质演化至今的一个画卷，而且是一个残破的画卷。构造地质学家的任务就是从现状重塑原态，从现今再现历程。在动力学解析中，构造物理模拟和数值模拟可以起到重要作用（曾佐勋、刘立林，1992）。

关于构造解析的原则，除前述的构造基本变形、构造尺度和构造层次外，再对其他一些原则作如下概述。

一、构造组合

任何构造总是与其他相关构造组成一个相互联系的整体。要全面认识和深入理解一种构造，必须从它与相关构造的相互联系相互依存上去考察和剖析，即进行构造组合的研究。所谓构造组合就是"去识别具有内部组合和秩序的许多密切相联系的构造要素的集合体——构造组合或构造系。它包括不同构造变形场中不同层次、尺度和序列等的各种构造单元、构造要素和构造单体的组合，也包括构造-沉积、构造-岩浆和变质的组合"（马杏垣，1983）。

许多学者曾对构造组合进行了研究，并给以不同术语，如构造体系（李四光）、构造组合（Hobbs，1976）、构造群落（傅昭仁、单文琅，1983）、构造类型（索书田、游振东等，1987）等等。虽然一些学者对构造的组合使用的术语不同，内涵和侧重点各异，但都具有以下共同点：几何形态的特殊性、空间发育的普遍性、成因上的共同性，而且产于特定的地质背景中和一定的构造层次中。例如，索书田等(1987)在探讨我国变质岩群的构造类型上，从代表地层和主要岩石类型、变质程度及温压范围、混合岩化作用、原生结构要素保存完好程度、变形结构要素发育程度、构造置换程度、大型构造组合及样式特征等方面，概括为五大类型。

构造样式是与构造组合相近似的一个概念，常常用来分析和描述构造。样式一词原引自建筑学，建筑样式是指一群或一幢建筑所表现的特征和风格，以此而与其他建筑群相区分。所以构造样式是指一套相关的构造的总特征。根据构造样式可对不同地区和不同时代的构造群进行区分和比较。构造样式多用于概括褶皱的特征，而被称为褶皱样式。

二、叠加和置换、继承和新生

(一)构造叠加

构造叠加是指已变形的构造又再次变形而产生的复合现象。两期变形可以分属两个构造旋回，或是同一构造旋回相继的构造幕，也可以是同一幕的递进变形过程。叠加主要表现在褶皱的叠加，详见第八章褶皱的几何分析。此外叠加亦发生在断裂等构造上。

(二)构造置换

构造置换是岩石中的一种构造在后期变形中或通过递进变形过程被另一种构造所代替的现象。最常见的构造置换就是层理在褶皱发展过程中被新生的轴面劈理或片理所置换。新生的面理在以后的变形作用中则作为变形面参与变形。构造置换在构造研究中具有重要意义。傅昭仁、单文琅(1989)指出"变质岩区构造地质学和地质填图的核心问题是认识和对待构造置换"。

构造置换是在地壳收缩体制下发生的，其机制一般与纵弯褶皱作用和压扁压溶作用下轴面劈理的发育过程相联系。特纳(Turner,1963)等提出了置换的过程，概括之，可分为以下三个阶段。

1. **早期阶段** 原始层理 S_0 作为变形面，在褶皱过程中，褶皱越来越紧闭，逐渐发育相似褶皱，并发生与轴面近一致的面理[图1-2(A)、(B)]。这时层理仍大体保持连续性，只显示部分或初步置换。

2. **中期阶段** 随着进一步的区缩，褶皱不对称性增强，褶皱两翼产状与新生轴面面理(S_1)之间的夹角愈来愈小，强硬岩层被拉断，发生石香肠化及片内无根褶皱[图1-2(C)]。这时原始层理的连续性已逐渐丧失，新生的平行面状构造已开始取得主导地位。

3. **晚期阶段** 完全的置换使层理(S_0)完全破坏，原有岩性单位与新生面理(S_1)几乎完全平行($S_0 /\!/ S_1$)造成了貌似均一的面理或层带，给人以区域性沉积序列的假象，真正的原生层序已无法确定[图1-2(D)]。

构造置换过程实质上就是新生的构造使岩层"均一化"的过程。一次重大的全面构造置换意味着地壳经历了一次重大构造-热事件。在多期变质变形地区，可能发生不只一次构造置换，层理(S_0)被面理(S_1)置换后，面理 S_1 又作为变形面形成褶皱，再被第二次变形形成的面理(S_2)置换。构造置换使地层的原始层序彻底改变，造成地层重复和缺失，似是产状单一的简单构造，可能掩盖或包含着复杂的变形事件。

(三)构造继承

如果前期构造控制或影响了后期构造的形成和发展，后期构造保留了前期构造的某些主要特点，即为构造继承。构造继承一般表现在两个构造旋回之间的大型构造关系上，如两个旋

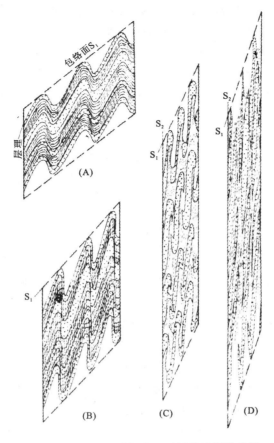

图 1-2 层理(S_0)被新生面理置换过程示意图
(据 Turner & Weiss,1963)

(A)层理(S_0)形成近似相似型褶皱,层理总方位由褶皱的包络表面表示出来;(B)褶皱压紧,倒转翼拉薄,塑性岩层开始发育轴面劈理;(C)褶皱进一步压紧,强岩层拉断并呈钩状褶皱,翼部面理已同岩性层平行;(D)新生面理与岩性层完全平行,个别部位仍残留无根褶皱。注意构造置换过程中 S_0 的总方位与新生面理的斜交关系

回的构造方位一致,是构造方位继承,也可以表现在构造的几何形式上。区域性断裂的再次活动也具有构造继承性质。

(四)构造新生

与构造继承对应的是构造的新生。构造新生有两重含义:①后期构造不受前期构造的影响或制约,形成一套在方位、几何形态、类型和样式上完全不同的构造;②后期构造改造并使前期构造的一部分或全部卷入到后期构造之中,形成一套完全服从后期变形的全新构造。

三、世代和序列

一个复杂变形区,尤其是变质岩区,一般都经历了不止一次的变形。变形世代和序列的解析或简称序列解析就是要查明构造形成和发展的过程及顺序,即从时间上分析并再造其演化历史。

构造世代主要是指不同旋回或不同构造幕中形成的构造顺序。在一个构造幕中形成的构造群,就是一个世代的构造。不同时期的构造群按其发育的顺序构成一个完整的系列,即构造序列。

序列解析中首先要分析和查明构造的叠加、置换、继承和新生的关系。叠加和置换的构造总是晚于被叠加和置换的构造；继承和新生的构造则比被继承或被卷入的构造年轻。序列分析主要包括以下几点：①要注意探查可能残存的前期构造。②尽可能查明并恢复构造的三度空间形象、构造样式、主次构造的组合关系，以便进行配套。③研究中注意区分主期构造，主期构造是指在研究区中展布广泛、特征清楚、参数多样、易于识别的构造。主期构造一般具有控制性和主导性。在确立了主期构造的基础上，再筛分并恢复前期构造和后期构造。④应充分应用对比原则。在对构造关系较为明显的构造进行仔细研究后，再由线而面进行分析对比。⑤研究必须将大、中、小、微各种尺度的构造结合起来进行。为了研究微型构造，应采集定向标本准备在偏光显微镜下观察。在变质岩区进行序列解析时，还应与变质序列和混合岩化序列的研究相配合。

四、岩性介质

构造是各类岩石、岩层、岩系在构造力作用下的变形，同一构造变形场中不同岩石和岩层会形成服从于总体变形又各具特色或个性的构造。所以在构造研究中，应注意分析和建立岩石能干性系列和岩系能干性结构。

岩石能干性系列是指一套岩层中各种岩石粘度大小的顺序，岩系能干性结构是指能干性不同的岩石的组合关系和厚度比例关系。

岩性介质对褶皱、断层等各类构造的形成和发育有明显的影响。对褶皱的影响表现在：①褶皱规模、主次褶皱的关系；②主波长和接触应变；④在挤压中各类岩石是通过平行褶皱作用还是通过相似褶皱作用而变形。在逆冲推覆作用下，台阶式结构主要决定于岩系粘度差和厚度比。一套逆冲断层穿过岩性差异显著、厚度很大的两个岩系，断层发育会发生明显变化。索书田等(1987)在研究大别变质地体时指出："要充分注意地质体结构的不均一性和岩层能干性差异导致变形的不稳定，以及岩层粘性和厚度对褶皱形态与大小的影响。"

岩性介质还表现在对构造层次划分的影响上，在同样变形环境中，一套纯泥质岩系的劈理前锋面的深度比一套坚实的厚层石英砂岩或长石石英砂岩的劈理前锋面高，因为前者较易屈服于压扁作用，而后者较难压扁，只有在更深层次中才会形成劈理。

在构造研究中分析和建立岩石能干性系列时，既要立足于各类岩石的能干性，还要考虑整个岩系的能干性；既要依据现在出露岩石的能干性，更要分析变形时岩石所处的层次而可能具有的能干性。

五、构造位移指向性

构造位移指向性是构造运动学的重要研究内容。近年来，许多构造地质学家相当注意变形岩石中的运动学标志，这反映了构造运移指向研究的重要意义。构造运移方向的分析和确定不仅在认识构造变形的运动学上，而且在认识构造动力学以至几何学上都将提供重要的信息。

能够提供运动指向的现象很多，其中许多现象是人们熟知并经常采用的，如褶皱倒向(Vergence)、Z-M-S型伴生褶皱、邻断层牵引褶皱和羽状节理及擦痕阶步等。还有一些如旋转碎斑系、C-S结构、鞘褶皱等。

关于反映运动方向的各种现象和标志在有关章节分别予以讨论。以下只从分析和认识角度提出几个问题：①应提高对运动指向性的认识。②构造运移包括平移和旋转及各种过渡形式。构造地质学家过去注意了平移而忽视了旋转,这一点应引起注意。③同一构造幕中形成的大、中、小、微各种尺度构造的各类运动标志和现象,是在统一应力场中形成的,具有反映运移方向的共性,但因种种原因各类运动学标志和现象反映的运移方向又会存在差异。所以在研究中,要对各种尺度构造的各类运动标志和现象认真分析对比、相互补充、相互印证。④运移方向常常是变化的。在同一次运动中,运动方向不一定稳定不变,不同次运动中运移方向更可能发生很大变化,甚至发生反向运动。⑤应注意长期发育的大型构造的递进变位。

六、平衡和复原

构造研究一般假定构造是从原始水平状态起始变形的,现在保存的构造是过去变形又遭侵蚀的残余。因此,要认识构造及其形成发育的全过程则应进行构造复原。构造研究中的反序法就是从现状出发,一步步回溯过去,重塑变形过程,恢复变形原始面貌。

构造复原的一个基本依据就是岩石、岩层、岩系虽然发生变形,但是除深层次和部分中层次的变形外,总体是平衡的。例如,在浅层次平行褶皱发育区,岩层厚度、岩层面积和体积基本不变。平衡剖面就是在这种认识的基础上提出的。

所谓平衡剖面就是指可以把剖面变形构造通过几何原则全部复原的剖面,是全面准确表现构造的剖面,已用于油田构造、计算造山带的缩短及逆冲推覆构造的缩短量和运移距离等方面,效果良好。

沉积岩层原始水平层理是基本参考面,是回溯过去构造原貌以至水平产状的重要依据。

构造解析的基本原则和思路可以认为是系统工程论在构造地质研究上的具体体现。通过实践,构造解析已为越来越多的构造地质学家所重视。不过这些原则、思路仍需充实、提高和完善,以便能更有成效地应用于构造研究和构造预测中去。

第五节 构造地质学的发展态势

构造地质学是从描述性为主的学科基础上发展起来的。地质学家在野外首先看到的是露头尺度和手标本尺度的构造现象。通过区域地质图件编制,可以识别和分析区域构造和全球构造。从系统的观点、成生联系的观点可以建立不同的构造组合,进而可以建立构造几何学、运动学和动力学模型(Twiss & Moores,2007)。航测和遥感技术的发展开阔了构造地质学家的视野。地球物理探测技术为深部构造的研究提供了工具。同位素年代学方法和技术的发展使得定量研究构造形成和演化时序成为可能(杨巍然,王国灿等,2000;曾佐勋,赖旭龙等,2004)。GPS技术的发展,使地质学家能定量观测现代地壳运动的方式、方向和速率。构造应变计和应变测量技术的研究,为岩石有限应变测量提供了新方法(周继彬,曾佐勋,2001;李志勇,曾佐勋等,2008)。微分几何学在构造地质学中的应用开拓了构造微分几何学的新天地(Pollard & Fletcher,2005;李志勇等,2003;2005)。对于岩石构造流变计的探索为岩石古流变性质的研究开辟了新途径(曾佐勋,樊春等,1999)。实验力学的发展和计算机技术的发展为定量构造地质学模拟提供了有力工具(曾佐勋,刘立林,1992)。航空航天技术的发展,开拓了行星构造地质学的新时期(Zeng *et al*,2007;2008)。总之,一个向定量构造地质学和天体构造地质学方向发展的新时代正在到来。

主要参考文献

蔡永建,曾佐勋,赵兰. 利用石香肠恢复能干层原始厚度的等面积法. 吉林大学学报(地球科学版),2004,34(1):32~36

傅昭仁,蔡学林. 变质岩区构造地质学. 北京:地质出版社,1996

李扬鉴等. 大陆层控构造导论. 北京:地质出版社,1996

李志勇,曾佐勋,罗文强. 构造面曲率分析及三维可视化软件3DCAVF开发与应用. 中山大学学报(自然科学版),2003,42(5):101~104

李志勇,曾佐勋,罗文强. 惯量投影椭圆在构造变形分析中的意义初探. 地质论评,2008,54(2):243~252

李志勇,曾佐勋,罗文强. 微分几何学在地质构造定量研究中的应用. 地质力学学报,2005,11(4):370~376

刘德良,沈修志等. 地球与类地行星构造地质学. 合肥:中国科学技术大学出版社,1997

马文璞. 区域构造解析——方法理论和中国板块构造. 北京:地质出版社,1992

马杏垣. 解析构造学刍议. 地球科学,1983,(3)

单文琅,宋鸿林等. 构造变形分析的理论、方法和实践. 武汉:中国地质大学出版社,1991

宋鸿林,单文琅等. 论壳内韧性流层及其构造表现. 现代地质,1992,6(4)

徐开礼,朱志澄等. 构造地质学(第二版). 北京:地质出版社,1989

许海萍,曾佐勋,程明等. 骨节状石香肠构造应变计初探. 吉林大学学报(地球科学版),2005,35(5):570~575

杨巍然,王国灿,简平. 大别造山带构造年代学. 武汉:中国地质大学出版社,2000

游振东,索书田等. 造山带核部杂岩变质过程与构造解析. 武汉:中国地质大学出版社,1991

俞鸿年,卢华复等. 构造地质学原理(第二版). 南京:南京大学出版社,1998

曾佐勋,樊春,刘立林等. 构造流变计. 地质科技情报,1999,18(4):14~18

曾佐勋,赖旭龙,胡以铿等. 陕甘川邻接区复合造山带与成矿. 武汉:中国地质大学出版社,2004

曾佐勋,刘立林. 构造模拟. 武汉:中国地质大学出版社,1992

周继彬,曾佐勋. 岩石有限应变测量分向轮法的计算机CSD软件设计. 地球科学,2001,26(1):105~109

朱志澄. 对几个重大地质构造问题的思考. 地质科技情报,1996,15(4)

Davis G H. 区域和岩石构造地质学. 张樵英等译. 北京:地质出版社,1984

Hobbs B E, Means W D, Williams P F. 构造地质学纲要. 刘和甫等译. 北京:石油工业出版社,1976

Mattauer M. 地壳变形. 孙坦等译. 北京:地质出版社,1984

Park R G. 构造地质学基础. 李东旭等译. 北京:地质出版社,1988

Pollard D D, Fletcher R C. Fundamentals of structural geology. Cambridge:Cambridge University Press. 2005

Passchier C W, Trouw R A J. Microtectonics. 2nd ed. Germany:Springe. 2005.

Price N J, Cosgrove J W. Analysis of geological structure. Cambridge:Cambridge University Press. 1990

Spencer E W. 地球构造导论. 朱志澄等译. 北京:地质出版社,1981

Twiss R J, Moores E M, Structural geology. 2nd. New York:W. H. Freeman and Company. 2007

Zeng Z, Birnbaum S, Xie H, *et al.*, Three-dimensional numerical modeling of tharsis binucleus-type vortex structure on Mars, 38th LPSC, League City, USA. 2007a

Zeng Z, Xie H, Birnbaum S, *et al*. New insight on the origin of spiral troughs in Martian polar ice caps. The Seventh International Conference. Pasadena, USA. 2007b

Zeng Z, Putzig N E, Xie H, *et al*. Evidence of fractures in NPLD and their significance to the formation of martian polar spiral troughs, 39th LPSC, League City, USA. 2008

第二章

地质体的基本产状及沉积岩层构造

第一节 面状构造和线状构造的产状

地壳-岩石圈是由沉积岩、岩浆岩和变质岩及其变形构造组成的。自地表向地下深处,占主导地位的沉积岩逐渐让位于变质岩和岩浆岩。地质学家直接面对的各种地质实体大多是由沉积岩、火山岩及变质岩组成的各级各类构造。虽然构造的类型、成因、规模和形态千差万别,但从几何学看,基本可归纳为面状构造和线状构造两大类型。观测和确定面状构造和线状构造的方位和空间状态,即其产状,则是构造研究的基础。

一、面状构造的产状要素

平面的产状是以其在空间的延伸方位及其倾斜程度来确定的。任何面状构造或地质体界面的产状均以其走向、倾向和倾角的数据表示。

走向 倾斜平面与水平面的交线叫走向线(图2-1中之AOB),走向线两端延伸的方向即为该平面的走向。一走向线两端的方位相差$180°$。任何一个平面都有无数条相互平行的不同高度的走向线。

倾向 倾斜平面上与走向线相垂直的线叫倾斜线(图2-1中之OD),倾斜线在水平面上的投影所指的沿平面向下倾斜的方位即倾向(图2-1中之OD')。

倾角 指倾斜平面上的倾斜线与其在水平面上的投影线之间的夹角(图2-1及图2-2中之α角),即在垂直倾斜平面走向的直立剖面上该平面与水平面间的夹角。

当剖面与岩层的走向斜交时,岩层与该剖面的交迹线叫视倾斜线;视倾斜线与其在水平面上的投影线间的夹角(图2-2中之β、β'角)称视倾角,也叫假倾角。视倾角值比倾角值小。

倾角与视倾角的关系如图2-2所示。两者间的关系可用数学式表示:$\tan\beta = \tan\alpha \cdot \cos\omega$。当视倾向偏离倾向越大时,视倾角越小;当视倾向平行走向时,视倾角等于零。

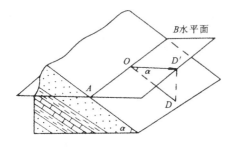

图2-1 倾斜平面的产状要素图示

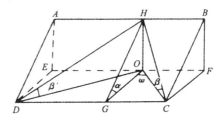

图2-2 真倾角与视倾角的关系图示
α.真倾角;β、β'.视倾角;ω.真倾向与视倾向间的夹角

二、线状构造的产状要素

直线的产状是直线在空间的方位和倾斜程度,直线的产状要素包括倾伏向、倾伏角,及其所在平面上的侧伏向和侧伏角。

倾伏向(指向)　某一直线在空间的延伸方向,即某一倾斜直线在水平面上的投影线所指示的该直线向下倾斜的方位,用方位角或象限角表示[图2-3(A)]。

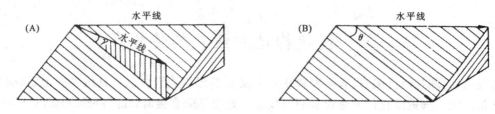

图2-3　直线的产状要素
(A)箭头示倾伏向,γ为倾伏角;(B)水平线右端为侧伏向,θ为侧伏角

倾伏角　指直线的倾斜角,即直线与其水平投影线间所夹之锐角,如图2-3(A)中之γ角。

侧伏向　构成侧伏锐角的走向线的那一端的方位,如24°N,表示侧伏角24°,构成24°的走向线指向北。

侧伏角　当线状构造包含在某一倾斜平面内时,此线与该平面走向线间所夹之锐角即为此线在那个面上的侧伏角,如图2-3(B)中之θ角。

第二节　沉积岩层的原生构造

一、层理及其识别

层理是沉积岩的最基本的原生构造,是研究构造的最基本的参考面。构造变形主要是通过层理而得以显示,所以在构造研究中,首先要识别层理。层理一般是清晰明显的,而在成分和结构均一的巨厚岩层中,层理会被隐蔽,变形变质岩中产生的新生面理也会掩蔽原生层理。在层理不清的情况下,应尽力识别出原生层理。

沉积岩层理可根据岩石的成分、结构、色调等的变化而得以识别。

1. **成分的变化**　沉积物成分的变化是显示层理的重要标志。在成分较均一的巨厚岩层中,有时可能存在成分特殊的薄夹层,藉助于这类夹层可以识别巨厚岩层的层理。

2. **结构的变化**　碎屑沉积岩层一般由不同粒度、不同形状的颗粒分层堆积而成,根据碎屑粒度和形状的变化可以识别层理。

3. **颜色的变化**　在层理隐蔽、成分均一、颗粒较细的岩层中,如有颜色不同的夹层或条带,可以指示层理。

4. **层面原生构造**　波痕、底面印模、暴露标志等层面原生构造也可以作为确定和识别层理的标志。

二、利用原生沉积构造鉴定岩层的面向

面向是指成层岩层顶面法线所指的方向,是成层岩系中岩层由老变新(由底面至顶面)的方向。沉积岩层的面向是构造研究的基础。以下列举几种在构造研究中可以用来确定岩层面向的原生沉积构造。

1. 交错层理 交错层理是由纹层互相斜交组成的,常呈弧形,有多种类型。根据前积纹层的形态及被层系面截切的关系可以判断岩层的顶、底面。前积纹层的顶部多被截切,与层系面呈高角度相交,下部常逐渐变缓收敛,与底面小角度相交或相切(图2-4)。

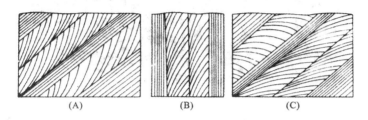

图2-4 根据交错层理确定岩层顶、底面
(A)顶面在左边,正常层序;(B)岩层直立,顶面在右边;(C)顶面在右边,岩层倒转

2. 递变层理 递变层理的特点是在一个单层中,从底面到顶面粒度由粗到细。如由底部的砾石或粗砂向上递变为细砂、粉砂以至泥质,递变层理的顶面与其上一层的底面常是突变的,有明显的界面。

3. 波痕 波痕是沉积物表面由于水和空气流动而形成的波状起伏不平的形态,主要发育在粉砂岩、砂岩及碳酸盐岩的表面。

波痕类型很多,用于确定岩层顶、底面的主要标志是振荡式浪成波痕。振荡式波痕呈对称的尖脊圆谷状,尖脊指向顶面,圆弧则指向底面(图2-5)。

4. 层面暴露标志 当未固结的沉积物暴露在水面之上时,其表面会留下各种成因的暴露标志。常见的暴露标志有泥裂、雨痕等,可用来确定岩层的顶、底面(图2-6、图2-7)。泥裂也称干裂,是未固结的沉积物露出水面后,经曝晒干涸时收缩形成的与层面大致垂直的楔状裂缝。泥裂常使层面构成网状、放射状或不规则分叉状的裂缝,在剖面上则呈"V"形。这些裂缝被上覆沉积物填充,使填充层的底面形成底面脊状印模(图2-6)。楔状裂缝和脊状印模的尖端均指向岩层底面。泥裂常见于粘土岩、粉砂岩及细砂岩层面上。

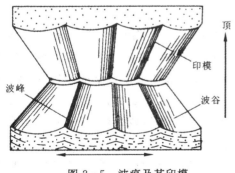

图2-5 波痕及其印模
(据 Shrock,1948)

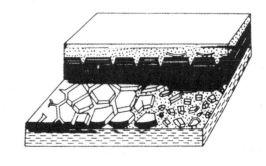

图2-6 泥裂的立体示意图
(据 Shrock,1948)

雨痕是当雨点落在湿润而又柔软的泥质或粉砂质沉积物表面时,冲打出的圆形凹坑及其凸起的边缘(图2-7)。雨痕被上覆沉积物填充掩埋并成岩后,岩层面上会留下凹坑,在上覆岩层底面形成突起印模。

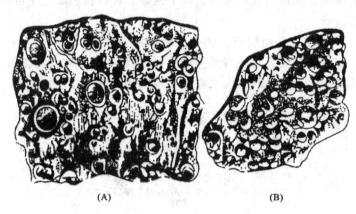

图2-7 页岩层顶面的雨痕(A)及底面印模(B)

5. **生物标志** 根据某些化石在岩层内的埋藏保存状态也可鉴定岩层的顶、底面或面向。藻类形成的叠层石,虽类型不同形态各异,但均具有向上穹起的叠积纹层构造,穹状纹层的凸出方向指向岩层的顶面(图2-8)。

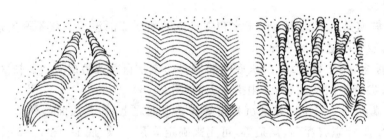

图2-8 不同形态的叠层石
(纹层凸向顶面)

一些古植物的根系也可以作为确定岩层顶、底面的标志,古植物的根系分叉方向指向底面。此外,异地埋藏的介壳化石多数保持着凸面向上的稳定状态,其凸出的方向往往指示岩层的顶面。

6. **底面印模** 当水流或涡流在松软的沉积物上流动时,由于涡流对沉积物的侵蚀或水流携带物(如介壳碎片、岩屑、树枝等)对沉积物表面的刻划,会在沉积物的表面留下各种形态的凹坑和沟槽,这些痕迹常被砂质所充填。成岩后,它们多在泥质岩层之上的砂岩底面保留下来,称作底面印模,也称作铸型。由于页岩易于风化而砂岩抗风化能力强,故这种印模常保存在砂岩的底面上(图2-9)。底面印模都以原始凹槽相反的形态表现出来,常见舌状凸起或细长的脊状等,因此根据底面印模可以判定岩层的顶、底面。

判断岩层顶、底面或面向的标志并非仅仅是上述几种原生构造。在野外工作中认真观察和分析,常可发现一些有用的标志,如沉积层系内的冲刷面等。冲刷面是固结和半固结的沉积层的顶面,因水流冲刷而成为凹凸不平的面。在这不平整的冲刷面之上再沉积时,被冲刷下来的下伏岩层的碎块和砾石往往堆积在冲刷出的沟、槽中。根据冲刷面和上覆岩层的碎屑,可以判别岩层的相对层序。

第三节 软沉积变形

软沉积变形是指沉积物尚未充分固结成岩时发生的变形。软沉积变形是比较常见的,有些还具有很大规模。斯宾塞(Spencer,1977)指出,褶皱造山带中坚硬岩石内见到的一些构造可能是在沉积物尚未固结或半固结时形成的。他甚

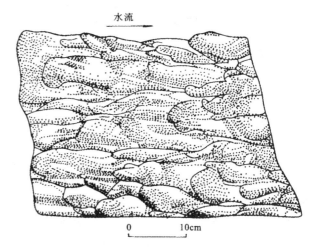

图 2-9 舌状底面印模
(据 Haaf)

至提出,巨大的逆冲断层、褶皱系,甚至某些板状劈理都可能是岩石处于半固结状态中发生的。笔者提出软沉积变形的目的,一方面是要指出构造现象并不全是成岩后构造作用引起的,以便更好地理解构造形成和发展的复杂历程;另一方面是为了正确分析和区分成岩前与成岩后的变形或其叠加关系,避免构造分析简单化。

软沉积变形涉及面很广,包括形成软沉积变形的构造环境、动力和促成因素、形态类型等。本节只对一些常见的软沉积变形作一实例分析。从局部沉积区来说,软沉积变形的形成作用包括:负荷引起的软沉积变形、重力滑塌和滑移作用、孔隙压力效应和水体扰动作用等。

一、负荷引起的软沉积变形

当砂层沉积在塑性的泥质层之上因差异压实会使沉积物发生垂向流动而形成软沉积变形构造。

1. **火焰状构造** 当砂质层堆积在含水且具高塑性泥质层之上时,差异压实会引起上、下砂质层与泥质层之间发生相互垂向运移。泥质层成尖舌状贯入上覆砂质层中,形成一排尖舌,称之为火焰状构造(图2-10)。火焰状构造的舌尖指向岩层顶面。

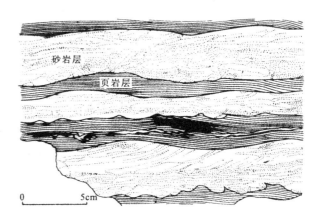

图 2-10 火焰状构造
(据 Davis,1960,修改)

2. **砂岩球和砂岩枕** 在差异负荷状态下覆于塑性泥质层之上的砂质层,会因震动等触发而断开并下陷至泥质层中,形成砂球或砂枕。这类砂球或砂枕或断续相连或孤立产出,其周围的泥质层常绕砂球或砂枕弯曲。砂岩球和砂岩枕的凹面指向岩层顶面(图2-11)。

二、滑塌作用和滑移作用

滑塌作用和滑移作用一般是在陆上尤其在水下隆起的斜坡上，由于重力、水流和震动等原因引起松软沉积物顺坡下滑或顺层流动的作用。滑塌作用的下滑速度快而突然；滑移作用的下滑速度较小，甚至为蠕动式。滑塌作用和滑移作用中还常常有孔隙压力参与。

发育在软沉积中的滑塌作用和滑移作用常局限于同一层中，但也会影响几个沉积层。其厚度、规模从数厘米至数十米或更大，影响空间可达数十平方千米。卷曲层理是滑塌和滑移引起的一种常见的构造（图2-12）。卷曲层理具有盘回褶皱和复杂揉褶的变形特点，多限于同一层或个别层内。缺乏脆性断裂和角砾化是鉴别它的主要标志。

三、软沉积变形中孔隙压力效应

当饱和水的砂层被不透水层封闭并受到重压等作用时，砂层中的孔隙水就会产生异常高压，即异常孔隙压力。孔隙压力可以诱发近地表砂层的滑坡，导致柔软沉积物出现各种滑塌

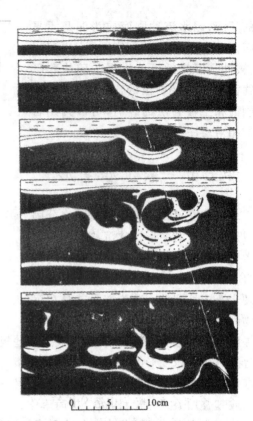

图2-11 砂岩球和砂岩枕发育过程示意图
（据 Kuenen，1965）

图2-12 卷曲层理示意图
[图(A)据 Williams et al，1969；图(B)据 Kuenen，1953]

构造，甚至促发大规模的冲断作用。一些沉积岩中的砂岩墙，就是饱水砂层被压入裂隙中形成的。

1. **砂岩墙** 砂岩墙是碎屑岩墙的一种，是穿插贯入于沉积岩等岩石中的板状和脉状砂岩体。砂岩墙早在19世纪已被发现，近年来更引起地质学者的关注。砂岩墙主要是未固结碎屑物质液化后贯入到裂隙中形成的。砂岩墙形态复杂，规模差别极大，内部常具流动构造，如流

动褶皱、流动条带,反映了液化碎屑物质的贯入-变形作用。其形成机制仍在探索之中,不过孔隙压力效应具有重大作用。碟状构造也是一种可能由孔隙压力引起的构造(图2-13)。

2. **碟状构造** 碟状构造"碟"的直径一般为1~50cm左右,边缘上翘,在横向上呈断续分布,在垂向上互相叠置。它们主要发育于快速堆积又饱含孔隙水的细粒砂层内,在高压-超高压孔隙压力作用下,引起孔隙水向上运动,冲断砂质纹层,截切砂质层成碟状。这种碟状纹层的凹面指向岩层顶面。

以上只是概述了软沉积变形的某些实例,还有一些重要的值得注意的软沉积变形,如压实作用下埋丘上的同沉积形成的顶薄褶皱。马克斯韦尔(Maxwell,1962)还指出,某些板状劈理是在压实引起异常孔隙压力的作用下形成的。在阿留申海沟内壁和墨西哥海湾陆架上更新世泥岩中发现的劈理,为这种假说提供了佐证。

图2-13 砂岩中的碟状构造
(据Potter,1977)

软沉积变形已引起构造地质学家的注意。如何鉴别软沉积变形,可提出以下几点作为鉴别和分析的参考:①软沉积变形常局限于一定层位或一定岩层中,如果一强烈变形层夹于整套变形轻微岩系中,则说明个别层是软沉积变形的结果;②软沉积变形常局限于沉积盆地中一定的地段,如沉积盆地边缘、大隆起边缘等;③软沉积变形主要是重力作用的结果,一般不显示构造应力造成的构造定向性。所以,在研究软沉积变形中,应该把沉积作用、沉积环境与构造变形结合起来。至于如何从已强烈变形的构造中筛选出早期软沉积变形,则是一项很复杂的工作。

第四节 水平岩层

水平岩层是未经变动的仍保持成岩后原始状态的沉积岩层(图2-14)。

地台盖层变形极其轻微,往往成水平或近水平产出,如北美地台和俄罗斯地台的盖层,近水平产出,展布范围可达数十万平方千米。我国一些后期变形微弱的大盆地中的沉积盖层,如四川盆地中部某些地区的侏罗系和白垩系,也基本上呈近水平产出。

水平岩层具有如下特征(图2-14)。

(1)在地形地质图上,岩层的地质界线与地形等高线平行或重合[图2-15(B)]。在山顶或孤立的山丘上地质界线呈封闭的曲线,在沟谷中呈尖齿状条带,其尖端指向上游。

(2)一套水平岩层,老岩层在下,新岩层在上。如地形切割强烈,则在沟谷处出露较老的地层,自谷底至山顶地层时代依次变新。

(3)岩层顶、底面之间的垂直距离是岩层的厚度,水平岩层的厚度即为其顶、底面的标高差。

图 2-14 水平岩层自然景观素描图
（据蓝淇锋等，1979）

(4)岩层出露宽度是其顶、底面出露线间的水平距，水平距的大小取决于岩层厚度和地面坡度[图 2-15(A)]。

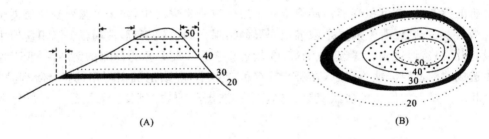

图 2-15 水平岩层出露宽度与地面坡度和岩层厚度的关系
(A)剖面图；(B)平面图

水平岩层是分析区域构造的基点。水平岩层原始展布区基本上代表原沉积盆地的规模或范围。严格地说，水平岩层主要产出于盆地内部。在沉积盆地边缘，从沉积区过渡到隆起侵蚀区，初始沉积的岩层常常具有原始倾斜。沉积盆地边缘也是海水进退表现明显的地带，分析盆缘岩层的原始倾斜和盆缘位置的变化将有助于对盆地古地理以致区域构造发展演化的认识。

第五节 倾斜岩层

原始水平岩层因构造作用而改变其水平产状，则形成倾斜岩层，它是变形岩层和构造中最基本的一种。倾斜岩层可以展布很广，成为区域性构造，但更常常是某种构造的一个组成部分，如大褶皱的一翼或大断裂的一盘。

倾斜岩层在地表的出露界线或地质界线常以一定规律展布。穿越沟谷和山脊的地质界线

的平面投影均呈"V"字形态,这种规律叫"V"字形法则。其在地形地质图上的特征为:

（1）当倾斜岩层的地质界线与沟谷或山脊直交或大角度相交时,形成"V"字形。通过沟谷时,在大多数情况下,地质界线凸出的"V"字形尖端指向岩层的倾斜方向。当地质界线与等高线的突出方向一致时,或当地质界线与等高线的突出方向相反而岩层倾角又大于地面坡角时,地质界线的紧闭程度比等高线的紧闭程度开阔(图2-16、图2-17)。只有一种情况比较特殊,即当在沟谷中岩层向下游倾斜,岩层倾向与地面坡向一致,且岩层倾角小于地面坡角时,则地质界线的"V"字形尖端指向上游,与岩层倾向相反,此时地质界线"V"字的形态较等高线的形态更紧闭,如图2-18(A)所示。图2-18(B)是一种极特殊的情况,即岩层倾向与地面坡向相同,且岩层倾角与沟谷坡角一致。

（2）当倾斜岩层(或其他倾斜的地质界面)的走向与沟谷或山脊大体垂直时,地质界线的"V"字的形态大体对称;若斜交时,则"V"字的形态是不对称的。若岩层走向与沟谷或山脊延伸方向一致时,则"V"字形法则不适用。

（3）"V"字形法则对野外地质填图工作有很重要的指导意义。在读图或填图时,要对地形和岩层产状的关系进行全面的分析,这样才能正确地了解地质界面的几何形态或在地质图上正确地表达地质界面的几何形态。

岩层露头的宽度是指在垂直岩层走向的方向上岩层顶、底面出露界线间在地面或地质图上的距离。岩层露头的宽度取决于岩层的厚度和产状及地面的坡向和坡角几个因素。

当岩层直立时,岩层出露界线是沿岩层走向所切的一条上下起伏的地形轮廓线。这条空间曲线的投影是一条直线,不受地形的影响,沿岩层走向呈直线延伸(图2-19)。岩层顶、底面出露界线间的距离即岩层厚度。

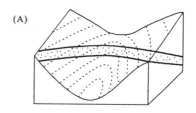
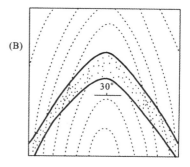

图2-16 岩层倾向与地面坡向相反时,在沟谷中倾斜岩层出露界线的形态
（据拉根,1973）
（A）立体图;（B）地质图

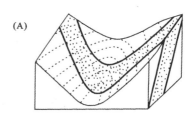
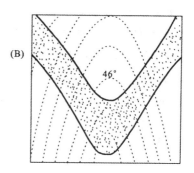

图2-17 岩层倾向与地面坡向一致,岩层倾角大于地面坡角时,倾斜岩层在沟谷中出露界线的形态
（据拉根,1973）
（A）立体图;（B）地质图

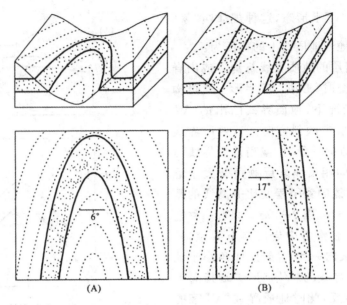

图 2-18 岩层倾向与地面坡向一致时,倾斜岩层出露界线的形态
(据拉根,1973)

(A)岩层倾角小于地面坡角,上图为立体图,下图为地质图;(B)岩层倾角与地面坡角相同,上图为立体图,下图为地质图

第六节 不整合的观察和研究意义

地层间的接触关系,是构造运动和地质发展历史的记录。地层接触关系基本上可分为整合接触和不整合接触两大类型。

当一个地区长期处于地壳运动相对稳定的条件下,即沉积盆地持续下降,或虽上升但未超过沉积基准面以上,或地壳升降与沉积处于相对平衡状态,沉积物则一层层地连续堆积而没有沉积间断。这样一套套产状一致时代连续的地层之间的接触关系,为整合接触。如果上、下两套地层之间有明显的沉积间断,即先、后沉积的上、下两套地层之间有明显的地层缺失,这种接触关系为不整合接触。不整合的类型有两种,即平行不整合和角度不整合。

一、不整合的类型

1. 平行不整合 平行不整合又称假整合,主要表现是不整合面上、下两套地层的产状彼此平行一致,但因时代间断而地层缺失。平行不整合的形成过程为:下降、沉积→上升、沉积间断、遭受剥蚀→下降、再沉积。如北京西山中奥陶统灰岩与中石炭统直接接触,两套地层之间缺失了大量地层,但两者产状基本一致,仅以一古风化侵蚀面分开。

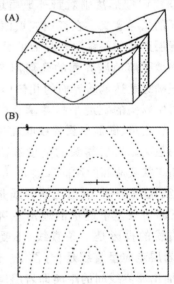

图 2-19 直立岩层的出露界线形态
(据拉根,1973)
(A)立体图;(B)地质图

2. 角度不整合　角度不整合主要表现为不整合面上、下两套地层间不仅有地层缺失，而且产状不同，褶皱型式和变形强弱程度不同，断裂构造发育程度和性质不同，上、下两套地层的构造方位不同，上、下两套地层的变质程度和岩浆活动也常有明显差异，上覆地层的底面切过下伏构造和不同时代地层的界面(图 2-20)。在地质图和剖面图上，角度不整合表现为上覆地层底面的地质界线截切下伏不同时代地层的地质界线。

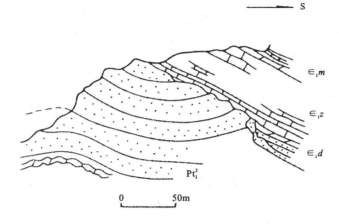

图 2-20　登封市屈峪南寒武系与嵩山群(Pt_1^2)之间的角度不整合
(据马杏垣等，1981)

如果不整合面的沟槽等低凹部位被后来的沉积物充填会产生上覆新地层和下伏地层均与不整合面相交截。这种新沉积物充填于下伏老地层侵蚀凹地之中，如同新地层嵌入下伏地层中的现象叫嵌入不整合或不整合嵌入。在不整合嵌入中，新、老地层在横向上直接接触的现象叫毗连。

由于地壳运动的幅度、速度和方向的变化，会引起沉积区的范围和位置的变化，造成盆地边缘区特殊的沉积接触关系。当新沉积物的展布范围超过早先的盆地边界而覆盖在下伏地层或原为剥蚀区的基底上，使下伏早期地层产生尖灭，这种现象叫超覆。如图 2-21 所示，中侏罗统(J_2)、上侏罗统(J_3)和上白垩统(K_2)角度不整合于下三叠统(T_1)等地层之上。中侏罗统只发育于本区中、北部，而上侏罗统则展布于全区，上侏罗统超覆于中侏罗统之上。在本区中北部上侏罗统地质界线以微小角度切过中侏罗统地质界线，造成中侏罗统尖灭的现象。上白垩统与中、上侏罗统成平行不整合关系。

二、不整合的观察和研究

不整合的观察和研究主要包括以下几方面。

1. 确定不整合　确定不整合的存在是研究不整合的基础。确定的依据是不整合的各种标志，即地层古生物方面的标志、沉积侵蚀方面的标志、构造方面的标志、岩浆活动方面的标志和变质程度方面的标志。

(1)如果上、下两套地层中的化石所代表的时代有大的间隔，反映了生物演化过程的中断，说明可能存在不整合。

(2)上、下两套地层之间如果存在各种沉积-侵蚀标志，如古侵蚀面、古土壤及与其有关的残积矿床(铁矿、铝土矿、磷矿、金矿等)、底砾岩等，说明上覆地层形成前，曾一度发生隆起、侵

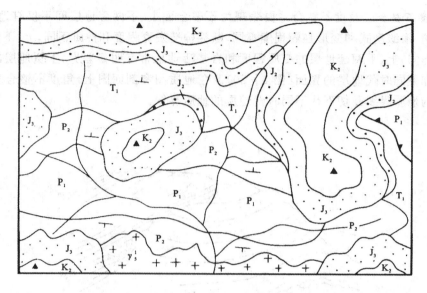

图 2-21 平行不整合、角度不整合以及超覆现象在地质图上的表现示意图

蚀和风化等作用,表明存在不整合。

(3)如果上、下两套地层的变形有明显差异,如产状不同,构造线不同,褶皱型式和变形强度各异,断层类型、产状和强度对比鲜明,而且下伏地层中的断层被上覆地层截切,说明存在角度不整合。

(4)不整合的上、下两套地层发育于不同的构造阶段,并经历了不同的构造作用,因此,与这两套地层相关的岩浆岩系列也有明显差异。这两套地层中岩浆岩系列的成分、产状、规模及岩浆活动的强度和性质的差异,反映了两种不同的构造状况和构造环境,所以,这两套地层之间可能存在角度不整合。与岩浆活动相关的内生矿产方面的差异,也有助于分析确立不整合的存在。

(5)不整合的上、下两套地层变质程度的截然差异,也可作为分析、确定不整合存在的标志。

以上简述了存在不整合的五个方面的标志。在确定和分析不整合时,要尽量收集各种标志并相互补充验证;要尽力排除易与不整合混淆的断层等构造现象;还要考虑到常常发生的断层叠加于不整合的情况。

2. 不整合时代的确定　不整合形成的时代通常相当于不整合面上、下两套地层之间所缺失的那部分地层的时代,或下伏地层中最新地层以后与上覆地层中最老地层以前之间的时期。角度不整合的时代是构造运动强烈活动的时期。当缺失地层较少时,确定不整合形成的时代较为准确;若上、下两套地层时代间隔很大,不整合形成的时代就不易准确判定,这期间也可能发生过多次运动。

要正确地鉴定不整合所代表的地壳运动的时期,还必须从较大区域进行地层对比和区域地质构造发展的综合研究,以便确定地层是"缺"(即当时就没有沉积),还是"失"(即原有的地层被剥蚀掉了)。

3. 研究不整合的空间展布和类型变化　不整合研究不应仅局限于个别地段。由于不同地区构造运动的强度和性质常常是变化的,互有差异的,所以不整合在广大空间常常是变化的,会由一地区的角度不整合过渡到另一地区的海侵式不整合、平行不整合甚至转变为整合。例如,中国南方的加里东运动,在湘南表现为角度不整合,而在湘北至鄂东南一带则过渡为平行不整合。即使均为角度不整合,但在不同地区上、下两套地层变形的强度也会有明显差异,从而反映引起不整合的各个地区的构造运动强度的差异。此外,同一角度不整合,在不同地区上、下两套地层的时代差,即缺失地层的时代可以不同,这说明引起不整合所经历的时间在各个地区是不同的。因此,在研究大区域角度不整合时,应综合对比不同地区不整合的特点,分析其空间展布及其类型和性质的变化。

三、不整合的研究意义

不整合接触从一个方面记录了地壳运动的演化历史,不仅体现了岩层在空间上的相互关系,也反映了在时间上的发生顺序。平行不整合接触的形成过程为:下降、沉积→上升、沉积间断、遭受剥蚀→再下降、沉积。角度不整合接触的形成过程为:下降、沉积→褶皱、断裂、变质作用或岩浆侵入、不均匀隆起、沉积间断并遭受剥蚀→再下降、沉积。因而,地层不整合接触关系是研究地质发展历史、鉴定地壳运动特征和时期的一个重要依据。

在岩石地层学上,不整合接触是划分地层单位的依据之一,不整合线是地质填图的一个重要地质界线。对不整合接触在空间上的分布及其类型变化的研究,有助于了解古地理环境的变化。

在不整合面上及邻近的岩层中,常可形成铁、锰、磷和铝土矿等沉积矿产。不整合面是一个构造软弱带,宜于岩浆和含矿溶液活动,故常可形成各种热液型矿床,也有利于石油、天然气和地下水的储集。

主要参考文献

冯增昭,王英华等. 中国沉积学. 北京:石油工业出版社,1994
魏家庸,卢重明等. 沉积岩区1:5万区域地质填图方法指南. 武汉:中国地质大学出版社,1991
徐开礼,朱志澄. 构造地质学(第二版). 北京:地质出版社,1989
俞鸿年,卢华复. 构造地质学原理(第二版). 南京:南京大学出版社,1998
Davis G H, Reyolds S J. Structural geology of rocks and regions. 2nd ed. John Wiley and Sons, Inc. 1996, 2~25
Hills E. 构造地质学原理. 李叔达等译. 北京:地质出版社,1981
Jones M E, Preston R M F. Deformation of sediments and sedimentary rocks. Published for Geological Society by Blackwell Scientific Publication. 1987, 11~62、255~279
Ragon D M. 构造地质学几何方法导论,邓海泉等译. 北京:地质出版社,1984

第三章

构造研究中的应力分析基础

地壳岩石中千姿百态的构造变形都是力作用的结果。要研究各种构造变形的力学成因和相关规律，需要了解有关岩石受力变形的基础知识。为此，在第三、四、五章中，分别介绍构造研究中的应力分析基础、应变分析基础和岩石力学性质。

第一节 应 力

一、面力和体力

应力是连续介质力学中一个重要的基本概念。为介绍此概念，需从力谈起。力是物体相互间的一种机械作用，它趋向于引起物体形态、大小或运动状态的改变。相邻岩块或地块之间的作用力属于接触力。接触力往往作用在物体边界一定的面积范围内，称为面力。当接触面积与物体边界面积相比量级很小时，可简化为集中力。地壳岩石受到的重力、惯性力等属于非接触力。非接触力作用在物体内部每一质点上，与围绕质点邻域所取空间包含的物质质量有关，也称为体力。

二、外力和内力

处于地壳中的任何地质体，都会受到相邻介质的作用力。这种研究对象以外的物体对被研究物体施加的作用力称为外力。由外力作用引起的物体内部各部分之间的相互作用力称为内力。外力与内力是一种相对的概念，当研究范围扩大或缩小时，外力可以变为内力，内力可以变为外力。例如，当考察一个岩体内的某个矿物颗粒的受力时，周围颗粒对该颗粒的作用力是外力；当研究对象是该岩体时，周围颗粒与该颗粒之间的相互作用力变成了内力，而围岩对岩体的作用力是外力；当研究的对象扩展到该岩体所在板块时，围岩与该岩体之间的相互作用力又变成了内力，而相邻板块对该板块的作用力是外力。

三、截面上的应力、正应力、剪应力

在考虑研究对象内部某一截面的内力时，可设想沿此截面将物体截开，并将其中的一部分移去，但仍保留其对另一部分的作用力，然后考虑被保留部分的平衡，则可计算出该截面上的内力。此分析方法称为截面法。当然，内力在截面上的分布一般是不均匀的，但其变化可以认为是连续的。为了研究截面某点（如图 3-1 中 n 截面上的 m 点）附近的内力集度，可以围绕该点取一微小面积 ΔF，设其上的作用力为 Δp，则将

$$\lim_{\Delta F \to} \frac{\Delta p}{\Delta F} = \frac{dp}{dF} = p \qquad (3-1)$$

称为 n 截面上 m 点处的应力,也可以称为 m 点处 n 截面上的应力。截面上的应力是矢量,可以合成或分解。如图 3-1 中的 p 就可以分解成两个分量,其一垂直于截面 n,以 σ 表示,另一个与截面相切,以 τ 表示。前者称过 m 点 n 截面上的正应力,后者称过 m 点 n 截面上的剪应力。须强调的是,不同截面上的应力矢量决不能按矢量法则进行合成的。

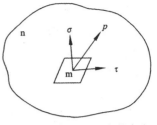

图 3-1 截面上一点的应力

四、应力单位及其换算

应力的国际单位为帕斯卡(Pascal),简称帕(Pa),即 N/m^2。其他应力单位换算成帕时可采用表 3-1。

表 3-1 常见应力单位换算成帕的系数表

应力单位 国际单位	兆帕 (MPa)	巴 (bar)	大气压 (atm)	千克/厘米^2 (kg/cm^2)	磅/英寸^2 (1b/in^2)	达因/厘米^2 (dyn/cm^2)
帕(Pa)	10^6	10^5	1.013×10^5	9.807×10^4	6.895×10^3	10^{-1}

五、一点的应力

(一)应力椭圆和应力椭球

上述的应力矢量 p 是与 n 截面联系在一起的。通过地壳岩石中的任一点 m,可作出无数个截面,因而存在无数个应力矢量。故地块中某一点的应力是不能用一个简单的矢量来表示的。

假设在一个薄平板上,当所受外力都集中于平板中央,过平板中的某点作垂直于平板面的截面,在该截面上存在一个应力矢量。通过该点并垂直于平板的中央直立轴按某一方向连续改变该截面的取向,则可得到一系列的应力矢量。一般来说,存在三种可能情况:①所有应力矢量都指向中心点,即所有应力矢量的法向分量都为压应力矢量;②所有应力矢量都背离中心点,即所有应力矢量的法向分量都为张应力矢量;③一部分为压应力矢量,另一部分为张应力矢量。许多地质问题中都出现第一种情况。这时,所有应力矢的尾端都落在一个椭圆上(图3-2),这种椭圆称为应力椭圆。对于第二种情况,应力矢的首端的轨迹构成应力椭圆(图3-3)。第三种情况则作不出应力椭圆,过一点的所有截面的全部应力矢量,才代表一点的应力状态。因此,如前面已提到的,一个应力矢量不能代表一点的应力。

上述应力椭圆中的所有应力矢量,都位于同一平面内,故称其为二维应力状态。在三维应力状态下,一点的应力矢量之矢端或矢尾的轨迹所确定之椭球称为应力椭球。

图 3-2 应力矢的尾端构成应力椭圆

图 3-3 应力矢的首端构成应力椭圆

（二）应力分量

为了从数值上来研究一点的应力状态，在直角坐标系中，可以围绕该点取一个正六面体单元体，当三对相互正交的平行面无限靠近直至重合时，则单元体表面上的应力矢量代表了该点的三个正交截面上的应力矢量。该单元体上应力矢量的集合，称为单元体的应力状态。若已知单元体的应力状态，一点的应力状态也就确定了。

单元体表面上的应力矢量可以分解成该面上的正应力与剪应力，而后者又可进一步分解成沿两个坐标轴方向的剪应力分量，一共可得 9 个应力分量，如图 3-4 中所示，这 9 个应力分量可写成如下的矩阵形式：

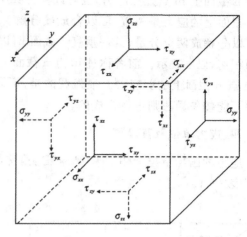

图 3-4　单元体上的 9 个应力分量

$$\begin{bmatrix} \sigma_x & \tau_{xy} & \tau_{xz} \\ \tau_{yx} & \sigma_y & \tau_{yz} \\ \tau_{zx} & \tau_{zy} & \sigma_z \end{bmatrix} \tag{3-2}$$

由剪应力互等定理知① $\tau_{xy}=\tau_{yx}$，$\tau_{yz}=\tau_{zy}$，$\tau_{zx}=\tau_{xz}$，故独立的应力分量只有 6 个，可用一个列阵表示，即

$$\{\sigma\} = [\sigma_x \quad \sigma_y \quad \sigma_z \quad \sigma_{xy} \quad \sigma_{yz} \quad \sigma_{zx}]^T \tag{3-3}$$

因此可认为，过一点三个正交截面上的 6 个应力分量决定了一点的应力状态。

六、主应力、主方向、主平面

随着单元体取向的改变，应力分量也将变化。可以证明，能够找到这样一种取向：单元体表面上的剪应力分量都为零，即三个正交截面上没有剪应力作用而只有正应力作用，这种情况下的正应力称为该点的主应力，分别以 σ_1、σ_2、σ_3 表示，并在代数值上（规定压应力为正，拉应力为负）保持 $\sigma_1 \geqslant \sigma_2 \geqslant \sigma_3$。主应力的方向称为该点的应力主方向，所在截面则称为该点的三个主平面。显而易见，一点的 3 个主应力即决定了该点的应力状态。当 3 个主应力中有 2 个为零时，称为单轴应力状态，有 1 个为零时，称为双轴应力状态或平面应力状态，当 3 个主应力都不为零时，称为三轴应力状态。图 3-5 中的（A）—（F）分别称为三轴压应力状态、双轴压应力状态、单轴压应力状态、静水（静岩）应力状态、平面应力状态和纯剪应力状态。

在应力分析中，有一种重要的图解方法，称为应力莫尔圆，它能完整地代表一点的应力状态。下面从斜截面上的应力分量来推导应力莫尔圆。

为了求图 3-6(B)虚线所示斜截面上的应力分量，沿该线切下一个三角形微元体[图 3-6(A)]。设该截面面积为 A_θ，则微元体左侧面和底面的面积分别为 $A_\theta\cos\theta$ 和 $A_\theta\sin\theta$。考虑微元体上力的平衡，可以建立两个平衡方程

$$\sum F_\theta = 0 \qquad \sum F_t = 0$$

---

① 两个正交截面上的剪应力大小相等，方向共同指向或背离两截面的交线。

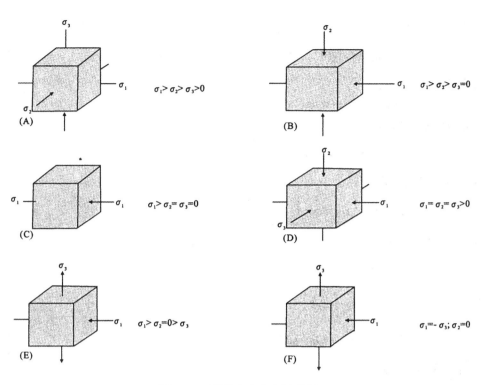

图 3-5 不同应力状态示意图

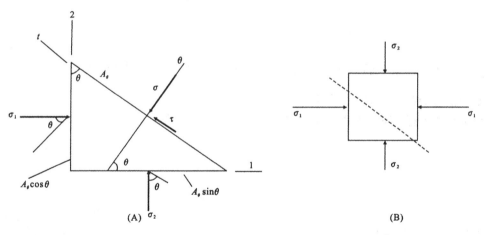

图 3-6 斜截面上的应力分量

$$-\sigma A_\theta + \sigma_1 A_\theta \cos\theta\cos\theta + \sigma_2 A_\theta \sin\theta\sin\theta = 0$$
$$\tau A_\theta - \sigma_1 A_\theta \cos\theta\sin\theta + \sigma_2 A_\theta \sin\theta\cos\theta = 0$$
$$\sigma = \sigma_1 \cos^2\theta + \sigma_2 \sin^2\theta \tag{3-4}$$
$$\tau = \sigma_1 \cos\theta\sin\theta - \sigma_2 \sin\theta\cos\theta \tag{3-5}$$

利用三角公式

$$\cos^2\theta = \frac{1}{2}(1+\cos2\theta)$$

$$\sin^2\theta = \frac{1}{2}(1-\cos2\theta)$$

(3-4)式可以写成

$$\sigma = \frac{1}{2}(\sigma_1 + \sigma_2) + \frac{1}{2}(\sigma_1 - \sigma_2)\cos2\theta \tag{3-6}$$

将三角公式

$$\sin2\theta = 2\cos\theta\sin\theta$$

导入方程(3-5)式,可得

$$\tau = \frac{1}{2}(\sigma_1 - \sigma_2)\sin2\theta \tag{3-7}$$

在 $\theta = 45°$ 处,τ 取得最大值

$$\tau_{max} = \frac{1}{2}(\sigma_1 - \sigma_2) \tag{3-8}$$

对(3-6)式移项,可得

$$\sigma - \frac{1}{2}(\sigma_1 + \sigma_2) = \frac{1}{2}(\sigma_1 - \sigma_2)\cos2\theta \tag{3-9}$$

$$[\sigma - \frac{1}{2}(\sigma_1 + \sigma_2)]^2 = [\frac{1}{2}(\sigma_1 - \sigma_2)\cos2\theta]^2 \tag{3-10}$$

$$\tau^2 = [\frac{1}{2}(\sigma_1 - \sigma_2)\sin2\theta]^2 \tag{3-11}$$

(3-10)式+(3-11)式:

$$[\sigma - \frac{1}{2}(\sigma_1 + \sigma_2)]^2 + \tau^2 = [\frac{1}{2}(\sigma_1 - \sigma_2)]^2(\cos^22\theta + \sin^22\theta)$$

$$[\sigma - \frac{1}{2}(\sigma_1 + \sigma_2)]^2 + \tau^2 = [\frac{1}{2}(\sigma_1 - \sigma_2)]^2 \tag{3-12}$$

这是 σ-τ 坐标系中的一个圆的方程。圆心位于 $\left(\frac{\sigma_1+\sigma_2}{2}, 0\right)$ 处,半径是 $\frac{\sigma_1-\sigma_2}{2}$。这就是我们要推导的应力圆。其几何图形见图3-7。

应力莫尔圆上任何一点的横坐标和纵坐标就代表了二维空间中某一截面的正应力和剪应力。

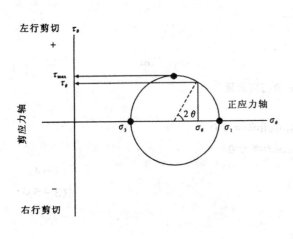
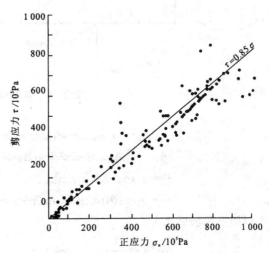

图 3-7 应力莫尔圆　　　　　图 3-8 Byerlee 的摩擦滑动实验
(引自 Bruhn,2001)

根据图 3-8 的实验结果,已知断层上的正应力和剪应力如果满足

$$\tau = 0.85\sigma$$

则该断层就可能发生摩擦滑动。

因此,我们可以利用断层面上两个应力分量的比值来判断断层的稳定性。

在三维应力情况中,三个分别包含 σ_1 和 σ_2 轴、σ_2 和 σ_3 轴、σ_1 和 σ_3 轴的 3 个二维应力圆共同组成的区间(图 3-9 中阴影部分)内的任一点的横坐标和纵坐标,即代表了三维空间中某截面上的正应力和剪应力。从图 3-9 中可以看出,最大剪应力位于 σ_1 和 σ_3 构成的应力圆上,位于与 σ_1 成 45°夹角的面上(包含 σ_2 轴)[图 3-9(B)],其值为 $|\tau_{\max}| = (\sigma_1 - \sigma_3)/2$。几种三维应力状态的应力莫尔圆表示在图 3-10 中。

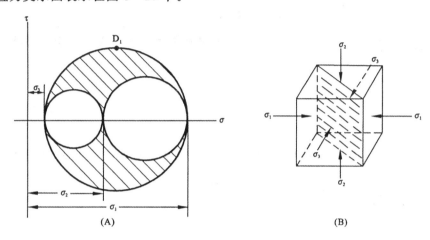

图 3-9 三维应力莫尔圆
(A)D_1 点代表最大剪应力作用面;(B)D_1 面与主应力方位的关系

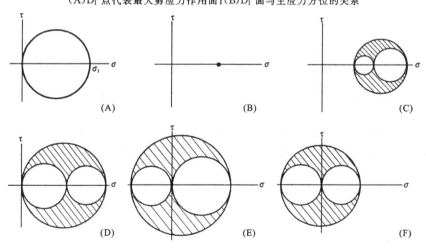

图 3-10 几种三维应力状态的莫尔圆
(A)单轴压应力 $\sigma_1 > \sigma_2 = \sigma_3 = 0$;(B)静水压力 $\sigma_1 = \sigma_2 = \sigma_3 > 0$;(C)三轴压应力 $\sigma_1 > \sigma_2 > \sigma_3 > 0$;
(D)双轴压应力 $\sigma_1 > \sigma_2 > \sigma_3 = 0$;(E)平面应力(拉压应力)$\sigma_1 > \sigma_2 = 0 > \sigma_3$;
(F)纯剪应力(等值拉压应力)$\sigma_1 = -\sigma_3$,$\sigma_2 = 0$

七、静水应力与偏斜应力

对于一般的平面应力状态,可看成是由各向等值拉应力状态或各向等值压应力状态与等

值拉压应力(纯剪应力)的合成。可设想为首先形成一个圆心在原点的应力圆;然后向纵坐标左边或右边移动圆心位置即成。反之,也可以说,平面一般应力状态可以分解成两部分,其一为各向等值拉应力或等值压应力状态;其二为等值拉压应力状态。前者又称为静水应力状态,后者又称为偏斜应力状态。静水应力状态的主应力为

$$\sigma_{h_1} = \sigma_{h_2} = \sigma_m = \frac{1}{2}(\sigma_1 + \sigma_2) \tag{3-13}$$

即平均应力。偏斜应力状态的主应力(即主偏应力)为

$$\sigma'_1 = \sigma_1 - \sigma_m = \frac{1}{2}(\sigma_1 - \sigma_2) \tag{3-14}$$

$$\sigma'_2 = \sigma_2 - \sigma_m = -\frac{1}{2}(\sigma_1 - \sigma_2) \tag{3-15}$$

与平面应力状态一样,空间应力状态也可分解成静水应力状态与偏斜应力状态。其静水应力状态的矩阵表达式为

$$\begin{bmatrix} \sigma_m & 0 & 0 \\ 0 & \sigma_m & 0 \\ 0 & 0 & \sigma_m \end{bmatrix} \tag{3-16}$$

其中 $\sigma_m = \frac{1}{3}(\sigma_1 + \sigma_2 + \sigma_3)$,为空间应力状态下的平均应力。偏斜应力状态的矩阵形式为:

$$\begin{bmatrix} S_x & S_{xy} & S_{xz} \\ S_{yx} & S_y & S_{yz} \\ S_{zx} & S_{zy} & S_z \end{bmatrix} = \begin{bmatrix} \sigma_x - \sigma_m & \tau_{xy} & \tau_{xz} \\ \tau_{yx} & \sigma_y - \sigma_m & \tau_{yz} \\ \tau_{zx} & \tau_{zy} & \sigma_z - \sigma_m \end{bmatrix} \tag{3-17}$$

静水应力引起物体的体积变化,偏斜应力引起物体的形状变化。

第二节 应 力 场

第一节分析了一点的应力状态。本节介绍点与点之间应力状态变化的有关概念。

一、应力场的基本概念

受力物体内的每一点都存在与之对应的应力状态。物体内各点的应力状态在物体占据的空间内组成的总体,称为应力场。物体内各点应力状态相同时,组成均匀应力场,否则,组成非均匀应力场。由于上覆岩石压力

$$\sigma_h = \rho g h \tag{3-18}$$

式中:ρ——岩石密度;
g——重力加速度;
h——距地表的深度。

随深度而变化及地壳岩石的非均匀性,地壳中不存在理想的均匀应力场。

由构造作用造成的应力场称为构造应力场。地壳岩石中存在的应力称为地应力。地应力除了构造应力外,还有非构造应力,如由重力引起的应力,地形引起的应力,开挖引起的应力,人工载荷引起的应力,等等。后三者影响范围有限,往往仅在局部应力场中起作用。在区域应力场和全球应力场中,一般都有重力应力和构造应力的双重作用,不过两者所占的比例随区域而变化。

在地史时间内,地应力场是随时间发生演变的。这类随时间而变化的应力场称为非定常应力场,即有

$$\sigma_{ij}=\sigma_{ij}(x,y,z,t) \tag{3-19}$$

当所研究的时间段较短时,近似地认为地应力场不随时间变化,即

$$\sigma_{ij}=\sigma_{ij}(x,y,z) \tag{3-20}$$

这时的应力场称为定常应力场,或近似地认为是瞬时应力场。

在地史时期作用的应力场称为古应力场。现今作用的应力场称为现今应力场。古应力场的研究,对于探讨地壳运动规律,指导成矿预测等,具有重要的意义。现今应力场的研究,对于地震预报分析和工程场地稳定性评价,具有重要的意义。

古应力场的研究,通常采用节理统计方法和位错密度、亚颗粒粒径等显微和超显微构造研究方法(万天丰,1988)。现今应力场的研究主要有应力解除法、水压致裂法、震源机制解法等。不管是古应力场还是现今应力场研究,模拟方法都能起到重要作用(曾佐勋,刘立林,1992)。不管是古应力测量还是现今应力测量,由于地质条件、工作方法与工作量的限制,往往只能得到一些局部的数据。以这些已知数据为基础,配合其他地质条件研究,可利用数学模拟(如有限元法)和物理模拟(如光弹性法)方法,获得更为详尽的应力场资料。

二、应力场的图示

应力场的图示通常采用主应力迹线和主应力等值线、最大剪应力迹线和最大剪应力等值线。有时采用主应力迹线和应力椭圆双重表示。有时也采用主应力矢量图表示。

主应力迹线表示应力主方向在场内的变化规律,主应力迹线上任一点的切线方向,代表该点的一个主应力方向。最大剪应力迹线与主应力迹线有类似的特点。主应力等值线和最大剪应力等值线都反应应力强度的变化。各点主应力矢量的方向表示该点主应力的方向,其长度表示主应力的大小。图 3-11 表示用应力迹线和应力等值线表示的应力场。图 3-12 是应力迹线与应力椭圆相结合的图示。图 3-13(D)仅表示了弹性平板圆孔孔壁上 4 个特殊点的主应力矢量。

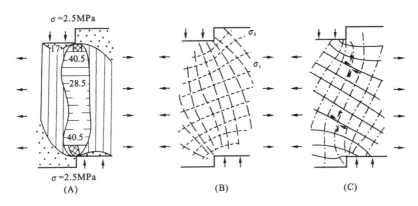

图 3-11 附加侧向张力的简单剪切光弹实验获得的应力场图示

(据马瑾等)

(A)剪应力分布(等值线单位为 MPa);(B)主应力迹线;(C)最大剪应力迹线

三、应力场的扰动

对于理想情况,在一定的边界条件下,可以获得均匀应力场。但是,即使不考虑体力作用,

在均匀的面力作用下,由于岩块或地块内部的局部不均匀性和不连续性等,也可造成应力场的局部变化。笔者将应力场的这种局部变化称为应力场的扰动。应力场的扰动包括应力迹线的偏移和应力值的局部集中或变异。

1. **圆孔附近的应力场扰动** 图 3-13(A)表示在单向压缩作用下弹性板内无圆孔的主应力迹线。图 3-13(B)表示在单向压缩作用下弹性板内一圆孔附近的主应力迹线。两者比较可看出由于圆孔的存在造成圆孔附近应力迹线的扰动。图 3-13C 表示圆孔边界上应力大小的扰动:径向应力

$$\sigma_r = 0$$

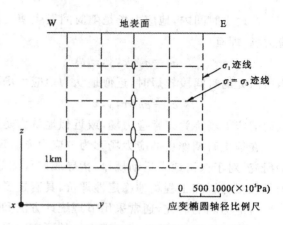

图 3-12 地表以下一定深度范围内由重力引起的应力场

(据 Means,1976)

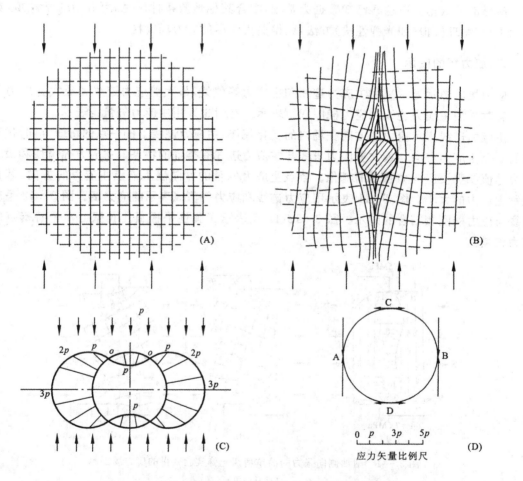

图 3-13 单向压缩情况下圆孔附近应力场的扰动示意图
(A)无圆孔的均匀应力场;(B)圆孔造成的主应力迹线扰动(引自王仁等,1979);
(C)圆孔孔壁切向正应力的分布(引自王仁等,1979);(D)4 个特殊点的切向正应力矢量(引自 Means,1976)

滑切向正应力按下式变化

$$\sigma_\theta = p(1-2\cos2\theta)$$

式中：p——远离圆孔处板内的主压应力（沿压缩方向）；

θ——以圆孔中心为极点，以压缩方向为极轴的极角。

几个特殊点的切向正应力如表3-2所列。

表3-2 几个特殊点的切向正应力表

$\theta/(°)$	0	30	45	60	90	120	135	150	180
σ_θ	$-p$	0	p	$2p$	$3p$	$2p$	p	0	$-p$

图3-13(C)所示的玫瑰图形是将内孔壁各点的切向正应力画在径线上而得到的(以圆周为零线向外为压应力，向内为拉应力)，图3-13(D)表示4个特殊点的切向正应力矢量。它们反应了两个重要特点：①在单向压应力作用下，圆孔附近可以产生拉应力。②圆孔附近可出现单向均匀压应力三倍的应力。这种现象称为应力集中。前人利用弹性理论还求得单向拉伸情况下椭圆孔尖端的切向正应力为：

$$\sigma_\theta = -p(1+2a/b)$$

式中：$-p$——远离椭圆孔处的沿椭圆孔短半轴方向的均匀拉应力；

a 和 b——椭圆孔长半轴和短半轴。

从上式可以看出，椭圆孔应力集中比圆孔更大。例如，当 $a/b=10$ 时，切向应力可达均匀拉应力的21倍。由此可见，长短半轴比值越大，椭圆孔的应力集中越大。

2. 断裂尖端的应力场扰动　图3-14显示了断裂尖端的应力场扰动情况。图3-14(A)表示断裂产生前的均匀应力场(仅表示了最大剪应力迹线)。图3-14(B)显示出断裂错动后其尖端的最大剪应力迹线明显偏离均匀应力场情况。

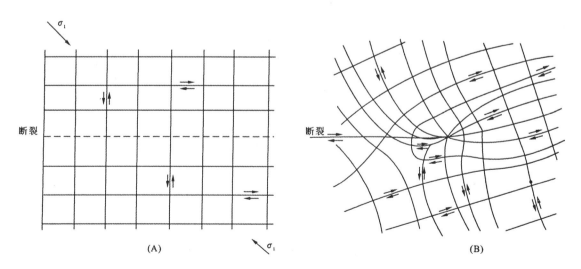

图3-14　断裂尖端应力场的扰动图示

(据 Chinnery,1966,引自 Means,1976)

(A)断裂产生前的单向压缩均匀应力场(示最大剪应力作用面)；

(B)断裂错动后的扰动应力场(示最大剪应力迹线的偏离)

3. 能干层褶皱引起的应力场扰动　图3-15(A)表示无能干层时的均匀应力场主压应力迹线;图3-15(B)表示能干层褶皱引起的主应力迹线的扰动。

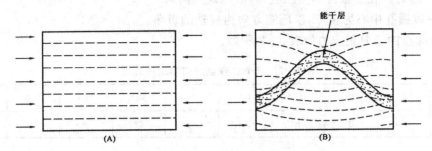

图3-15　能干层褶皱引起主应力迹线的扰动图示
(A)单向均匀压缩的主压应力迹线;(B)有能干层褶皱时的主压应力迹线(粘度比为10)(引自Means,1976)

主要参考文献

万天丰.古构造应力场.北京:地质出版社,1988
王仁,丁中一,殷有泉.固体力学基础.北京:地质出版社,1979
曾佐勋,刘立林.构造模拟.武汉:中国地质大学出版社,1992
Means W D. Stress and strain. Springer-Verlag New York, Inc. 1976

第四章

变形岩石应变分析基础

第一节 位移和变形

当地壳中岩石体受到应力作用后,其内部各质点经受了一系列的位移,从而使岩石体的初始形状、方位或位置发生了改变,这种改变通常称为变形。从几何学的角度来看,研究物体的变形需要比较物体内各质点的位置在变形前后的相对变化。为此,首先要确定参考坐标系。物体的位移是通过其内部各质点的初始位置和终止位置的变化来表示的。质点的初始位置和终止位置的连线叫位移矢量。这条连线并不代表质点的真正位移路径,只表示位移的最终结果(图4-1)。变形的基本方式可分为四种:平移、转动、形变和体变(图4-1)。

平移[图4-1(A)]和转动[图4-1(B)]是物体相对于外部坐标的运动。这种运动并不引起物体内部各质点间相对位置的变化,因此,并不会改变物体的形状。平直正断层上盘下滑属于平移。而铲式正断层上盘形成滚动背斜则包含有刚性转动(参见 Ven der Pluijm & Marshak,2004. Fig. 1.7)

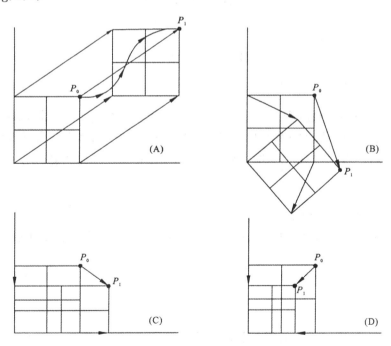

图4-1 变形的四种形式

(A)平移,直线矢量$\overline{P_1P_2}$为位移矢量,曲线为可能的位移路径;
(B)转动;(C)形变,为双轴伸缩;(D)体变

形变[图 4-1(C)]和体变[图 4-1(D)]分别指物体形状的变化和体积的变化。形变和体变使物体内部质点之间发生了相对位移。

第二节 应变的度量

一般来说,形变与体变总是同时发生的。质点之间的相对位移程度,可用应变来进行度量。对形变的度量称为形变应变,对体变的度量称为体积应变,有时也将体积应变称为膨胀度。

一、线应变

物体内部一点,在一定方向上的相邻质点排列成质线,质线上的相邻质点沿质线方向的相对位移,造成线变形。对线变形的度量称为线应变。下面介绍几种常见的线应变度量方式,若要作更多的了解,可参阅其他文献(如韩玉英,1984)。

1. 伸长度 指线段伸长量与原长之比,即

$$e = \frac{l_1 - l_0}{l_0} = \frac{\Delta l}{l_0} \tag{4-1}$$

式中:e ——伸长度;
　　l_1 ——变形后长度;
　　l_0 ——变形前长度;
　　Δl ——伸长量。

2. 长度比 指线段变形后长度与变形前长度之比,用 S 表示,即

$$S = \frac{l_1}{l_0} = 1 + e \tag{4-2}$$

3. 平方长度比 指长度比的平方,用 λ 表示,即

$$\lambda = \left(\frac{l_1}{l_0}\right)^2 = (1+e)^2 \tag{4-3}$$

4. 自然应变 也称对数应变或真应变,它是考虑变形过程的一种应变度量。前面定义的伸长度是将变形前后两种状态下的长度改变与初始长度相比。若将整个变形过程中的每一瞬时长度改变 dl 与前一瞬时线段的长度 l 相比,则得到所谓自然应变增量。

$$d\bar{e} = \frac{dl}{l} \tag{4-4}$$

式中:l ——变量;$d\bar{e}$ 与 dl 均为无穷小量。

将所有这些自然应变增量加起来,得到整个变形过程中总的自然应变,即

$$\bar{e} = \int_{l_0}^{l'} \frac{dl}{l} = \ln \frac{l'}{l_0} = \ln(1+e) \tag{4-5}$$

二、剪应变

物体变形过程中,除了质线上质点之间相对靠近或相对疏远外,一点附近不同方向质线之间的夹角也可能发生改变。这种夹角的改变称为角变形。为方便起见,一般只考虑初始互相正交的质线间的角度变化,称为剪变角(Angular shear),用"ψ"表示。剪变角的正切或正弦称为剪应变(Shear strain),用"γ"表示,即

$$\gamma = \tan\psi \tag{4-6}$$

或 $\gamma = \sin\psi$ (4-7)

取一叠卡片,在其侧边画上一个半径 $l_0=1\text{cm}$ 的单位圆及一个腕足类化石,未变形前化石的铰合线与中线垂直[图4-2(A)]。将卡片均匀剪切成图4-2(B)形状,原始的圆变成了椭圆。设椭圆的长轴为 $l_1=1.62\text{cm}$,短轴为 $l_2=0.62\text{cm}$,则其线应变分别为

$$e_1 = (l_1 - l_0)/l_0 = (1.62-1)/1 = 0.62 \quad (伸长62\%)$$
$$\lambda_1 = (l_1/l_0)^2 = 2.62$$
$$e_2 = (l_2 - l_0)/l_0 = (0.62-1)/1 = -0.38 \quad (缩短38\%)$$
$$\lambda_2 = (l_2/l_0)^2 = 0.38$$

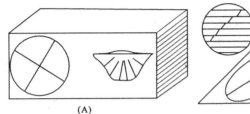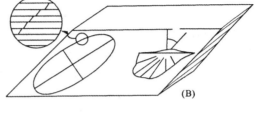

图4-2 剪切应变的卡片模拟

化石的铰合线与中线不再成直角,其偏差 ψ 为沿铰合线方向的剪变角$=45°$,相应的剪应变 γ 为:

$$\gamma = \tan\psi = \tan 45° = 1 \quad (4-8)$$

当变形很小时

$$\gamma_2 = \tan\psi \approx \sin\psi \approx \psi \quad (4-9)$$

设均匀变形体初始体积为 V_0,变形后体积为 V_1,则体积应变可表达为

$$\Delta = \frac{V_1 - V_0}{V_0} = \frac{\Delta V}{V_0} \quad (4-10)$$

在非均匀变形情况下,对 V_1 与 V_0 的量测局限于一点邻域进行。从4-10式可以看出,这里的体积应变,指体积变化量与初始体积的比值。

在构造变形过程中,如果体积保持不变,则称为等体积变形过程,这时

$$V_1 = V_0, \quad \Delta V = 0$$

因此 $\Delta = 0$

第三节 均匀形变和非均匀形变

受力物体的形变可以分为均匀形变和非均匀形变。

一、均匀形变

在连续介质中,如果变形前任一取向直线上的质点变形后仍然在一条直线上,则这样的形变称为均匀形变。其特征是:变形前的直线变形后仍是直线;变形前的平行线变形后仍然平行;变形前的圆变形后成为椭圆;变形前的圆球变形后成为椭球。因此,其中任一个小单元体的应变状态就可代表整个物体的应变状态。因此,均匀形变也称均匀应变。可以看出图4-2就具备均匀形变的特征。

二、非均匀形变

非均匀形变与均匀形变相反，直线经变形后不再是直线，而成了曲线或折线，平行线经变形后不再保持平行。这时，圆变形后亦不再是圆或椭圆[图4-3(B)、(C)]。如果物体内从一点到另一点的应变状态是逐渐改变的，则称为连续形变；如果是突然改变的，则称为不连续形变。例如，物体的两部分之间发生了断裂[图4-3(C)]，其形变是不连续的。在分析连续的非均匀形变时，可以把受变形的物体分割成许多小的单元体。这时，每一个单元体的变形都可以当作均匀形变来处理（图4-4）。地质上大多数形变是不均匀的，常见的褶皱就是一种典型的非均匀形变。原始平行的平直的层间界面被弯曲成褶皱后就成了曲面，而且上下界面也不一定仍互相保持平行，垂直层面的平行线可以变成扇形。这时就不可能用一个单元体的应变来表示整套岩层或岩体的应变。如果应变变化是连续的，则可用各微小单元体的应变特征及其系统变化来描述和分析总体构造的特征（图4-4）。有些微观的非均匀形变从宏观的尺度上可以近似地看成均匀形变，例如，有些在露头上或肉眼看来是均匀的形变，在显微镜下可表现为不连续形变。见图4-2(B)，在放大镜下显示出卡片间的微小滑动（不连续形变），而宏观上是均匀形变。

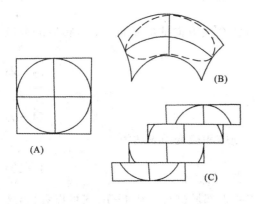

图4-3 非均匀形变
(A)形变前；(B)形变后；(C)不连续形变

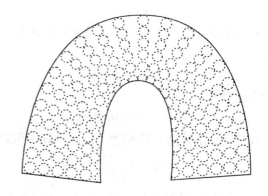

图4-4 弯曲形变
总的形变是非均匀的，每个小圆近似于均匀形变而成椭圆，相邻椭圆的形态和方位作系统的变化

第四节 应变椭球体的概念

为了形象地描述岩石的应变状态，常设想在变形前岩石中有一个半径为1的单位球体，均匀变后成为一个椭球，以这个椭球体的形态和方位来表示岩石的应变状态，这个椭球体便称为应变椭球体。图4-2形象地表示了在二维中一个单位圆经均匀形变后能变成一个椭圆。在数学上可以证明，表达单位圆球体的方程式经过均匀形变后变换成为一个椭球体的方程式(Ramsay，1967)。从数学上还可以推导出，从单位圆球体变成的应变椭球体有三个互相垂直的主轴，沿主轴方向只有线应变而没有剪应变。分别以λ_1、λ_2、λ_3（或X、Y、Z，或A、B、C）来表示最大、中间和最小应变主轴。在单位圆球体变成的应变椭球体中，三个主轴的半轴长分别为$\sqrt{\lambda_1}$、$\sqrt{\lambda_2}$、$\sqrt{\lambda_3}$（因初始圆球体的半径$r_1=1$）。包含应变椭球体的任意两个主轴的平面叫应变主平面。

应变椭球体的三个主轴方向形象地表示了形变造成的地质构造的空间方位。垂直 λ_3 的平面(或 XY 面,或 AB 面)是受压扁的面,代表褶皱的轴面或片理面等的方位。垂直 λ_1 的平面(或 YZ 面,或 BC 面)为张性面,代表了张性构造(如张节理)的方位。平行 λ_1 (或 X 轴,或 A 轴)的方向为最大拉伸方向,常可反映在矿物的定向排列上(图 4-5)。横过应变椭球体中心的切面一般为椭圆形,其中有两个切面为圆切面,它们的交线为中间应变轴(图 4-6)。中间应变轴不变形的应变(即 $e_2=0$ 的应变)称为平面应变。这时,圆切面的半径为 $\sqrt{\lambda_2}=1$,该圆切面叫无伸缩面或无长度变化应变面。它和最大应变主轴 λ_1 的夹角取决于 λ_1 和 λ_3 之比。

$$\cos^2\theta = \frac{\lambda_1(1-\lambda_3)}{\lambda_1-\lambda_3}$$

式中:θ——无伸缩面与 λ_1 轴之夹角(Ramsay,1967)。

无伸缩面区分了应变椭球体中的伸长区与缩短区。任何过球心的直线,如果位于无伸缩面与伸长轴(λ_1)之间的区域,都发生了伸长。在无伸缩面与缩短轴(λ_3)之间的区域,过球心的直线都发生了缩短,同时会产生各种相应的构造特征。

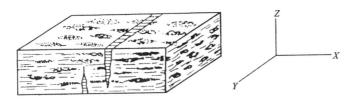

图 4-5 代表压扁面的片理面及代表张裂面的张裂脉与应变椭球体主轴的关系

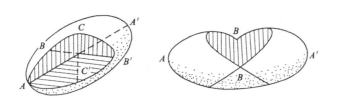

图 4-6 应变椭球体及包含 B 轴的两个圆切面

第五节 应变椭球体形态类型及其几何表示法

各种应变椭球体的形态可以用不同的图解来表示。常用的是弗林(Flinn)图解(图 4-7),这是一种用主应变比 a 及 b 作为坐标轴的二维图解。

$$a = X/Y = (1+e_1)/(1+e_2)$$
$$b = Y/Z = (1+e_2)/(1+e_3)$$

图 4-7 中坐标的原点为 $(1,1)$,任意一种形态的椭球体都可在图上表示为一点。如图中的 P 点,该点的位置就反映了应变椭球体的形态和应变强度。椭球体的形态用数值 k 来表示

$$k = \tan\alpha = (a-1)/(b-1)$$

k 值相当于 P 点与原点 $(1,1)$ 连线的斜率。在形变时体积不变的条件下,依据 k 值可分为五种形态类型的椭球体。

$k=0$ $(1+e_1)=(1+e_2)>(1+e_3)$ 单轴旋转扁球体(轴对称缩短)

$1>k>0$ $(1+e_1)>(1+e_2)>1>(1+e_3)$ 扁型椭球体(压扁型)

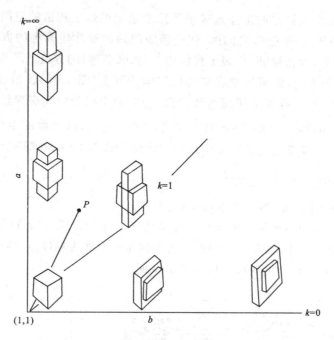

图 4-7 应变椭球体形态的弗林(Flinn)图解

$k=1$　　　$(1+e_1)(1+e_3)=(1+e_2)^2=1$　　　平面应变椭球体

$\infty>k>1$　$(1+e_1)>1>(1+e_2)>(1+e_3)$　长型椭球体(收缩型)

$k=\infty$　　$(1+e_1)>(1+e_2)=(1+e_3)$　　　单轴旋转长球体(轴对称伸长)

在变形期间,有可能同时发生体积变化,由于体积应变(Δ)为

$$\Delta=(V_1-V_0)/V_0$$

又由于单位球体的体积为 $\frac{4}{3}\pi r^3$,应变椭球体的体积为 $\frac{4}{3}\pi(X\cdot Y\cdot Z)$。所以

$$\Delta=(X\cdot Y\cdot Z)-1$$

或 $1+\Delta=X\cdot Y\cdot Z=(1+e_1)(1+e_2)(1+e_3)$

当体积不变,$\Delta=0,k=1$ 时

$$(1+e_1)(1+e_2)(1+e_3)=1$$
$$(1+e_1)/(1+e_2)=(1+e_2)/(1+e_3)$$

所以若　　$1+e_2=1$

$$1+e_1=1/(1+e_3)$$

这时中间应变轴长度不变,变形只发生在 XZ 面上,而称为平面应变。

第六节　有旋变形和无旋变形

根据代表应变椭球体主轴方向的物质线在变形前后方向是否改变,可把变形分为两类:无旋变形和有旋变形。

无旋变形,代表应变主轴方向的物质线在变形前后不发生方位的改变。无旋变形中有一种特殊情况,即在变形中不发生体积变化且中间应变轴的应变为零,只有沿 e_1 方向的伸长和沿 e_3 方向的缩短,这种变形称为纯剪切。

有旋变形中,代表应变主轴方向的物质线在变形前后发生了方位的改变,即旋转了一个角度。最典型的是简单剪切,可用一叠卡片的剪切来模拟(图4-2)。这也是一种体变为零的平面应变,变形发生在卡片侧面的AC面上,垂直图面的B轴不发生变形。在图4-2中的矩形受到$\psi=45°$的简单剪切,其形成的应变椭圆长轴方向与卡片边的剪切方向成31°43′的交角。把受剪切的卡片叠复原,可见这条线与卡片边的交角为58°17′。它代表了$\psi=45°$时应变椭圆长轴的物质线的未变形时的方位,说明它在变形后发生了$\theta=26°34′$的顺时针旋转。从该图中也可以看出,一个简单剪切造成的有旋变形,可以看作是一个纯剪变形再加上一个刚性转动。

第七节 递进变形

物体变形的最终状态与初始状态对比发生的变化,称为有限应变或总应变。实际上,在变形过程中,物体从初始状态变化到最终状态的过程是一个由多次微量应变的逐次叠加过程,这种变形的发展过程称为递进变形。其中,变形过程中某一瞬间正在发生的小应变叫增量应变,如果所取瞬间非常微小,其间发生的微量应变可称为无限小应变。可以认为,递进变形就是许多次无限小应变逐渐积累的过程。在变形史的任一阶段,都可把应变状态分解为两部分:一部分是已经发生的有限应变;另一部分是正在发生的无限小应变或增量应变。图4-8表示初始圆经受了一系列变形的过程,第一行表示应变过程,用各阶段的有限应变椭圆来表示。在中间的某个阶段,如第三阶段时,第一行的椭圆代表了当时的有限应变状态。如果这时再在物体中设想一个圆形标志体,从3→4时,这一标志圆又变为椭圆,这叫增量应变椭圆。第四阶段的有限应变椭圆就是第三阶段的有限应变椭圆叠加这个增量应变的结果。在研究自然界的变形岩石时,只能见到变形作用的最终产物,而看不到其递进变形的过程。但有可能看到代表从轻微应变到强烈应变的各中间阶段的产物。通过连续地比较和综合,有可能推断出变形发展的总

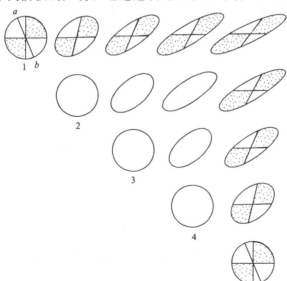

图4-8 用卡片模拟简单剪切的递进变形过程

(据Ragan,1973)

带点象限表示在每个应变椭圆中的伸长区,第5列描述了最终应变后各椭圆的形态,
第5行代表增量应变椭圆的形态及其伸长区的范围

的进程。

在递进变形过程中,如果各增量应变椭球体的主轴始终与有限应变椭球体的主轴一致,这种变形叫共轴递进变形。否则就叫非共轴递进变形。

一、共轴递进变形

递进纯剪切是共轴递进变形的典型实例。图 4-9 表示了一个纯剪切变形过程,其中间应变轴垂直于图面,且 $\lambda_2=1$。可以看到,在递进变形过程中,应变主轴的方向保持不变。值得注意的是,不同方向的物质线随着递进变形的发展,其长度变化史是各不相同的。图 4-9 中表示了三条方位不同的质线的长度变化史。线 1 起初与 λ_1 轴近于垂直,在变形过程中始终是缩短的。线 2 起始与 λ_1 轴近于平行,在变形过程中始终是伸长的。线 3 初始与 λ_1 轴成大角度相交(50°),在变形初期受到缩短,同时向 λ_1 轴方向旋转。随着变形的继续进行,它与 λ_1 轴的夹角逐渐变小,直至 45° 时它不再缩短。当夹角小于 45° 时,它反而受到了增量的伸长变形,不过这时总的有限应变仍是缩短的。进一步的增量应变,使它的伸长总量超过初期的缩短总量而表现为总体的伸长。在自然界,当夹于软弱层中的强硬岩层受到这种变形的情况下,在被缩短时,会形成褶皱;被拉长时,会被拉断而成香肠构造(详见第七章)。因此,当强硬层的方向与应变椭球体主轴的方向相当于 2 线的方位时,岩层就形成香肠构造;相当于 1 线时,就形成褶皱;相当于 3 线的方位时,就可形成早期褶皱和晚期的香肠构造并存的现象。例如,在顺层挤压形成的褶皱构造中,强硬层在褶皱的转折端附近受到连续的压缩作用而形成许多小褶皱,如图 4-10 中的第三区段。在褶皱的两翼因受到强烈的拉伸作用而形成香肠构造,如图 4-10 中的第一区段。处于两者之间的第二区段,仍可看出早期受压缩形成的褶皱构造,后期被拉伸而断开。

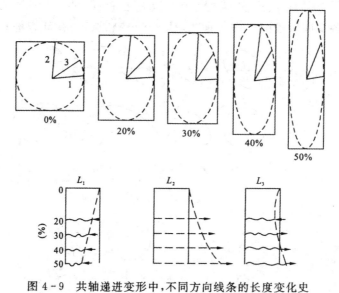

图 4-9　共轴递进变形中,不同方向线条的长度变化史

(据 Ramsay,1967,略改)

上图中的百分比表示缩短量,下图 L_1、L_2、L_3 分别表示上图中三条线的变化史

二、非共轴递进变形

递进的简单剪切是非共轴递进变形的典型实例。用一叠卡片可以很好地模拟这个过程。

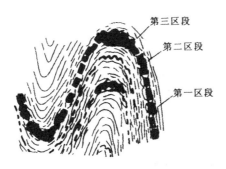

图 4-10 褶皱中强硬夹层在变形中形成的香肠构造与小褶皱
（据 Ramsay,1967）

图 4-8 表示了一系列连续变形的几个阶段的二维图像（λ_2 轴垂直图面）。其有限应变椭球体的主轴方位随着剪应变量的增加而改变，可用方程式表达（Ramsay,1967）：

$$\tan 2\theta' = \frac{2}{\gamma}$$

式中：θ'——应变椭圆长轴与剪切方向的交角；

γ——剪应变量。

可以看出，当 γ 很小时，θ' 近于 45°，即对于每一瞬间的无限小增量应变，其增量应变主轴总是与剪切方向成 45° 的交角。

在粘土的剪切实验中，把湿粘土块平放于两块互相接触的平板上，使木板相对剪切移动。如果粘土饱含水而表现为脆性时，沿着运动方向，在两木板接触线之上将产生一组雁列式张裂隙。其中单个裂隙面与运动方向初始以近 45° 斜交，即垂直于增量应变椭球体的 X 轴，也垂直于派生的主拉伸轴 σ_3[图 4-11(A)]，这种现象在地质上是常见的。随着变形的继续，早期形成的张裂隙将发生旋转，使其与剪切带的交角增大，而裂隙末端继续扩展的新生张裂隙将仍按 45° 的方向（垂直于当时的增量应变椭球体的主轴 X_i 的方向）产生，结果形成了"S"形或反"S"形的张裂隙。后期在雁列带中部也可以产生新的张裂隙，仍与剪切方向成 45° 相交，切过早期旋转了的"S"形张裂隙[图 4-11(B)]。

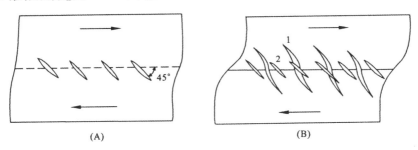

图 4-11 非共轴递进变形的简单剪切带中发育的雁列及"S"形张裂脉

因此，在变形分析中，不能只根据构造的空间方位简单地来推断和解释其所反映的应力作用方式，必须从构造发生和发展的过程来分析。不应把构造现象看作是一成不变的东西，它只是漫长的构造演化过程中某一个阶段的产物。

主要参考文献

韩玉英. 有限变形几何学及其在地质学中的应用. 北京：地质出版社，1984

郑亚东，常志忠. 岩石有限应变测量及韧性剪切带. 北京：地质出版社，1985

Davis G H, Reynolds S J. Structural geology of rocks and regions. John Wiley and Sons, Inc. 1996

Hatcher R D Jr. Structural geology—principles, concepts and problems. 2nd ed. New Jersey: Prentice Hall, Englewood Cliffs, 1995

Hobbs B E, Means W D, Williams P F. 构造地质学纲要. 刘和甫等译. 北京：石油工业出版社，1982

Ramsay J G, Huber M I. 现代构造地质学方法. 刘瑞珣等译. 北京：地质出版社，1991

Ramsay J G. 岩石的褶皱作用和断裂作用. 单文琅等译. 北京：地质出版社，1985

Twiss R J, Moores E M. Structural Geology. New York: W. H. Freeman and Company. 1992

Van der Plnijm D A, Marshak S. Earth structure. 2nd. New York: W. W. Norton & Company. 2004

第五章

岩石力学性质

第一节 岩石力学性质的几个基本概念

有关岩石力学性质的多数资料是通过岩石力学实验获得的。实验装置主要为可控制温度和围压的三轴压力机,圆柱状试样受到轴向压力或拉力及周围流体或固体介质施加的围压(图5-1)。轴向应力与围压之差叫差应力,一般用 $\sigma_1-\sigma_3$ 表示。大多数实验机在 1 000MPa 的压力范围内进行操作,温度可达 800℃ 以上。实验的结果常用应力-应变曲线表示(图5-2)。岩石变形的应力-应变曲线与金属实验的结果非常相似,因此地质学上采用的术语与冶金学上有关术语一致。图5-1为常规三轴实验,真三轴实验要求 $\sigma_1 \neq \sigma_2 \neq \sigma_3$。

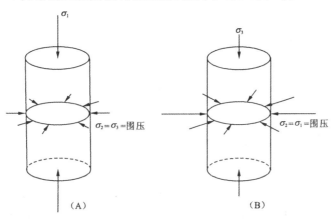

图 5-1 压缩(A)和拉伸(B)三轴实验时岩石样品中的主应力图示

短时间的岩石力学实验结果如图5-2所示。在变形的初始阶段,应力-应变图上为一段斜率较陡的直线,说明应力与应变成正比。这时,如果撤除应力,则岩石将立即恢复原状。这种变形称为弹性变形,其应力与应变的关系符合胡克定律:

$$\sigma = Ee \qquad (5-1)$$

式中:E——弹性模量或杨氏模量。

服从(5-1)式的材料称为胡克固体,也称为线弹性体。应力与应变不满足线性关系的弹性材料,称非线性弹性体。

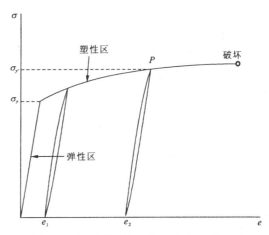

图 5-2 岩石变形的一般化应力-应变关系

随着变形继续,应力-应变曲线的斜率变小,这时如果撤去应力,曲线并不回到原点,而与 e 轴交于 e_1,试样由于超过弹性极限而永久变形。这个极限点的应力叫屈服应力 σ_y。当应力达到或超过屈服点后造成岩石永久应变的变形叫塑性变形。在屈服应力作用下,岩石以韧性方式连续地变形,其应力-应变曲线的斜率为零。这种岩石称完全塑性材料,达到了稳态流动状态。在中、低温条件下,多数岩石的应力-应变曲线有一个小的正斜率。这说明如果想继续进行塑性变形,必须使应力增加到大于初始的屈服应力,这个过程称为应变硬化。在发生了一定的应变硬化的塑性变形以后,如果再撤去应力,应力-应变曲线几乎呈线性地回到 e 轴上一点 e_2,它表示产生的永久应变(图 5-2)。如果再把应力立即作用上去,则应力-应变曲线就几乎是沿着它以前的路径回到塑性变形曲线 P 的位置上,好像岩石有了一个增大了的弹性范围和提高了的屈服应力 σ'_y。

当应力超过一定值时,岩石就会以某种方式而破坏,发生断裂变形。这时的应力值称为岩石的极限强度或强度。同一岩石的强度,在不同方式的力的作用下差别很大,表 5-1 列出了常温、常压下一些岩石的强度。从表 5-1 中可知,岩石的抗压强度远大于抗张强度。

表 5-1 常温常压下一些岩石的强度极限表

岩 石	抗压强度(MPa)	抗张强度(MPa)	抗剪强度(MPa)
花岗岩	148 (37～379)	3～5	15～30
大理岩	102 (31～262)	3～9	10～30
石灰岩	96 (6～360)	3～6	10～20
砂 岩	74 (11～252)	1～3	5～15
玄武岩	275 (200～350)	—	10
页 岩	20～80	—	2

在断裂前的塑性变形的应变量小于 5% 的材料,称为脆性材料;在断裂前的塑性变形的应变量超过 10% 的材料称为韧性材料。在常温、常压下多数岩石表现为脆性,即在弹性变形范围内或弹性变形后立即破裂,这种破裂称为脆性破裂。但在增高温度和围压等条件下,岩石常表现出一定的韧性。图 5-3 表示了岩石试样的变形行为。

流体的粘性,指的是流体内部各流层之间发生相对滑动时,层面之间存在的一种内摩擦效应。例如脸盆里搅动起来的水,速度会渐渐变慢,最后静止下来,这就是内摩擦阻力,即粘性在起作用。如果用桐油做同样实验,可发现桐油比水静止下来要快些,因此桐油比水的粘性要大些。

图 5-4 中表示沿 x 方向流动的 n 个不同流层。它们的流速 $\dot{u}$ 是 y 的函数。$\dot{u}$ 在 y 轴方向的变化率,称为速度梯度,以 $\dfrac{\mathrm{d}\dot{u}}{\mathrm{d}y}$ 表示。在不同的位置,即 y 不同时,其速度梯度可能不同,剪应力即摩擦阻力也可能不同,但在同一位置处的剪应力与速度梯度之间存在下面的关系

$$\tau = \eta \frac{\mathrm{d}\dot{u}}{\mathrm{d}y} \tag{5-2}$$

式中:η——粘度,其单位为帕·秒(Pa·s)。

上式表明,剪应力与速度梯度成正比。即对一定的粘性流体而言,流动速度梯度越大,其摩擦阻力就越大,即层面之间的剪应力越大。这一规律称为线粘性定律,也称为牛顿粘性定

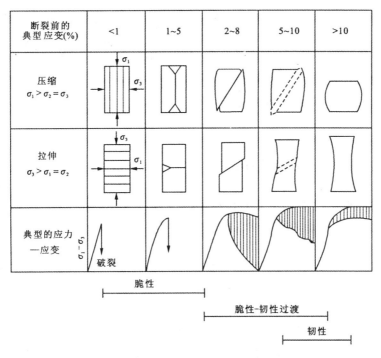

图 5-3 脆性-韧性行为的变形特征及其应力-应变曲线形式图示
(据 Griggs & Handin,1960,引自 Hobbs, Means & Williams,1976)

律。服从牛顿粘性定律的材料称为牛顿流体,也称为线粘性流体或纯粘性流体。

(5-2)式中的 $\dfrac{\mathrm{d}\dot{u}}{\mathrm{d}y}$ 可作下面的变化

$$\frac{\mathrm{d}\dot{u}}{\mathrm{d}y}=\frac{\mathrm{d}}{\mathrm{d}y}\left(\frac{\mathrm{d}u}{\mathrm{d}t}\right)=\frac{\mathrm{d}}{\mathrm{d}t}\left(\frac{\mathrm{d}u}{\mathrm{d}y}\right)=\frac{\mathrm{d}\gamma}{\mathrm{d}t}=\dot{\gamma}$$

于是(5-2)式可改写为

$$\tau=\eta\dot{\gamma} \quad (5-3)$$

因此,牛顿粘性定律又可表达为物体发生流动变形时,各点的剪应力与该点剪应变速率成正比。

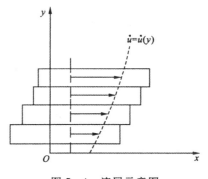

图 5-4 流层示意图

相对牛顿流体而言,还有一类非牛顿流体。其发生流动变形时,各点剪应力与剪应变速率成非线性关系,即

$$\tau=K\dot{\gamma}^m \quad (5-4)$$

式中:K——流体的稠度;

m——非牛顿指数,也称为流动指数。

当 $m=1$,则 $K=\eta$,(5-4)式与(5-3)式一致;当 $m<1$,称为剪切稀化的伪塑性流体;当 $m>1$,称为剪切稠化的胀塑性流体。

从(5-4)式,还可导出非牛顿流体的另一种幂律表达形式,即

$$\dot{\gamma}=k\tau^n \quad (5-5)$$

式中:n——应力指数;

k——流度。

上面的论述是针对流体而言,因为流体具有明显的流动性,对于粘性也容易表现出来,这容易理解和接受。实际上,岩石也具有一定的流动性,只是其流动速度比液体要缓慢得多而不易觉察出来,这说明岩石的粘度非常大。例如,常温常压下,灰岩的粘度约为冰川冰粘度的 1 亿倍,冰川冰的粘度约为沥青(50℃)的 10 万倍,而沥青(50℃)的粘度是水(20℃)的 1 亿倍。某些材料的粘度如表 5-2 所列。

既具有弹性,又能发生粘性流动的材料,称为粘弹性体,它所表现出的力学性质,称粘弹性。如蛋清就是一种粘弹性体。正是由于它具有粘弹性,蛋黄才能受其保护而不怕外界的振动。岩石的粘弹性不像蛋清这样明显,这主要是它的流动性需要在长期加载的情况下才能表

表 5-2 材料粘度表

材　料	粘度(Pa·s)
空气(20℃)	1.8×10^{-5}
水(20℃)	1.00×10^{-3}
沥青(50℃)	10^6
冰川冰	10^{13}
岩盐(20℃)	3×10^{15}
玻璃(20℃)	$10^{18} \sim 10^{21}$
灰岩(20℃)	$>10^{21}$
(1 100℃)	4×10^3
(1 200℃)	3×10^2
(1 300℃)	30
岩石圈	$10^{22} \sim 10^{23}$
软流圈	$10^{19} \sim 10^{20}$

现出来。如果要在短期加载的情况下表现出来,则需要提高温度。因为对于液体和固体来说,温度越高,粘度越低,反映流动性的流速越大,因此熔岩流表现出明显的流体性质。

第二节　影响岩石力学性质的因素

由于矿物组成、结构、构造有别,不同岩石表现出不同的力学性质。通常所说的岩石力学性质,一般是常温、常压、短期静载条件下的力学性质。实际上,同一种岩石在不同的环境下,也表现出不同的力学性质。下面分别介绍各向异性、围压、温度、孔隙应力、应变速率等对岩石力学性质的影响。

一、各向异性对岩石力学性质的影响

表 5-1 列举了一些岩石由于其成分和结构等的不同,而具不同的强度。同一岩性的岩石常由于层理或次生面理的发育,而造成岩石力学性质的各向异性。岩石各向异性对变形的影响,最明显的例子是层状岩石受压可形成褶皱,而块状的各向同性岩石一般无法显示出褶皱变形来。后面在讨论断裂准则时,都假设材料是各向同性的。在各向异性的岩石中,脆性破裂的发生将会受到先存薄弱面(各种界面)的影响,其极限强度将随主应力轴相对于岩石中的各向异性构造的方位变化而变化,而且,其剪裂面也可能明显地偏离断裂准则所预测的方向(如剪裂角 $\theta = 45° - \dfrac{\varphi}{2}$)。图 5-5 列举了板岩和页岩的实验结果。如图 5-5 所示,同一围压下,强度最小值出现在 σ_1 与面理夹角约 30°的情况下;板岩剪切破裂的方位依 σ_1 与劈理面的夹角而变化,在夹角小时,剪切破裂沿原劈理面发生。

二、围压对岩石力学性质的影响

岩石处于地下深处变形时,承受着周围岩体对它施加的围压。增大围压的效应一方面增大了岩石的极限强度;另一方面增大了岩石的韧性。图 5-7 所示的实验结果表明:在低围压

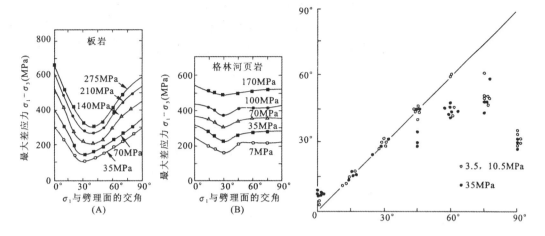

图 5-5 不同围压下三轴压缩实验中具面理的板岩(A)和页岩(B)的强度与样品的面理和 σ_1 的夹角之关系图

(据 Mclamore & Gray,1967,引自 Paterson,1978)

图 5-6 板岩压缩实验中剪切破裂面与压缩轴夹角(纵坐标)随劈理面与压缩轴夹角(横坐标)的不同而改变的关系图

(据 Donath,1961,引自 Paterson,1978)

下,岩石表现为脆性,在弹性变形或发生少量的塑性变形后立即破坏[图 5-8(A)、(B)];在围压超过 20MPa 时,在宏观破裂之前所达到的应变增加得非常明显,岩石表现为韧性[图 5-8(D)];随着围压的增高,岩石的屈服极限和强度也大大提高,而且,不同岩石随围压增高而增大韧性的程度是不同的。

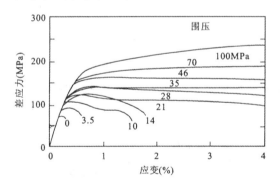

图 5-7 伍姆比杨大理岩在不同围压下的应力-应变曲线

(据 Paterson,1958,引自 Paterson,1978)

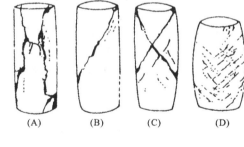

图 5-8 不同围压下伍姆比杨大理岩的破裂或流动类型

(据 Paterson,1958,引自 Paterson,1978)

(A)常压下的轴向劈裂;(B)围压为 3.5MPa 时的单个剪切破坏;(C)围压为 35MPa 时的共轭剪切;(D)围压为 100MPa 时的韧性变形,示两组吕德尔线的发育

三、温度对岩石力学性质的影响

温度的升高常使材料的韧性增大,屈服极限降压(图 5-9)。多数岩石在地表表现为脆性;趋向地下,随着温度和围压的增加,到一定深度就会从脆性向韧性过渡。因此,岩石力学实验中常把围压和温度结合起来考虑。赫德(Heard,1960)以发生破坏时的应变值达到 3% ~

5%作为岩石脆性和韧性行为的过渡,对索伦霍芬石灰岩作了系统的实验(图5-10)。如以地壳岩石的平均压力梯度为27MPa/km、平均地热增温梯度为25℃/km,则干的石灰岩的脆-韧性过渡在压缩条件下(形成逆断层)将出现在3.5km处,而在拉伸条件下(形成正断层)出现在15km处。

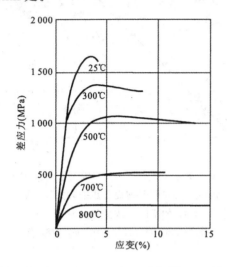

图5-9 玄武岩在500MPa围压时不同
温度下的应力-应变曲线图
(据Griggs等,1960)

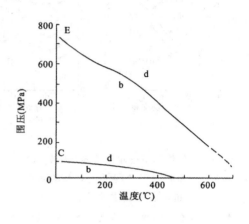

图5-10 在拉伸和压缩实验中脆-韧性过渡
与温度及围压的关系图
E.拉伸实验;C.压缩实验;d.韧性区;
b.脆性区应变速率为2×10^{-4}/a

四、孔隙流体对岩石力学性质的影响

岩石孔隙中的流体对岩石力学性质的影响表现在两个方面:

一方面,当岩石中富含流体时,可使岩石强度降低。另外,孔隙流体的存在可以促进矿物在应力作用下的溶解迁移和重结晶,从而促进了岩石的塑性变形。表5-3列举了几种岩石在潮湿条件下抗压强度的降低。

表5-3 几种岩石在干、湿条件下的抗压强度表

岩石名称	干燥状态下的抗压强度(MPa)	潮湿状态下的抗压强度(MPa)	强度降低率(%)
花岗岩	193~213	162~170	16~20
闪长岩	123	108	21.8
煌斑岩	183	143	12
石灰岩	150	118.5	21
砾岩	85.6	54.8	36
砂岩	87.1	53.1	39
页岩	52.2	20.4	60

另一方面,产生孔隙流体压力的效应。岩石孔隙内流体的压力称为孔隙压力。在正常情况下,地壳内任一深度上孔隙水中的流体静压力相当于这一深度到地表的水柱的压力,约为静

岩压力(或围压)的40%。由于某些原因,如快速沉积或构造变动使沉积物快速压实而孔隙水不能及时排出等,可使孔隙压力异常增大。在油田中曾测得,孔隙压力与围压之比达80%,甚至也存在接近于1.0的可能性。孔隙压力(P_p)的作用在于它抵消了围压(P_c)的作用。这时对变形起作用的是有效围压(P_e)

$$P_e = P_c - P_p$$

因此,当岩石中存在有异常的孔隙压力时,就产生了类似降低围压的效果,使岩石易于脆性破坏并降低强度。如上述赫德的实验,当孔隙压力为围压的95%时,压缩条件下的脆-韧性过渡将加深到5.5km。

莫尔图解可以很好地说明孔隙压力对岩石破坏的促进(图5-11)。图5-11中横坐标表示有效正应力(总正应力与孔隙压力之差)。圆Ⅰ代表孔隙压力为零时的应力状态,这时岩石是稳定的。随着孔隙压力的逐渐增大,虽然外加的总正应力不变,但有效正应力逐渐减小,使应力圆向左移动。一旦应力圆移到圆Ⅱ处,与莫尔包络线相切,岩石就要破坏。因此,异常孔隙压力的作用可促使岩石发生断裂。

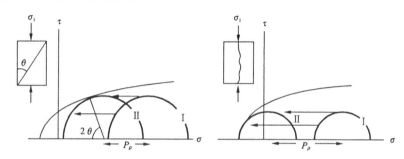

图5-11 孔隙压力的效应示意图

圆Ⅰ位于莫尔包络线下,岩石处于稳定状态。随着孔隙压力 P_p 的增加,应力圆向左移动,当与莫尔包络线相切时,形成剪裂(A)或张裂(B)而破坏

当孔隙压力大到几乎等于围压时,就使岩石产生了浮起效应。休伯特和鲁比(Hubbert & Rubey,1959)用这种效应较好地解释了巨大岩席的推覆和滑动的可能性。

五、影响岩石力学性质的时间因素

与岩石力学实验不同,地质条件的岩石变形持续的时间很长,造山带的变形可能要几百万年才能完成。因此,时间的因素对岩石变形具有重要的影响,但这是目前实验难以解决的问题。

(一)应变速率的影响

应变速率对岩石力学性质的影响,在人们的日常生活中也不乏实例。例如沥青、麦芽糖等材料,在快速的冲击力作用下,呈现脆性破裂;如缓慢施力,则在较小的应力作用下可发生很大的变形而不断裂。即应变速率的降低,使材料的屈服极限降低,变成韧性。地质上的应变速率既有快速的冲击,如陨石的撞击或地震的发生,但更经常的是长期而缓慢的变形。如对美国西部圣安德列斯断裂带及欧洲阿尔卑斯山变形速率的估计,都在 $10^{-12}/s$ 到 $10^{-14}/s$ 左右。岩石在这种缓慢的应变速率下,都表现出韧性的特点。赫德(1963)对大理岩在不同应变速率下的实验说明,随着应变速率的降低,岩石的屈服应力显著降低(图5-12)。在初始的弹性变形后,呈相当长时期的具应变硬化的塑性流动。在极缓慢的应变速率($3.3 \times 10^{-8}/s$)下,岩石接近于完全塑性,不再增加应力而可以继续变形。但这个应变速率也比代表性的地质应变速率要高得多。为了把这些实验结果外推到应用于地质应变速率下,赫德用提高变形时的温度来获得相当于降低应变速率的效应,从而外推到地质应变速率的条件下,耶鲁大理岩在300℃时的基本强度仅7～50MPa,其大小随主应力轴和原始各向异性的定向而变化,超过屈服应力,岩石呈稳态的粘性流动。

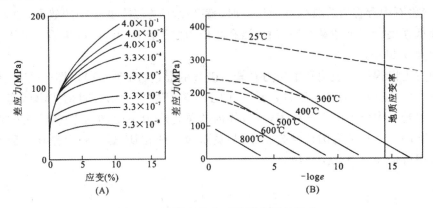

图 5-12　应变速率对岩石变形的影响
(据 Heard,1963)

A)在不同应变速率下耶鲁大理岩的应力-应变曲线(围压为50MPa,温度为500℃);(B)在达到10%的应变时的差应力(相当于屈服应力)与温度及应变速率的关系(表示实验结果的外推)

(二)蠕变与松弛

如上所述,在应力长期作用下,即使应力在常温、常压的短期试验的屈服极限之下,岩石也会发生缓慢的永久变形,这种在恒定应力作用下,应变随时间持续增长的变形称为蠕变。另一方面,在恒定变形情况下,岩石中的应力也可以随时间不断减小,这一现象称为松弛。

图 5-13 表示在应力不变的情况下,应变与时间的关系。在应力作用开始时(t_0),岩石受到了一个短暂的弹性应变阶段。然后是第一期的或瞬时蠕变阶段,这一阶段初始应变速率较大,然后逐渐变小,代表了一个延迟的弹性蠕变。如果撤除应力时(t_1),当即发生不完全的弹性恢复,然后是一个减速的恢复,直至 t_2 时才完成,这是一种弹性后效现象。第二期蠕变以应变速率近于常量为特征,称为稳态或假粘性蠕变。这时岩石发生塑性流变。如果撤除应力时(t_3),则在经过瞬时的和延迟的弹性恢复后(t_4),仍保留有永久变形。蠕变的最后阶段称为第三期或加速蠕变阶段,这时应变速率增加,最后材料破坏。

松弛有两种类型:一种是应力随时间减小,逐渐趋于一个大于零的定值[图 5-14(A)];另一种是应力经很长时间后可趋近于零[图 5-14(B)]。两者的共同特点是大体可分为两个阶段:初始阶段应力迅速减小,松弛速率急剧下降;第二阶段应力减小缓慢,逐渐趋于一极值。对于弹性体,应变能是可以保存的。对于粘弹性体,随着应力松弛,应变能逐渐变小。当卸去外载时,不能像弹性体那样完全恢复原状,使得部分(或全部)变形成为永久变形。这相当于降低了岩石的弹性极限。

蠕变能在低于岩石弹性极限的情况下使岩石产生永久变形,松弛能使部分弹性变形转化为永久变形,其共同效果都相当于降低了岩石的弹性极限。实际上都表现出了时间因素对岩石力学性质的影响。

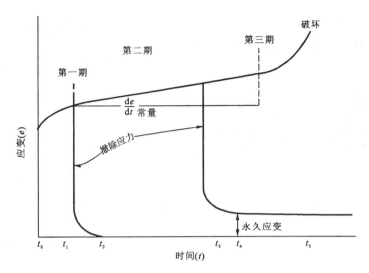

图 5-13 粘弹性材料蠕变试验的一般化应变-时间曲线
（据 Ramsay,1967）
应力为常量

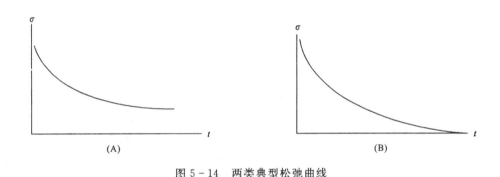

图 5-14 两类典型松弛曲线

第三节 岩石的能干性

岩石的能干性是用来描述岩石变形行为相对差异的术语。人们经常把岩石按能干性的差异分成能干的(强的)和不能干的(弱的)。这是指在相同的变形条件下,能干的岩石比不能干的岩石不易发生粘性流动。因而,在一定程度上,也可以用粘度比来表示岩石的能干性差异。在一般的意义上,人们也经常把能干性差异与韧性差异相混用。严格地讲,韧性差异是指岩石在达到破坏以前塑性变形量的差异,它与能干性差异的含义不完全一致。对某个地区的岩石,可以根据其构造特征的观察,排列出能干性大小的顺序。在同样的变形条件下,相对能干的岩石可以不发生内部变形而脆性断裂,或弹塑性弯曲而褶皱；相对不能干岩石可以发生很大的内部应变来调节总体的变形(图 5-15、图 5-16)。因此,可以根据经历相同变形条件的同一地区的岩石变形差异,估测岩石的能干性差异。以下是常见的四种方法(Ramsay,1982;曾佐勋等补充和简化,1996)。

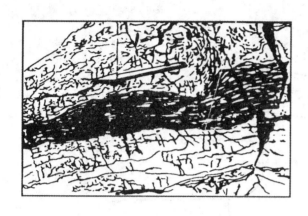

图5-15 北京西山奥陶系中白云岩与灰岩的变形差异
白云岩中发育了与层理近直交的劈理,纹带灰岩已糜棱岩化,顺层面理发育

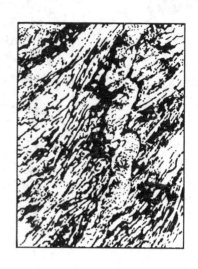

图5-16 北京西山孤山口白云岩变形与钙质千枚岩变形的差异
白云岩薄层形成褶皱,而钙质千枚岩以压扁形成劈理来调节变形

1. **有限应变状态的对比** 若两种岩石经历了相同的应变史,则能干的岩石比不能干的岩石将发生较小的有限应变。因而通过岩石有限应变状态对比,可获得不同岩石类型的能干性差异。

2. **劈理折射的对比** 劈理在两种不同的岩性界面上发生折射,在能干性较低的岩层中劈理与层面的夹角小,相反,在能干性较高的岩层中劈理与层面的夹角大。

3. **香肠构造的对比** 香肠构造的出现可以说明构造变形时香肠体是较能干的,而基质的能干性较低。并且在同一种基质中不同能干性香肠体的几何特征不同,矩形石香肠体岩石比相邻肿缩石香肠体岩石能干性高。

4. **褶皱形态的对比** 能干层褶皱的形态与褶皱层对基质的能干性差异有关。对同一种基质中同一厚度的不同岩性的能干层来说,能干性高者具有较大的初始波长,能干性低者具有较小的初始波长。两种不同能干性岩层界面往往形成尖-圆褶皱,即褶皱式窗棂构造。尖-圆褶皱的尖指向能干性高的岩层。

应用以上方法,可以在一定地区内,建立起岩石能干性的定性排序表(表5-4)。需要强调的是,在进行岩石能干性排序时,应该以相同的构造变形环境为前提。

以上所述是定性研究岩石能干性的方法。近年来,已经开始采用天然构造变形来定量估测岩石的古流变性质。这类可以用来反演岩石流变性质的构造变形和方法,被称为流变计(Passchier & Trouw,2005)或构造流变计(曾佐勋和樊春等,1999)。这是一个值得发展的新方向(Hudleston & Lan,1995;曾佐勋和付永涛,1998)。目前探索的主要有剪应变折射流变计(Treagus & Sokoutis,1992;Kanagawa,1993),应变差折射流变计(曾佐勋和凌峰等,1999),肿缩石香肠构造流变计(曾佐勋等,1997;1999),鱼嘴状石香肠构造流变计(吴武军和曾佐勋等,2005),矩形断裂石香肠构造流变计(张鲲等,2007)和能干层褶皱流变计(Hudleston & Lan,1995;付永涛和曾佐勋等,1997;曾佐勋等,1999)以及岩石粒度对其流变性质的影响研究(樊光明等,2000)等。这方面的工作还刚刚开始,还有很大的发展空间和前景。读者可以进一步阅读有关文献。

表 5-4 岩石能干性排序表

能干性排序	岩 石 类 型			
		硅质条带*		
高 ↓ 低	白云岩 长石砂岩 石英砂岩 硬砂岩 粗粒灰岩 细粒灰岩 粉砂岩 泥灰岩 页岩 石盐、硬石膏	白云岩、硅质白云岩 长石砂岩、长英质砂岩 石英砾岩、石英砂岩 岩屑砂岩 含白云质砂质灰岩、鲕状灰岩，含泥砂岩 豹皮灰岩、纯灰岩 粉砂岩、凝灰质粉砂岩 泥灰岩 页岩、泥岩	变基性岩 粗粒的花岗岩和花岗片麻岩 细粒的花岗岩和花岗片麻岩 条带状石英岩、二长云母片麻岩 石英岩 大理岩 云母片岩	变基性岩及斜长角闪岩 粗粒花岗岩 细粒花岗岩 钙硅酸盐岩 变粒岩 二长片麻岩 硅质条带 石英岩 白云岩 纯大理岩 变泥灰岩及不纯大理岩
地 区		北京西山		东秦岭秦岭群
资料来源	Ramsay,1982	傅昭仁等,1990	Ramsay,1982	索书田等,1991

*由曾佐勋等(1996)补充

第四节 岩石变形的微观机制

岩石变形的微观机制主要包括脆性变形机制和塑性变形机制。脆性变形机制相对简单，主要有微破裂作用、碎裂作用和碎裂流。而塑性变形机制比脆性变形机制要复杂得多。通过岩石变形实验及变形实验与天然变形岩石的显微和超微构造相对比，人们发现，由于岩石的流变特性及其显微构造、组成矿物的性质及变形条件等的不同，会有多种不同的变形机制。岩石是一种多晶集合体，其塑性变形绝大多数是由单个晶粒的晶内滑动或晶粒间的相对运动（晶粒边界滑动）所造成的。

一、微破裂作用、碎裂作用和碎裂流

在一定的条件下，岩石内部的某些部位容易造成应力集中而形成微破裂。造成应力集中的因素很多。例如：具有不同热膨胀系数的矿物组成的岩石经历温度的变化；变形过程中相邻颗粒点接触部位的互相楔入；矿物包裹体或孔隙尖端受应力作用；颗粒内的位错和双晶运动不足以调节应变；等等。

微破裂一旦形成，其尖端又是应力集中的有利场所。在应力作用下。单个微破裂扩展，多个微破裂互相连接。在拉伸条件下，扩展成宏观破裂。而在一定的围压条件下，无数微破裂扩展、连接、局部密集成带，使岩石沿断裂或断裂带破裂成碎块。当应力增大时，沿断裂或断裂带分布的岩石碎块进一步破裂和细粒化，形成高度破碎的岩石碎块和粉晶集合体。这一过程称为碎裂作用。

当差应力足够大时,高度破碎的岩石碎块和粉晶重复破碎,粒径不断减小,相互之间产生相对摩擦滑动和刚体转动,因而,整体上能承受大的变形和相对运动。这种变形过程称为碎裂流。

碎裂流动过程中,形成很多空隙,经常被流体携带的硅质和碳酸盐物质充填,并可能卷入后续碎裂作用。因而大多数碎裂岩、角砾岩含有石英脉或碳酸盐脉的角砾。

以上所述的脆性变形机制主要在地壳浅层次起作用,但高流体压力有利于碎裂流形成,这也是导致脆性构造岩中常见石英脉、碳酸盐脉或其角砾的原因之一。

二、晶内滑动和位错滑动

晶内滑动是沿晶体一定的滑移系发生的,即沿某一滑移面的一定方向滑移。滑移系是由晶体结构决定的,滑移面通常是原子或离子的高密度面,滑移方向则是滑移面上原子或离子排列最密的方向。不同矿物晶体各具不同数目的滑移系。如石英常沿底面(0001)上一个或一个以上的 a 轴方向发生滑移。方解石在低温下常沿 e 面发生机械双晶,这也是一种晶内的滑移。晶内滑移不仅使晶粒形状改变而发生塑性变形,还使结晶轴发生旋转,造成晶格优选方位。如图 5-17,设一晶粒的横剖面 ABCD,沿着 λ 方向发生均匀缩短,在变形过程中 AB 与 CD 保持平行。假设只有一个滑移面平行于对角线 BD,面内的滑移方向平行于 BD。如果滑移是变形的唯一机制,则变形中沿滑移方向测量的晶粒大小保持不变,垂直于滑动面方向各滑动面间的距离不变。因而随着变形的继续,不仅沿 BD 方向发生滑动,而且滑动面本身也必须相对于缩短方向作顺时针的转动,这就使滑移面的法线向着缩短轴方向旋转。如果滑移面是石英的底面(0001),则缩短不仅使石英颗粒压扁,形成形态优选方位,而且使其 c 轴向缩短轴接近,形成晶格优选方位。

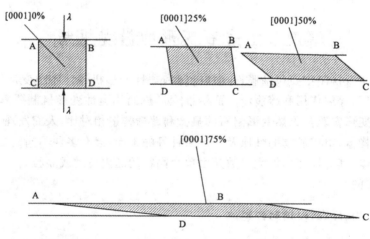

图 5-17 由于晶格滑移引起的优选方位发育的原理
(据 Hobbs 等,1976)

在微观上,晶格滑动可以和一叠卡片受剪切而滑动相比拟。然而,在超微的原子尺度上,在一个晶体的整个滑移面上并没同时发生滑动,只是在一个小的应力集中区(晶体缺陷处)首先发生。然后,这个滑移区沿着滑移面扩张,直到最后与晶粒边界相交,在那里产生了一个小阶梯为止。滑移区与未滑移区之间的界线是位错线(图 5-18)。位错的传播可以很形象地用移动地毯来说明(图 5-19)。如果要拉动一张压着许多家俱的地毯,显然要费很大力气。同样道理,沿着晶体内的一个面要使大量原子同时发生移动,也需要很大的力,以致会引起晶体破裂。如果先将地毯的一边折成一个背形褶皱,并慢慢地使这一皱折传递到相对应的另一边(必要时把家俱稍抬起一下),这样一来,便可最终使地毯在地板上整体平移一小段距离。这一过程需力不大,只是时间较长。同样,晶体中的位错在通过滑移面发生传播时是通过用额外半面的逐渐移动晶体来完成的。最后,在滑移面一侧的晶体相对于另一侧的晶体发生了一个晶胞的位移(图 5-20)。

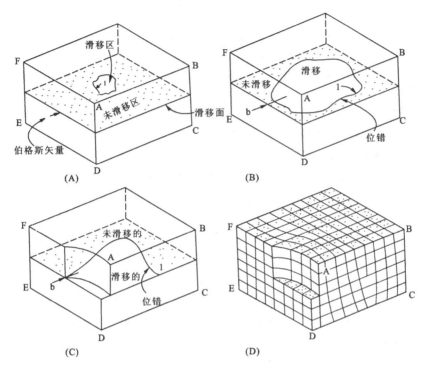

图 5-18 位错在一个滑移面上的传播图示
(据 Hobbs,1976)
(A)位错的萌芽;(B)位错在剪应力作用下的扩展;(C)位错环与晶体边界
相交处形成一个小的位移;(D)立方体晶格的形变;1. 位错线

图 5-19 地毯的省力移动方式
(据 Davis,1984)

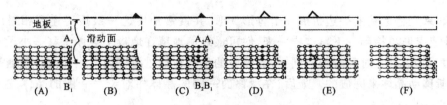

图 5-20 地毯平移和晶体位错传播的对比
(据 Spry,1969)

(A)晶格沿着 A_1B_1 行有微小的畸变;(B)这一畸变稍增大;(C)畸变被由黑点所表示的额外半面的介入而调整,这一行额外半面的质点原相当于 A_2B_2 行质点;(D)、(E)、(F)这一额外半面通过晶体发生传播;直到碰到了晶体边界而产生了一个晶胞距离的平移滑动

当一个晶体随着变形而位错的密度增大时,由于杂质的存在或不同方向不同滑移面上位错的存在,可以使位错的传播受到阻挡,使位错形成网格和缠结。这时则要求增大应力,以便使位错能在晶体中继续传播。这就是低温蠕变下应变硬化现象的原因。最后,如果应力大到矿物的强度,晶体就发生破碎。因此,只是位错滑动,不可能形成大的塑性变形量。

三、位错蠕变

这是高温下的一种变形机制,当温度 $T>0.3T_m$(T_m 为熔融温度)时,恢复作用显得重要起来,位错可以比较自由地扩展且从一个滑移面攀移到另一个滑移面。从而符号相反的两个位错可以通过攀移而互相湮灭(图 5-21);符号相同的位错可以重新排列成位错壁,将一个晶粒分隔为亚晶粒。亚晶粒之间在晶格方位上有一轻微差异,而亚晶粒内部的位错密度降低,使变形能继续进行[图 5-22(C)]。这种现象称为多边形化作用。在显微镜单偏光下观察仍为一个晶粒,在正交偏光下观察可以看到相邻亚晶粒间的消光位有几度之差。

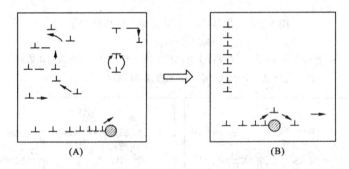

图 5-21 位错的调整与恢复作用图示
(据 Nicolas,1984)

(A)、(B)的上部表示晶内的许多位错通过滑移和攀移重新排列而形成亚晶粒边界;
(A)、(B)的下部表示塞积的位错通过攀移而越过障碍,消除堆积的位错

另一种作用是动态重结晶作用。在初始变形晶粒边界或局部的高位错密度处,储存了较高的应变能,在温度足够高的条件下,形成新的重结晶颗粒,使初始变形的大晶粒分解为许多无位错的细小的新晶粒。如果大晶粒还没有分解完,就形成了核幔构造(图 5-23)。动态重结晶颗粒与亚晶粒之差别在于相邻小晶粒之间的光性方位差别大(10°～15°以上),因此,在正交偏光下,晶粒之间界线明显。由于这种初始重结晶的晶粒是从各个孤立的晶核彼此面对面地生长,晶粒间的界面生长速率受新老晶粒间的方位差和老晶粒内位错密度的控制,因此,当

新晶粒互相接触时常呈不规则的犬牙交错状边界。在其后的正常晶粒生长时（静态重结晶），趋向于降低晶粒的表面能，而使晶粒变大，边界变平，形成多边形晶粒和面角为120°的三结点。这时如果应力继续作用，就会使新生的晶粒又受到变形而细粒化。因此，在应力作用下的重结晶是一种动态重结晶。

晶体受应力而变形，使晶内位错密度增加而应变硬化，恢复作用和动态重结晶作用使变形的初始晶体细粒化而降低位错密度，使变形得以继续进行。因此，在高温下的位错蠕变可以使晶体及岩石发生很大的塑性变形而不破裂。但这时岩石发生细粒化，新生晶粒的形态并不能反映岩石的总应变量。

四、扩散蠕变

扩散蠕变是通过晶内和晶界的空位运动和原子运动来改变晶粒形状的一种塑性变形机制。在差异应力作用下，空位朝高压应力区迁移，与此相反，原子朝低压应力区迁移。这种作用的结果，造成高压应力作用边界物质的损失和低压应力作用边界物质的增加。空位和原子

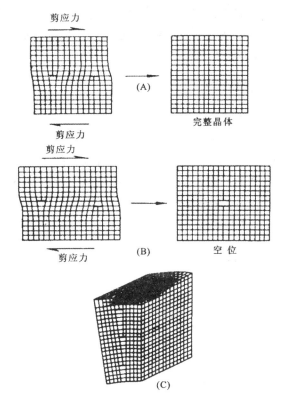

图 5-22 位错调整图示
(据 Hobbs 等，1976)
(A)符号相反的两个位错，在同一滑移面上相遇而湮灭；
(B)符号相反的两个位错，在相邻滑移面上相遇而成空位；
(C)符号相同的位错的重新排列成亚晶界，两边亚晶粒的晶格方位略有差异

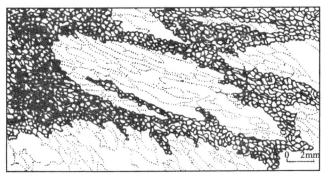

图 5-23 核幔构造
动态重结晶的细小石英晶粒围绕初始晶粒的残斑，残斑内发育有亚晶粒（虚线表示部分亚晶粒边界）

的迁移有两种路径：一种是沿颗粒内部晶格迁移；另一种是沿颗粒晶界迁移。前者称为纳巴罗-赫林(Nabarro-Herring)蠕变，也称体积扩散蠕变；后者称柯勃尔(Coble)蠕变，也称晶界扩散蠕变(Davis,1996)。一般认为，晶界扩散蠕变与体积扩散蠕变相比，所需温度较低。两者所

需的差异应力都较低,具有线性粘性体力学性质,即应力指数 $n=1$。

需要强调的是,晶界扩散蠕变和体积扩散蠕变都没有流体的参与,因而也称为固态扩散蠕变(Passchier & Trouw,1996)。

五、溶解蠕变

溶解蠕变也称压溶,是一种有流体参与的塑性变形过程:物质在高压应力区溶解,通过流体迁移,在低压应力区沉淀,从而造成塑性变形。被溶出的物质可以在岩石的张性裂隙中沉淀,形成同构造脉;也可以在被压溶颗粒的两端张性空间处沉淀,形成须状增生晶体;或沉淀于强硬矿物的平行于拉伸方向的两端,形成压力影构造(图5-24);或者迁移出体系之外。由于压溶作用,可以使岩石在压缩方向缩短,拉伸方向伸长,使总体发生变形,但矿物内部晶格并没有发生塑性变形,晶格方位也不会改变。它是岩石变形中很重要的一种变形机制,在不变质或浅变质岩区尤其显著。

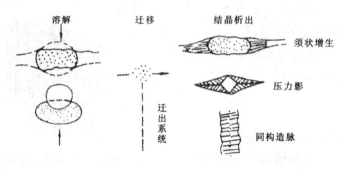

图 5-24 压溶作用与物质迁移及结晶沉淀示意图

六、颗粒边界滑动

颗粒边界滑动是通过颗粒边界之间的调整来调节岩石总体变形的一种变形机制。如果用橡皮口袋装一袋砂子,在力的作用下,可以使装满砂子的口袋发生总体的变形,但每个砂粒并不变形,这是通过砂粒之间的边界滑动来调节变形的。但岩石不是松散的砂子,各晶粒之间互相紧密镶嵌粘结,不能自由滑动。因此,只有在晶粒很细的岩石中(粒度在几微米到几十微米范围内),在很高的温度下($T>0.5T_m$),扩散的速率能够及时调节由于晶粒相互滑动而产生的空缺或叠复时,才能实现颗粒边界滑动(图5-25)。这种变形机制称为超塑性流动,它可以使岩石总体受到极大的应变(量)但不发生破坏。如阿尔卑斯赫尔维推覆体根带中的钙质糜棱岩,其应变量 $X:Z$ 可高达 100:1。超塑性流动的另一特点是:虽然总体的应变量很大,但各晶粒本身并不变形或只有轻微地拉长,而且不存在晶格优选方位及亚晶粒构造。

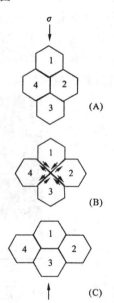

图 5-25 超塑性流动图示
(据 Ashby & Verrall,1973)
4 个晶粒通过扩散调节的边界滑动而使总体变形(达 55% 的应变),但最终晶粒的方位与形态却没有改变

第五节 岩石断裂准则

断裂是指由于外力作用在物体中产生的介质不连续面。控制断裂产生的因素较多,但最基本的因素有两个:①将发生断裂的截面内的应力状态,即临界应力状态或极限应力状态;②材料力学性质(王维襄,1984)。在极限应力状态下,各点极限应力分量所应满足的条件,称为断裂条件或断裂准则。

一、水平直线型莫尔包络线理论

所谓莫尔包络线,就是材料破坏时的各种极限应力状态应力圆的公切线。

$$\tau = f(\sigma) \tag{5-6}$$

判别条件:当一点的应力状态的应力圆与莫尔包络线相切,这点就开始破裂。因此,有时也将莫尔包络线称为破坏曲线。

作为莫尔包络线的一个特例就是水平直线型破坏曲线(图5-26)。这种情况下的包络线方程可写成

$$\tau_{max} = \frac{\sigma_1 - \sigma_3}{2} = \tau_0 \tag{5-7}$$

式中:τ_0——抗纯剪断裂极限,也称岩石的内聚力。

(5-7)式表明,最大剪应力为常量τ_0,即达到材料的抗剪强度极限时开始断裂,故亦称其为最大剪应力理论。这一理论最初是由库伦提出,所以也称库伦断裂准则。按照该理论,剪裂面与最大主应力σ_1的夹角(剪裂角)$\theta=45°$,共轭断裂夹角(共轭角)为$2\theta=90°$。对于塑性材料或高围压情况下,该理论比较适合。因此,对于深层次构造环境,可以采用此理论。

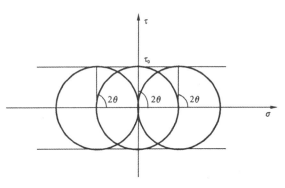

图5-26 水平直线型莫尔包络线

二、斜直线型莫尔包络线理论

斜直线型莫尔包络线也是莫尔包络线的一种特殊情况(图5-27)。这时的包络线方程可写为

$$\tau = \tau_0 + \mu\sigma_n \tag{5-8}$$

式中:σ_n——作用于该剪切面上的正应力;

μ——内摩擦系数,即为(5-8)式所代表的直线的斜率。

(5-8)式也可写成

$$\tau = \tau_0 + \sigma_n \cdot \tan\varphi \tag{5-9}$$

式中:φ——内摩擦角,$\tan\varphi = \mu$。

在莫尔应力圆图解中,(5-9)式为两条斜直线型莫尔包络线(图5-27)。两个切点代表了共轭剪裂面的方位和应力状态。由图5-27可知,岩石发生剪裂时

$$2\theta = 90° - \varphi$$
$$\theta = 45° - \frac{\varphi}{2} \tag{5-10}$$

由此可见,剪裂角大小取决于岩石变形时内摩擦角的大小。实际表明,许多岩石的剪裂角在 30°左右。表 5-5 列出了一些岩石在室温、常压下由实验得到的剪裂角大小。

这一理论是纳维叶(Navier)修正库伦准则而得出的剪断裂条件,故也称为库伦-纳维叶断裂准则。由于该理论既有一定的适用性,又比较简单,所以应用较广泛。利用这一理论,王维襄等(1980)创立了一种根据扭性(剪切)分支构造判断主干断裂运动方向的示向法则,可称为扭性分支示向法则。该法则可简述如下:以扭性分支为起始方向,并按其扭动方向转动一个 θ 角,所得方向线与主干断裂所交锐角指示本盘运动方向(图 5-28),其中 θ 由(5-10)式确定。

该法则在野外宏观调查研究中,应用效果很好(曾佐勋,1990)。

表 5-5　室温常压下一些岩石的剪裂角表

剪裂角 θ	10°	15°	20°	25°	30°	35°	40°	45°
岩石		花岗岩						
			辉绿岩					
			砂岩					
				大理岩			
						页岩	

(据 Гэовский 简化)

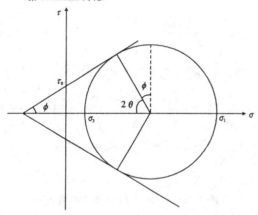

图 5-27　斜直线型莫尔包络线

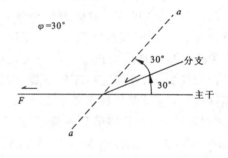

图 5-28　利用扭性分支示向法则判断主干断裂运动方向示意图

三、抛物线型莫尔包络线理论

当莫尔包络线以抛物线来近似表示时(图 5-29),其方程可写为[①]

$$\tau^2 = \frac{\tau_0^2}{\sigma_1}(\sigma_1 - \sigma) \tag{5-11}$$

式中:σ_1——材料在各向等值拉伸条件下的抗张断裂极限。以主应力来表达,即可写成

$$(\sigma_1 - \sigma_3)^2 + \frac{2\tau_0^2}{\sigma_1}(\sigma_1 + \sigma_3) = \tau_0^2 \left(4 - \frac{\tau_0^2}{\sigma_1^2}\right) \tag{5-12}$$

[①] 采用王维襄等(1977)原文中的符号规定,"拉"为正,"压"为负。

(5-12)式及下面的(5-13)式是由王维襄导出的,故抛物线型莫尔包络线理论也称王维襄准则。

按照这一准则,剪裂角可表达成

$$\theta = \frac{1}{2}\arctan\frac{2\sigma_1}{\tau_0}\left(1 - \frac{\tau_0^2}{2\sigma_1^2} - \frac{\sigma_1+\sigma_3}{2\sigma_1}\right)^{\frac{1}{2}} \quad (5-13)$$

或

$$\theta = \frac{1}{2}\arctan\frac{2\sigma_1}{\tau_0}\left(1 - \frac{\tau_0^2}{2\sigma_1^2} - \frac{\sigma_m}{\sigma_1}\right)^{\frac{1}{2}} \quad (5-14)$$

式中:$\sigma_m = \frac{\sigma_1+\sigma_3}{2}$,为平均应力。随着 σ_m、σ_1 与 τ_0 的变化,剪裂角可由 $0° \rightarrow 45°$。从(5-13)式或(5-14)式可以看出,剪裂角不仅与物性参数(τ_0,σ_1)有关,而且与各点极限应力状态有关。即使在同一种岩石中,由于各处极限应力状态不同,也可以形成不同的剪裂角。从野外地质调查与室内物理模拟实验结果来看,王维襄准则更接近实际断裂情况。当 $2\theta = 0$ 时,两剪断裂合并成一条张断裂。从而表明该准则既能反映剪断裂力学条件,也能反映张断裂力学条件。

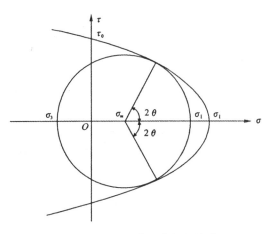

图 5-29 抛物线型莫尔包络线

四、格里菲斯断裂准则

不同的莫尔包络线理论是在岩石力学实验基础上总结出的宏观理论公式,有各自的特点,能说明很多问题。但它不能对引起破坏的机制作出令人满意的物理学解释。格里菲斯(Griffith,1920)提出了另一种岩石破坏理论。他发现材料的实际破裂强度远远小于根据分子结构理论计算出的材料粘结强度,达三个数量级。他认为这是由于材料中存在有许多随机分布的微裂隙的缘故。当材料受力时,在有利于破裂的微裂隙的末端(曲率最大处)附近应力强烈集中。当裂隙端部的拉应力达到该点的抗拉强度时,微裂隙开始发生扩展、联结,最后导致材料的破坏。现代超微观测技术的应用,已证实了这种微裂隙的普遍存在及其在材料破坏中的作用。在二维中将微裂隙看作是扁平的椭圆形裂隙,就可推导出平面格里菲斯断裂准则

当 $\sigma_1 < -3\sigma_3$ 时 $\sigma_3 = -T_0$ (5-15)

当 $\sigma_1 > -3\sigma_3$ 时 $(\sigma_1-\sigma_3)^2 - 8T_0(\sigma_1+\sigma_3) = 0$ (5-16)

或 $\tau_n^2 = 4T_0(T_0 + \sigma_n)$ (5-17)

式中:T_0——单轴抗张强度的数值;

τ_n 和 σ_n——剪裂面上的剪应力和正应力。

(5-15)式为张裂的准则,(5-17)式在莫尔图解中是一条抛物线型的莫尔包络线(图5-30),与实验得出的曲线十分近似。从(5-16)式可知,在单轴压缩情况下,$\sigma_1 = \sigma_c$(抗压强度),$\sigma_3 = 0$,则 $\sigma_c = 8T_0$。但在室温常压下岩石的抗压强度往往是抗张强度的 $10 \sim 50$ 倍。为此,麦克林托克和华西(Mclintek & Walsh,1962)又假定微裂隙在受压方向上的闭合,将产生一定的摩擦力而影响微裂隙的扩展。从而提出修正的平面格里菲斯断裂准则,其莫尔包络线为

$\tau_n = \mu\sigma_n + 2T_0$ (5-18)

虽然格里菲斯准则及其修正的准则初步描述了关于破裂过程的真实物理模式,但它们与岩石力学实验观测到的结果仍明显不一致,如所预计的单轴抗压强度与抗张强度之比都过低,预计的莫尔包络线斜率与实际的斜率不严格一致。尽管如此,格里菲斯理论在脆性变形机制研究方面,还是迈出了第一步。

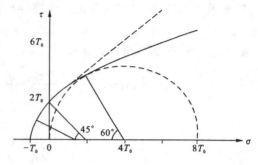

图 5-30 平面格里菲斯破裂准则的莫尔包络线和修正的格里菲斯准则的包络线(虚线)

主要参考文献

樊光明,曾佐勋等.粒度对韧性剪切带岩石变形的影响.地球科学——中国地质大学学报,2000,25(2):159~162

付永涛,曾佐勋等.单层纵弯褶皱曲率指数与应力指数的关系探讨.地质科技情报,1997,16(1):108~112

傅昭仁,单文琅,成勇等.北京西山的构造变形相分析.北京西山地质研究.武汉:中国地质大学出版社,1990

孙希贤,易顺华,曾佐勋.大云山岩体侵入接触构造体系的初步研究.中国区域地质,第14辑.北京:地质出版社,1985

索书田,钟增球.造山带核部地壳岩石的流变学.造山带核部杂岩变质过程与构造解析.武汉:中国地质大学出版社,1991

王维襄,韩玉英.棋盘格式构造的力学分析.地质力学论丛.第4号.北京:科学出版社,1977

王维襄,韩玉英.一类入字型断裂构造力学的研究.国际交流地质学术论文集(1).北京:地质出版社,1980

吴武军,曾佐勋,朱文革.鱼嘴构造流变计与基于流变学的分类方案.地球科学进展,2005,20(9):925~931

曾佐勋,樊春等.构造流变计.地质科技情报,1999,18(4):14~18

曾佐勋,付永涛,李艳霞.北京西山膨缩石香肠流变性质构造研究初探.地质力学学报,1997,3(1):45~49

曾佐勋,付永涛.岩石古流变性质构造研究进展.地球科学进展,1998,13(2):157~160

曾佐勋,付永涛.岩石流变性质的构造研究.华南地质与矿产,1996,(4):32~36

曾佐勋,凌峰,樊光明等.应变差折射流变计.流变学进展.武汉:华中理工大学出版社,1999

曾佐勋.双核型旋扭构造力学研究.地质学报,1990,64(2):93~106

张鲲,曾佐勋,闫丹.矩形断裂石香肠矿物成分体积分数与其流变学意义研究.地质科技情报,2007,26(5):23~26

Davis G H,Reynolds S J. Structural geology of rocks and regions. John Wiley & Sons,Inc,1996

Hobbs B E, Means W D, Williams P F.构造地质学纲要.刘和甫等译.北京:石油工业出版社,1982

Hudleston & Lan. Rheological information from geological structures. Pageoph,1995,145(3/4):605~620

Kanagawa K. Competence contrasts in ductile deformation as illustrated from naturally deformed chert mudstone layers. J. Struc. Geol. 1993,15(7):865~885

Nicolas A.构造地质学原理.嵇少丞译.北京:石油工业出版社,1989

Passchier C W,Trouw R A J. Microtectonics. 2nd. Germany:Springer,2005

Paterson M S.实验岩石形变-脆性域.张崇寿等译.北京:地质出版社,1982

Ramsay J G. 岩石韧性及其对造山带中构造发育的影响.李智陵译.基础地质译丛,1985,(2)

Treagus S H,Sokoutis D. Laboratory modelling of strain variation across rheological boundaries. J. Struc. Geol. 1992,14:405~424

Tullis J, et al.糜棱岩的意义和成因.史兰斌译.地震地质译丛,1983,(2)

第六章

劈 理

面状构造和面式结构(或统称之面理)是地壳中广泛发育的重要构造现象,也是构造研究中最基础的研究对象和构造标志。面理类型繁多、成因多样。

从面理的形成和发育过程分析,可分为原生和次生两大类。原生面理包括沉积岩中的层理和韵律层及岩浆岩中的成分分异层和流面等。次生面理是指变形变质作用中形成的各种面理,劈理是其中的一种。

所谓构造"透入性"是指在一个地质体中均匀连续弥漫整体的构造现象,反映了地质体的整体发生了变形或变质作用。反之,"非透入性"构造是指那些仅仅产出于地质体局部或只影响其个别区段的构造,如节理、断层之类。透入性与非透入性的概念又是相对的,主要决定于观察尺度(图6-1)。

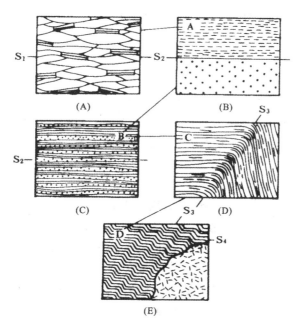

图6-1 面状构造在同一岩石体中不同尺度的表现,
示透入性与尺度的关系
(据 Turner & Weiss, 1963)

(A)显微尺度:颗粒界面的定向排列构成略具透入性的面状构造 S_1;(B)小微尺度:颗粒界面在上层内构成透入性面状构造 S_1,上下两个不同组分层之间的分隔面 S_2 在这一尺度上是非透入性的;(C)小型尺度:互层平行的 S_2,构成透入性的面状构造;(D)中小型尺度:膝折面 S_3 将岩石体分为两部分,S_3 是非透入性的;(E)中型尺度:S_3 是一系列紧密排列的膝折面,可以看作是透入性的,该尺度上的分隔面则应是岩浆岩体与具膝折构造的板岩之间的界面 S_4

面理可由矿物组分的分层、颗粒粒度变化显示出来,也可由近平行的不连续面、不等轴矿物或片状矿物的定向排列,或某些显微构造组合所构成(图6-2)。

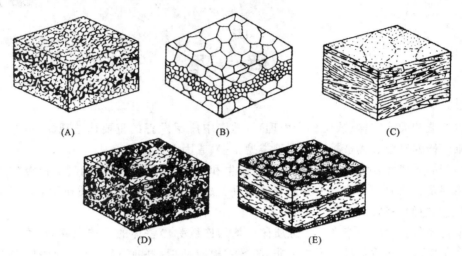

图6-2 各类面理图示
(据Best & Hobbs,1976,修改)
(A)组分的分层;(B)颗粒大小的变化;(C)颗粒的优选排列;
(D)板状矿物或透镜状矿物集合体的优选排列;(E)组分分层和颗粒优选排列

第一节 劈理的结构、分类和产出背景

劈理是一种由潜在分裂面将岩石按一定方向分割成平行密集的薄片或薄板的次生面状构造。它发育在强烈变形轻度变质的岩石里,具有明显的各向异性特征,发育状况往往与岩石中所含片状矿物的数量、岩石粒度及其定向的程度有密切关系。

一、劈理的结构

劈理的基本微观特征之一是具有域结构,表现为岩石中劈理域和微劈石相间的平行排列(图6-3)。劈理域通常是由层状硅酸盐或不溶残余物质富集成的平行或交织状的薄条带或薄膜,故称薄膜域。其中原岩的组构(指结构和构造)被强烈改造,矿物和矿物集合体的形态或晶格具有明显的优选方位。微劈石是夹于劈理域间的窄的平板状或透镜状的岩片,亦称透镜域。其中原岩的矿物成分和组构仍基本保留。微劈石与劈理域之间的边界可以是截然的,也可以是渐变的,它们紧密相间,使岩石显出纹理。正是由于劈理域内的层状硅酸盐矿物的定向排列,才使岩石具有潜在的可劈性。

二、劈理的分类

劈理的分类和命名方案很多,目前尚未统一,这里介绍目前较常用的两种分类方案,即传统分类方案和结构形态分类方案。

(一)传统分类

这是一个目前仍在广泛使用但有待改进的一种方案。该方案根据劈理的结构及其成因将劈理分为流劈理、破劈理和滑劈理。

1. **流劈理** 是变质岩中和强烈变形岩石中最常见的一种次生透入性的面状构造,它是由

图 6-3 劈理中的劈理域(深色带)和微劈石(浅色带)

注意两者中结构的差异;底长 2mm

片状、板状或扁圆状矿物或其集合体的平行排列构成的,具有使岩石分裂成无数薄片的性能(图 6-4)。

关于流劈理的含义目前尚未完全统一。但越来越多的人认为,板劈理、片理、片麻理等是不同变质岩类中流劈理的具体表现形式。流劈理泛指岩石在变质固态流变过程中新生的平行面状构造,它是岩石变形时,岩石内部组分发生压扁、拉长、旋转和重结晶作用的产物。

2. **破劈理** 原意是指岩石中一组密集的剪破裂面,裂面定向与岩石中矿物的排列无关。破劈理的间隔一般为数毫米至数厘米(图 6-5)。破劈理与剪节理的区别只是发育密集程度和平行排列程度的不同,当其间隔超过数厘米时,就称作剪节理了。因此,从其原意来看,破劈

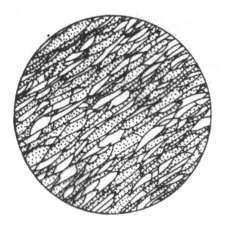 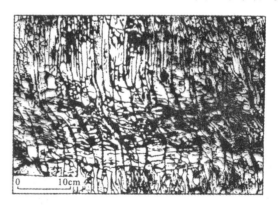

图 6-4 大理岩中的流劈理

视域直径 3mm

图 6-5 砂岩和粉砂岩中的破劈理

(据 Beach 照片素描,1982)

上部粉砂岩,中部为长石绿泥石砂岩,下部为石英砂岩;劈理域和微劈石的宽度相应由较小变至最宽和最小

理与剪节理之间并没有明显的界线。但在显微尺度上,沿破劈理细缝中可观察到粘土等不溶残余物质,形成劈理域(图6-5)。同时还发现,破劈理能使两侧层理发生错开。虽然这种错开使它好似断层,但它不是滑动面,其上没有擦痕和磨光面,如有化石被劈理穿切,劈理域两侧可能找不到化石的对应部分,在另一侧常只遗留有化石的一部分(图6-6)。这说明,破劈理并非都是剪切破裂作用形成的,也可能有压溶作用参与。

3. **滑劈理** 滑劈理或应变滑劈理在形态上就是褶劈理,发育于具有先存次生面理的岩石中,它是一组切过先存次生面理的差异性平行滑动面。滑动面实为滑动带。在滑动带中,矿物具新的定向排列构成劈理域。这种排列可以是先存片状矿物被旋转到与滑动面平行或近于平行的结果,也可以是沿着滑动面重结晶的新生矿物定向排列的产物。滑劈理的微劈石中的先存面理一般均发生弯曲和形成各式各样揉皱(图6-7)。所以,这种劈理通常又称为褶劈理。

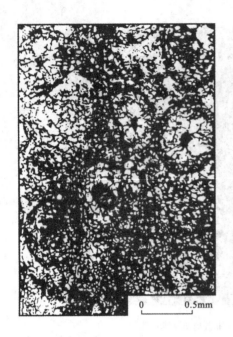

图6-6 变形鲕状灰岩中缝合线状的破劈理
(据Seymour照片素描,1982)
示锯齿状缝合线截去鲕粒的一部分,
缝合线一侧鲕粒小于另一侧鲕粒

(二)结构形态分类

这个分类方案目前在欧美国家较为流行,是由鲍威尔(Powell,1979)提出的。它根据劈理化岩石内劈理域结构及其特征能识别的尺度,把劈理分为连续劈理和不连续劈理。

1. **连续劈理** 凡岩石中矿物均匀分布,全部定向,或劈理域宽度极小,只能借助偏光显微镜和电子显微镜才能分辨劈理域和微劈石的劈理,均称为连续劈理。连续劈理又细分为板劈理、千枚理和片理。

2. **不连续劈理** 劈理域在岩石中具有明显间隔,用肉眼就能直接鉴别劈理域和微劈石的劈理,称为不连续劈理。不连续劈理又分为褶劈理和间隔劈理。前述的破劈理(图6-5)和滑劈理(图6-7)可属于不连续劈理。

鲍威尔认为劈理的传统分类具有成因含意,并不符合地质实际,而且不易准确定名,于是提出以形态为主的分类,对各类劈理作了定量的划分。如对间隔劈理,根据劈理域的间隔大小,又进一步细分为弱间隔、中等间隔、强间隔和很强间隔劈理。

应该指出的是,上述的传统劈理分类虽然至今仍被广泛应用,但确实存在一些问题,最明显的是破劈理。传统意义上的破劈理与密集的剪节理没有什么本质上的区别,它强

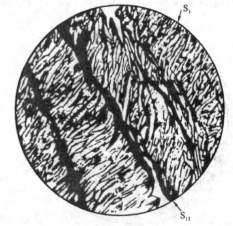

图6-7 北京大灰厂石炭系板岩中的滑劈理
(据宋鸿林薄片照片素描,1978)
早期流劈理S_1因剪切滑动而成"S"形弯曲,近劈理面的矿物被拉扭得与滑劈理面S_2近于平行
视域直径3mm

调的是一组密集的剪破裂面,因为破裂产生节理而不产生劈理,希尔斯(Hills,1972)认为劈理由变质和变形共同作用形成,根据这一定义,他没有把这种密集的剪破裂面看成劈理。鲍威尔的以形态为主的分类避开了成因问题,这样有利于劈理的准确定名,其分类的定量性深化了劈理的研究,具有一定的意义。但对间隔劈理的进一步细分仍有一定难度。

三、劈理产出的构造背景

劈理的形成不仅与地壳较深层次的变形变质作用相关,而且,与褶皱、断层和区域性流变构造在几何上和成因上都有着密切的关系。下面着重讨论与褶皱有关的轴面劈理、与成层构造有关的层间劈理和顺层劈理、与断层有关的劈理及区域性劈理。

(一)轴面劈理

所谓轴面劈理,是指其产状平行于或大致平行于褶皱轴面的劈理。这类劈理主要发育在强烈褶皱的地质体里。

轴面劈理的产状与褶皱轴面的关系取决于组成褶皱岩石的粘度、均一性和褶皱的形态。在岩性均一、粘度及粘度差较小的岩系里,轴面劈理与轴面的平行性也愈高。反之,在岩石粘度差较大、强弱岩石相间的不均匀岩系里,轴面劈理则发生散开(图6-8)和聚敛(图6-9)现象。

图6-8 河南登封嵩山群板岩中
正扇形轴面劈理

(索书田、闻立峰摄,朱姚生素描,1978)

图6-9 河南登封嵩山群薄层石英岩组成的
同斜褶皱中,所夹千枚岩中的反扇形轴面劈理

(据马杏垣等照片素描,1978)

轴面劈理形成于褶皱作用过程的中晚期阶段,是强烈压扁作用和剪切流变的结果。

(二)层间劈理

层间劈理是一种受岩性及层面控制、与层理斜交的劈理。在粘度不同的岩层内,劈理的类型、间隔、产状各不相同。一般来说,在相对强硬岩石中的劈理密度小、间隔宽,与层面夹角较大;反之,在相对软弱的岩层里劈理密度大、间隔小,与层面夹角相对较小。从而在强弱相间的相邻岩层接触面及其附近出现劈理折射现象,也可在相同岩层里因颗粒粒度由粗到细的变化而使劈理与层理夹角由大到小逐渐变化(图6-10)。

层间劈理的形成,主要与岩石的不同力学性质和层间界面的控制作用有关。层间界面常常控制着不同岩层内的物质运动,从而在不同的岩层内发生相应的劈理化变形。

(三)顺层劈理

顺层劈理一般是指在宏观上与岩性界面近于平行的劈理。它们在褶皱中作为变形面随褶皱而弯曲。顺层劈理是岩石在变质作用下的塑性流变过程中形成的,一般为流劈理。

(四)断裂劈理

断裂劈理包括断裂带内及其附近两盘岩石中发育的劈理,这些劈理是在断层的形成和两盘相对运动过程中产生的,其产状与断层面斜交或近于平行。劈理常与断层面交成锐角,其尖端指向对盘岩块相对运动的方向(图6-11)。

图6-10 北京孤山口雾迷山组中的劈理折射
较弱的钙质千枚岩发育弧形的连续劈理,较强的
硅质灰岩(左侧)发育有与层理近直交的稀疏的
不连续劈理,露头宽约2m

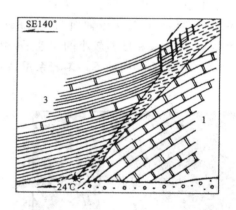

图6-11 西藏当雄斯米夺温泉断裂带中的劈理
(据宋鸿林、王新华,1974)
1. 大理岩;2. 绿泥石片岩(断裂带宽
约1～1.5m);3. 板岩夹大理岩

(五)区域性劈理

区域性劈理一般是指与个别褶皱和断裂无一定成因联系,而是以其稳定产状叠加在前期构造和岩体之上的劈理。一般是在区域性构造应力作用下,在变形变质过程中形成,多为流劈理或滑劈理。

第二节 劈理的形成作用和应变意义

一、劈理的形成作用

劈理的基本特征是具有域结构。如何解释劈理的这一特征及其形成?又如何模拟出与天然相同的各种劈理?这是地质学家长期以来探索的课题。经典的解释认为,原岩在压扁作用下由于矿物组分的机械旋转、矿物的定向结晶或沿着紧密间隔裂隙状的不连续面的简单剪切变形而成。虽然，这些机制中的每一种对劈理形成都可能有作用,但不能充分地解释域结构的形成。近年来的研究认为,劈理的形成不仅与压溶作用引起母岩中物质迁移及岩石的体积变化有密切的关系,而且与岩石中矿物的晶体塑性变形有关。同时,褶劈理显然与岩石中先存面理的再褶皱作用有关。现将劈理形成的可能机制概括如下。

（一）机械旋转

早在1856年,索尔比(Sorby)根据对褪色斑的有限应变测量确定了垂直面理有75%的缩短,并根据板岩的岩石学研究和粘土压缩实验提出,白云母等片状矿物在变形过程中的旋转与刚性颗粒在塑性流动基质中旋转一样,一直旋转到与压缩垂直的平面上（图6-12）。索尔比企图用机械旋转的机制来解释板劈理的形成。塔利斯(Tullis,1975)和伍德(Wood,1975)对威尔士寒武系板岩褪色斑的测量也表明,垂直于板劈理缩短量达60%。

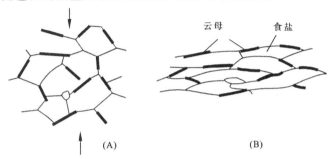

图6-12 食盐和云母集合体在压扁作用下形成优选方位的实验
（据Hobbs,1976）
(A)变形前状态；(B)缩短60%后形成具有劈理特征的食盐和云母集合体

虽然机械旋转使片状、板状矿物垂直于缩短方向定向排列,为解释劈理域（M域）中的白云母定向排列提供了一定的证据。但机械旋转不能合理解释劈理域中的云母为何如此富集以及劈理域中扁圆状或透镜状石英的存在。

（二）重结晶

定向结晶作用在板劈理的形成中较为明显。板岩中的云母或层状硅酸盐矿物的(001)面呈垂直于最大压缩方向排列。由于云母的定向生长,可能促使其中的石英等矿物呈长条状或扁平状,使石英等矿物具有形态上的优选方位。此外,无域结构流劈理的形成与定向重结晶有关。由于方解石的定向重结晶使大理岩具有流劈理的特征（图6-4）。石英岩中的劈理,由定向次生加大的石英和胶结物定向重结晶的云母所组成（图6-13）。

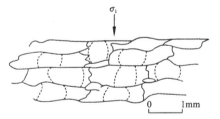

图6-13 垂直于主压应力(σ_1)方向上的石英次生加大
（据Nicolas,1987）
点线部分为原石英颗粒

定向重结晶能使颗粒呈长条状或扁平状,对于劈理的形成起着重要的作用。但与机械旋转机制一样,定向重结晶不足以解释板劈理的域结构的形成,也不能解释板劈理的劈理域中的石英、长石颗粒强烈变细的事实。

（三）压溶作用

20世纪70年代以来,通过对劈理的研究,许多学者都认识到岩石通过压溶作用而达到的

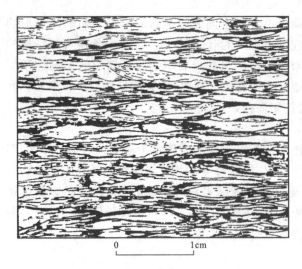

图 6-14 北京西山黄院下杨家屯组细砂岩中的板劈理
（据葛梦春照片素描）
石英砂粒因压溶而压扁成透镜状，两侧有须状新生石英生长

压扁作用是劈理形成的重要因素。

压溶作用发生在垂直最大压缩方向的颗粒的边界上，溶解出的物质在化学势能控制下向低应力区迁移和堆积。板岩中的石英、长石在垂直压缩方向上被溶解，使其颗粒变成透镜状或长条状。压溶作用不断地向垂直压缩方向的颗粒边界或层的界面推进，渐渐地使石英或石英集合体变成透镜状，形成微劈石。溶解出的物质迁移至低应力区，形成须状增生物、压力影或分异脉（图 6-14）。岩石中的粘土或云母等不溶残余物质便相对富集，云母等片状矿物在应力作用下递进旋转而定向排列，形成劈理域（M 域）。压溶作用能较合理地解释板劈理的域结构的形成及其特征。

同样，压溶作用也能较好地解释褶劈理的形成（图 6-15）。先存的流劈理，在顺层或与层斜交的缩短作用下，发生纵弯褶皱作用，形成微褶皱。当应变状态所需要的缩短作用超过只凭褶皱所达到的量时，岩石开始由压溶作用使物质溶失而缩短。沿着褶皱翼部易溶的浅色长英质被溶失，云母或层状硅酸盐的不溶残余相对富集，形成劈理域。微褶皱的转折端相对富集了粒状的石英和长石等浅色矿物。又因微褶皱翼部溶解出的物质在溶解中沿着化学势能的路径迁移到转折端，在那里使石英等矿物次生加大，形成富石英的微劈石。因此，褶劈理的形态和间隔的大小与微褶皱的主波长有关，与横截微褶皱翼部的溶解所引起的缩短量有关。劈理域最初与整体缩短方向以多种角度相交，但递进变形中的压扁作用使劈理域近于垂直缩短方向排列。垂直于最大缩短方向的强烈的压溶作用可以使褶皱翼部中的可溶物质全部溶掉，使微劈石中的先存劈理像断层似地被截断，与劈理域截然相接，形成分隔褶劈理（图 6-15 最右图）。

压溶作用在泥灰岩中的劈理形成中同样起着重要作用。压溶作用使可溶物质迁出，粘土质或炭质等不溶残余堆积成缝合线状的劈理域。

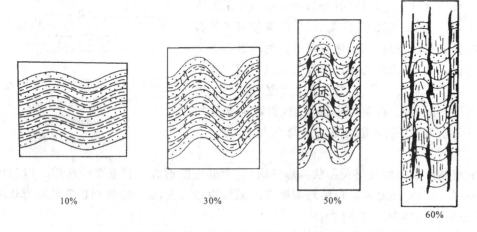

图 6-15 递进缩短变形中褶劈理的发育过程及其与应变量的关系
（据 Gray, 1979）

(四)晶体塑性变形

变形岩石中矿物颗粒通过晶体塑性变形作用,如位错蠕变或固态扩散蠕变,促使扁平状或长条状颗粒沿着应变椭球体 XY 主应变面平行排列,获得晶体形态优选方位,从而构成了岩石中连续的面理或流劈理。

劈理形成作用是一个复杂的尚未解决的重要问题,已经证明上述几种作用是劈理形成的主要机制,但也不能排除还可能存在其他机制。Spencer 等(1977)提出,未固结沉积物会在压实作用下形成劈理。而且区域性劈理与层理一致的现象,说明深埋地下的岩石有可能在"负荷变质"作用下于成岩过程中形成区域性劈理。

二、劈理的应变意义

有限应变测量表明,劈理一般垂直于最大缩短方向,平行于压扁面,即平行于应变椭球体的 XY 主应变面。

在变形岩石中,与褶皱同期发育的绝大多数劈理都大致平行于褶皱轴面(图6-16)。在强岩层(如砂岩)与弱岩层(如板岩)组成的褶皱中,强岩层中的劈理常呈向背斜核部收敛的扇形,弱岩层中的劈理则呈向背斜转折端收敛的反扇形。强弱岩层相间的褶皱和岩系中,劈理以不同角度与层面相交,形成劈理的折射现象(图6-17)。紧闭褶皱中,劈理与轴面几乎一致,与褶皱两翼近于平行,仅在转折端处,劈理与层理呈大角度相交或近垂直,充分表明劈理垂直于最大压缩方向。

虽然大多数劈理垂直于最大压缩方向,并平行于应变椭球体的 XY 主应变面,但不能排除劈理的发育与剪切应变有关的事实。如北京西山磁家务地区顺层韧性剪切带中寒武系板岩的压扁褪色斑(相当于压扁的应变椭球体),其压扁面或长轴与板劈理面约成 $5°\sim3°$ 的极小交角,表明板劈理与应变椭球体的 XY 主应变面不完全平行,而与剪应变面有一定的关系。

图6-16 西藏日喀则群砂质板岩的
斜歪背斜中的轴面劈理
(郭铁鹰摄,宋姚生素描,1978)

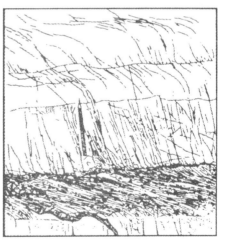

图6-17 北京大灰厂奥陶系马家沟组中的
劈理折射现象
(据宋鸿林照片素描,1978)

图中部白云岩(铅笔处)为破劈理,下部纯灰岩为流劈理,上部岩性变成白云质灰岩,劈理发生弯曲。注意各层的劈理以不同角度与层面相交,造成折射现象

第三节 劈理的观察与研究

面理是变形岩石体中最常见的面状构造。在未变质或极低级变质的沉积岩区或岩浆岩区,原生面理(如韵律层理或流动面理)不仅是研究这些地区的成岩作用和变形作用及其相互之间关系的重要的参照面,而且,原生面理的发育特征为研究成岩作用过程提供了最直接的信息。相比之下,各种次生面理则主要发育于变质岩区或强烈变形岩石区。显然,正确区别原生面理和次生面理是野外观察与研究工作的首要问题。

在岩石强烈变形和变质地区工作时,对劈理的观察与研究,除大量测量各种劈理的产状要素并均匀地标绘在相应的地质图或构造图上外,在露头良好的地区,应对劈理作深入的观察和研究,主要包括以下内容:

1. **区分劈理和层理** 在强烈变形变质岩石中,劈理的发育常常把层理掩蔽起来。区分层理和劈理,一方面要观察所观测到的平行面状构造是否存在原生沉积标志,如粒级层、交错层、波痕等,特别要努力寻找和追索具有特殊岩性或结构、构造的标志层。通过较大范围的追索和填图,把层理和劈理区分开来,查明两者之间的几何关系和空间展布规律,测量层理和劈理的产状。必须指出的是,当运用劈理和层理之间的夹角关系来判断沉积岩层层序是正常还是倒转的关系时,要十分慎重。应与其他原生沉积构造标志的判断相结合。否则,可能会得到与实际情况相反的结论。

2. **仔细观察劈理的结构及其几何形态** 鉴别劈理域和微劈石的岩石化学成分、矿物成分及其相互关系,以区分劈理的类型(图6-17)。

3. **观察劈理与岩性之间的关系** 逐层测量劈理与层理之间的夹角,以确定劈理的折射现象,进而调查劈理发育特点与岩石间的粘度或能干性差异的关系(图6-17)。

4. **确定劈理化岩石的应变状态** 寻找劈理化岩石中的各种应变测量标志,诸如压力影、褪色斑、变形化石、变形颗粒等,进行劈理化岩石的有限应变和增量应变及应变状态的测量与分析,以了解变形岩石中劈理发育特征与岩石应变状态之间的关系(图6-15)。

5. **确定劈理之间相对发育序次,建立劈理发生发展序列** 因为每一期劈理的出现表示经历了一次构造事件,所以分析劈理的叠加关系及其先后顺序对建立构造发展序列具有重要的理论和实践意义。图6-18提供了在板岩和片岩发育带分析劈理叠加关系的一般程序:①D_1世代变形阶段,流劈理S_1与D_1大褶皱是不协调的,与层理S_0成多种夹角关系,在大褶皱两翼两者近于平行,而在褶皱转折端处两者近于直交;②D_2世代为褶劈理S_2的发育阶段,早期的流劈理S_1因褶皱和压扁而形成S_2;③D_3世代为S_2的再褶皱作用阶段,D_3褶皱的轴面方位(图6-18D_3中虚线方向)代表了D_3世代形成的褶劈理S_3(图6-18D_3右边小圆内所示的微构造)的方位。

6. **观察劈理与其他构造的生成关系** 劈理可以单独出现。但在变形强烈的地区,各种劈理的出现往往与更大规模的褶皱、断层和韧性剪切带有关。如图6-16和图6-18D_1中的流劈理构成了同期大型褶皱的轴面劈理,代表了应变椭球体的XY主应变面。值得注意的是:图6-18D_1中流劈理S_1在大褶皱翼部与沉积面理S_0近于平行,而在转折端两者近直交,这也表明了S_1对S_0的叠加置换改造作用由强变弱。S_2是另一期变形形成的。详细观察这些细微变化关系,对认识劈理的形成与发展过程具有实质性意义。

7. **观察劈理与岩石类型和变质条件的关系** 劈理的发育状况及其形成机制,在不同类型岩石和变质条件下,是各不相同的。在泥质岩中,机械旋转、压溶作用、定向成核和重结晶作用都可在劈理形成中起作用。在大多数情况下,成岩面理形成于次生面理发育之前。在一些极低级变质条件下,劈理域与成岩组构成一定的夹角关系,而微劈石中成岩面理则发生褶皱作用;在碎屑岩中,连续劈理出现在细粒岩石体中,而不连续劈理则发育在粗粒岩石体中。后一种情况下多伴有压溶作用发生;在灰岩中,劈理发育程度取决于温度的大小和云母的含量。在低温条件下,压溶和双晶化作用是颗粒形态组构构成劈理的重要机制。在高温条件下,晶体塑性流变和双晶化作用才是灰岩中流劈理的主导形成机理。在变基性岩石中,无论是连续劈理,还是不连续劈理,都是由角闪石、绿泥石、绿帘石和云母及透镜状成分层的定向排列显示出

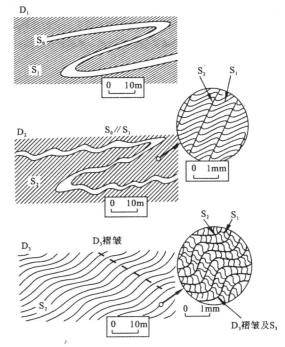

图 6-18 片岩和板岩带劈理发育序列图示
(据 Passchier & Trouw,1996)

来。在低级变质条件下,机械旋转和新生矿物的定向生长是流劈理的重要形成机制。但在中高级变质条件下,流劈理发育的主导机制是新生矿物的定向生长、重结晶和晶体塑性变形。因此,对劈理与岩类和变质条件之间关系的研究,不仅有助于了解劈理的形成过程及其机理,而且有助于解释劈理所代表的构造物理学意义。

8. 采集定向标本　野外采集定向标本,为室内深入研究劈理的物质组成、微观结构构造特征及其变形和变质作用特点提供基本物质基础。

野外记录时,通常以 S_0 表示原生面理,以 S_1、S_2、S_3……表示不同世代的次生面理。

主要参考文献

蔡学林,石绍清. 顺层片理形成机制分析. 科学通报,1981,(9)
刘俊来. 叶理研究现状. 世界地质,1988,7,(1)
王春增. 变形分解作用及其研究意义. 地质科技情报. 1988,7(2)
周玉泉. 劈理的形态分类法. 世界地质,1987,6(2)
Beach A. 低级变质的变形过程中的化学作用:压溶和液压断裂作用. 张秋明译. 国外地质科技,1983,(3)
Bell T H, Cuff C. Dissolution, solution transfer, diffusion versus fluid flow and volume loss during deformation/metamorphism. Journal of Metamorphic Geology. 1989, 7
Davis G H, Reynolds S J. Structural geology of rocks and regions. John Wiley & Sons, Inc. 1996, 424~492
Gray D R. Morphologic classification of crenulation cleavage. J. Geol. 1977, 85:229~235
Hobbs B E, Means W D Williams P F. 构造地质学纲要. 刘和甫等译. 北京:石油工业出版社,1982
Hills E S. 构造地质学原理. 李叔达译. 北京:地质出版社,1981,196~200
Passchier C W, Trouw R A. Microtectonics. Springer-Verlag Berlin Heidelberg. 1996
Powell C McA. 岩石劈理形态分类法. 周玉泉译. 国外地质科技,1981,(8)

Twiss R J, Moores E M. Structural geology. 2nd. New York: W. H. Freeman and Company. 2007

Waldron H W, Sandiford M. Balarat 板岩带变质沉积岩的劈理形成与体积变化,李智陵译. 地质科学译丛,1989,6(4)

特列季亚科夫 ΦΦ. 劈理的形成类型及其分类. 地质科技动态,1998,(6):18~19

第七章

线　理

第一节　线理的分类

线理是岩石中广泛发育的一种多具有透入性的线状构造。根据成因、相对尺度大小以及作为构造运动学的一种重要参照标志,对线理可大致进行如下分类。

一、根据成因分类

(1)原生线理,是成岩过程中形成的线理,如岩浆岩中的流线。
(2)次生线理,是指在构造变形中形成的线理。本章所讨论的主要是次生线理。

二、根据运动关系分类

线理是构造运动学的重要标志,能够指示构造变形中岩石物质的运动方向,具有十分重要的构造意义。

(1)a 线理,是指与物质运动方向平行的线理。由于其与最大应变主轴 A 轴一致,故又称为 A 型线理,如拉伸线理、矿物生长线理等。

(2)b 线理,是指与物质运动方向垂直的线理。由于其平行中间应变主轴 B 轴,故又称为 B 型线理,如石香肠构造、窗棂构造等。

三、根据尺度大小分类

在变形或变质岩石中,不但广泛发育着各种形态不同和成因各异的微型或小型线理,还常常可见到一些比较粗大的线状构造发育。因而根据它们在空间产出的相对尺度大小,大致可归为两种类型,即小型线理和大型线理。

第二节　小型线理

在强烈变形岩石中,常常弥漫着各种微型或小型的线理,其形态和成因各异,主要有以下几种。

一、拉伸线理

拉伸线理是拉长的岩石碎屑、砾石、鲕粒、矿物颗粒或集合体等平行排列而显示的线状构造[图 7-1(A)]。它们是岩石组分变形时发生塑性拉长而形成的。其拉长的方向与应变椭球体的最大主应变轴——X 轴方向一致,故为一种 A 型线理。

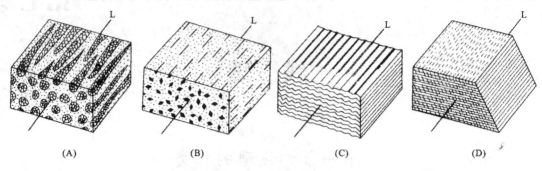

图 7-1 线理的类型
(据 Turner & Weiss 略改,1963)
(A)矿物集合体定向排列显示出的拉伸线理;(B)柱状矿物平行排列而成的生长线理
(C)面理揉褶形成的皱纹线理;(D)交面线理

二、矿物生长线理

矿物生长线理是由针状、柱状或板状矿物顺其长轴定向排列而成[图 7-1(B)]。矿物生长线理是岩石在变形和变质作用中矿物在引张方向重结晶生长的结果。因而矿物及其纤维生长的方向往往指示岩石重结晶或塑性流动的拉伸方向。一般平行于应变椭球体的长轴方向排列,故为一种 A 型线理。

三、皱纹线理

皱纹线理由先存面理上微细褶皱的枢纽平行排列而成[图 7-1(C)]。微细褶皱的波长和波幅常在数厘米以下,或仅以 mm 计。皱纹线理的方向与其所属的同期褶皱的枢纽方向一致,属于 B 型线理。需要指出的是,某些面理上的 X 型极细微的皱纹线理,是 X 型微剪节理与面理交切的结果,应注意区别。

四、交面线理

交面线理是两组面理相交或面理与层理相交形成的线理[图 7-1(D)],常平行于同期褶皱的枢纽方向,故为一种 B 型线理。

第三节 大型线理

变形或变质岩石中常发育一些独特形态的粗大线理,一般不具透入性,但在大尺度上观察,也可看作是透入性的,主要有石香肠构造、窗棂构造、压力影构造等。

一、石香肠构造

石香肠构造又称布丁构造(boudinage),是不同力学性质互层的岩系受到垂直或近垂直岩层挤压时形成的。软弱层被压向两侧塑性流动,夹在其中的强硬层不易塑性变形而被拉伸,以致拉断,构成剖面上形态各异、层面上呈平行排列的长条状块段,即石香肠。在被拉断的强硬层的间隔中,或由软弱层呈褶皱楔入,或由变形过程中分泌出的物质所充填。因此,石香肠构造实际上是各种断块、裂隙与楔入褶皱或分泌物充填的构造组合。

为了描述和测量石香肠构造在剖面上及层面上的大小并标定其方位,必须从三度空间来进行其长度(b)、宽度(a)、厚度(c)以及横间隔(T)和纵间隔(L)等要素的观察和测定(图7-2)。

从石香肠构造的形成可知,其长度指示了局部的中间应变轴(Y轴)。故石香肠实际上可看作一种B型线理。石香肠的宽度指示拉伸方向(X轴)或局部的最小主应力(σ_3)方向;厚度指示压缩方向(Z轴)或局部的最大主应力(σ_1)方向。

石香肠构造的三维空间形态一般不易观察,所以对其横断面的描述较多,马杏垣(1965)曾按其横断面的形态划分为矩形、梯形、藕节状和不规则状等几种类型(图7-3)。石香肠的横断面上形态的变化主要取决于两个因素:①岩层之间的粘度差;②强硬层所受拉伸作用的

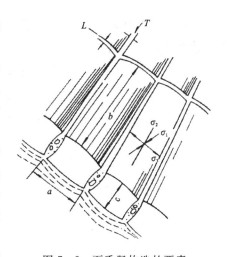

图7-2 石香肠构造的要素
及其反映的应力方位
(据马杏垣,1965)
a.石香肠的宽度;b.石香肠的长度;
c.石香肠的厚度;L.纵间隔;T.横间隔

强弱。当岩层间的粘度差很大,最强硬岩层在应变很小时就出现张裂,进一步的拉伸使断块分离,则形成横剖面上为矩形的石香肠[图7-3(A),图7-4中第1层]。当岩层的粘度差为中等时,较强硬的岩层常常先发生明显的变薄或细颈化,进而被剪裂而拉断,形成菱形或透镜状的石香肠[图7-3(B)、(C),图7-4中第2、3层]。如果岩层中的粘度差很小,则相对强硬的岩层可能只发生肿缩,形成细颈相连的藕节状石香肠[图7-3(C)、图7-4中第3层]。

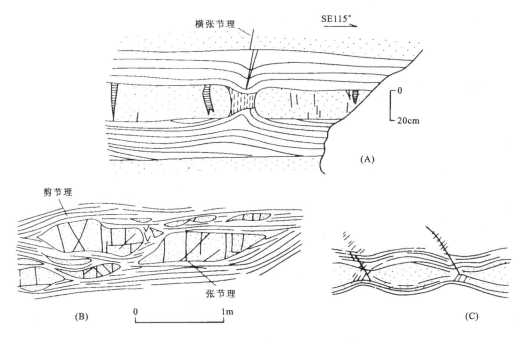

图7-3 北京西山各种石香肠的形态
(据马杏垣,1965)
(A)矩形石香肠;(B)菱形石香肠;(C)藕节形石香肠

软弱层的塑性流动使石香肠体的边缘受到剪切改造,原为矩形的石香肠体可以变成桶状和透镜状,端部成鱼嘴状(图7-4)。

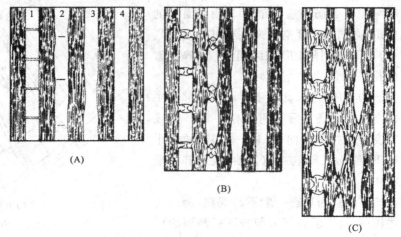

图 7-4 石香肠构造的递进发展图示
(据 Ramsay,1967)

强岩层 1、2、3 和 4,按强度递减的顺序排列,第四层与介质的性质相同;(A)~(C)代表变形的发展方向

在石香肠化的岩石中,常见有石香肠体相对于围岩的层理发生一定角度的偏转甚至旋转。这些现象可能是顺石香肠的层理剪切作用的结果。但石香肠体的旋转也可以由于强硬层的延长方向与应变主轴斜交所致。旋转石香肠体常以角度不对称为特征,各石香肠体之间的楔入褶皱也旋转成一翼长一翼短的不对称型式。

石香肠构造的三维空间的变化反映不同的应变状态,当应变处于单向拉伸的平面应变时(即 $\lambda_1 > \lambda_2 = 1 > \lambda_3$),则强硬层只发育一组石香肠[图 7-5(A)]。当应变处于双向拉伸时(即 $\lambda_1 > \lambda_2 > 1 \gg \lambda_3$),强硬层将向两个方向张裂形成"巧克力方盘"式石香肠构造[图 7-5(B)]。

近年来,在国家自然科学基金资助下,曾佐勋领导的课题组在香肠构造研究方面取得了系列进展。他们研究了不同香肠构造流变计(曾佐勋等,1997;1999;樊春等,2002;吴武军等,2005)和应变计(蔡永建等,2004;吴武军等,2004;许海萍等,2005;张鲲等,2007),在国内发现了骨节状石香肠构造并探讨了不同石香肠构造的形成过程(曾佐勋等,2001;樊光明等,2002;刘富等,2002;李泉等,2006;储玲林等,2006;张志勇和曾佐勋,2006)。感兴趣的读者可进一步阅读有关文献。

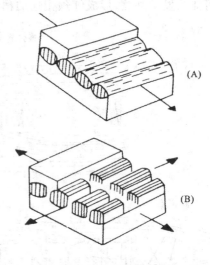

图 7-5 石香肠构造
(据 Park 修改,1963)
(A)长条状石香肠构造;(B)两个方向拉伸产生的"巧克力方盘"石香肠构造

二、窗棂构造

窗棂构造是强硬层组成的形似一排棂柱的半圆柱状大型线状构造。棂柱表面有时被磨光,并蒙上一层云母等矿物薄膜,其上常有与其延伸方向一致的沟槽或凸起,并常被与之直交

的横节理所切割。

图 7-6 砂岩层和板岩层接触面
上的窗棂构造
（据 Pilger 等,1957）

图 7-7 北京大灰厂奥陶系白云岩
卷曲形成的窗棂构造
（宋姚生据照片素描,1978）

窗棂构造常沿着强弱岩层相邻的强硬层的界面出现（图 7-6 和图 7-7）。一系列宽而圆的背形被尖而窄的向形所分开，形成嵌入式"褶皱"。软弱层总是以尖而窄的向形嵌入强硬层，强硬层面呈圆拱状的背形突向软弱层，从而铸成一系列圆柱形的肿缩式窗棂构造。实验证明，窗棂构造是岩层受到顺层强烈缩短引起纵弯失稳形成的。实验还证实窗棂构造的主波长与强弱岩层之间的粘性差有关。此外，也有人把外貌与一排棂柱相似的褶皱构造称为褶皱式窗棂构造。

窗棂构造与石香肠构造不同。前者反映了平行层理的缩短，而后者则反映的是垂直层理的压缩。但窗棂柱的方向与香肠体的长轴一样，都代表了应变椭球体的 Y 轴，故均属 B 型线理。

三、杆状构造

杆状构造是由石英等单矿物组成的比较细小的棒状体。杆状体常产出于变质岩内小褶皱的转折端。杆状体的长度一般较小，从数厘米至十数厘米。与窗棂构造的主要不同在于多数杆状体是由变形过程中同构造分泌物质所组成。最典型的杆状构造是石英棒组成的杆状构造（图 7-8）。石英棒的物质来源于硅质岩石，在变质过程中分泌出来并集中于褶皱转折端低压带，以石英脉形式产出。

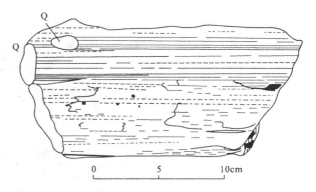

图 7-8 硅质片岩中的石英棒（Q）
（据 Wilson,1961）

也有一些石英棒是先存的石英细脉随着围岩的褶皱辗滚而成。此外，断层作用造成的低压空间也有利于石英、方解石的沉淀，因辗滚而形成石英棒、方解石棒，产出于断裂带中。

杆状构造的形成是强烈褶皱作用和辗滚作用的结果,其延伸方向与运动方向相垂直,因此应属 B 型线理。

四、铅笔构造

铅笔构造是轻微变质的泥质或粉砂质岩石中常见的使岩石劈成铅笔状长条的一种线状构造。根据铅笔构造的形成作用,可分为两类:①劈理与层理交切的结果或剪切面与层理交切的结果;②成岩压实与顺层挤压变形共同作用的结果。

(1)交切面的铅笔构造,通常是透入性劈理面或剪切面与层面相交而成。交面的铅笔构造常具有较规则的断面形状,平行于同期褶皱的褶轴。

(2)压实与变形共同作用下形成的铅笔构造,其形成过程如下:初始泥质和粉砂质沉积物在垂直层面的压实作用下,随着沉积物的压实和孔隙水的排逸,引起原始沉积物的体积损失,形成单轴旋转扁球体型的应变[图7-9(A)]。在其后的构造变形中,由于平行层理的压缩及沿垂直方向的拉伸,使岩石变形成单轴旋转长球体型,其应变椭球体的轴值 $X>Y=Z$。这时,片状、柱状和针状矿物发生旋转,顺 X 轴方向定向排列,致使岩石顺 X 轴方向易于劈开。岩石可破裂成大小不一的碎条,称作铅笔构造[图7-9(C)]。这种铅笔构造最主要的特征是没有面状构造要素,横截面常呈不规则的多边形或弧形(图7-10),其长轴虽平行于岩石中有限应变椭球体的 X 轴方向,但是又平行于区域构造变形的 B 轴方向[图7-9(C)]。

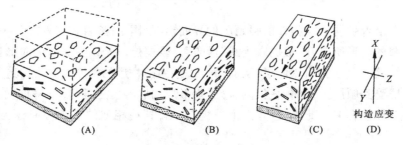

图 7-9 铅笔构造的发展阶段及应变状态示意图
(据 Ramsay,1983)
(A)页岩的初始压实阶段;(B)早期变形阶段;(C)铅笔构造阶段;(D)为构造应变轴

图 7-10 铅笔构造
(据 Ramsay,1981)

五、压力影构造

压力影构造是矿物生长线理的另一种表现,常产出于低级变质岩中。压力影构造由岩石中相对刚性的物体及其两侧(或四周)在变形中发育的同构造纤维状结晶矿物组成(图 7-11)。岩石中作为相对刚性的物体有黄铁矿、磁铁矿,还有化石、砾石、岩屑和变斑晶等。变形一般不强,只出现微破裂、波状消光、变形纹等。核心物体的两侧的结晶纤维常由石英、方解石、云母或绿泥石等矿物组成。

在应力作用下,这些相对刚性的物体在变形时将引起局部的不均匀应变,使其周围的韧性基质从相对刚性的物体表面拉开,形成低压引张区,为矿物提供了生长的场所。在压溶作用下,基质中易溶物质从矿物界面上发生溶解,并从受压边界向低压引张区运移,沿着最大拉伸方向(X 轴)生长成纤维状的影中矿物。纤维的生长方向随着变形过程中最大拉伸轴方向的变化而变化。因此,相对刚性的物体两侧的影中矿物的不同形状反映了不同的应变状态。在挤压变形或纯剪变形中,相对刚性的物体两侧的结晶纤维常呈对称状[图 7-11(A)、(B)]。在单剪作用下,随着非共轴的递进变形,最大主应变轴(X 轴)发生偏转。因此,相对刚性的物体两侧的结晶纤维呈现出单斜对称的形状。对黄铁矿晶体进行旋转变形模拟实验结果表明,不对称的影中矿物的结晶纤维生长情况随着剪切应变量的大小呈有规律的变化。因此,通过对压力影构造中矿物结晶纤维生长方向的测定,可以确定变形的主应变轴方位及其变化。

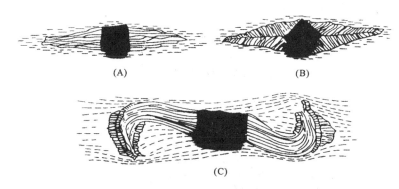

图 7-11　不同类型的压力影

(据 Nicolas,1987)

(A)垂直核心矿物表面的石英纤维;(B)垂直核心矿物表面生长的四组石英纤维;
(C)单斜对称的石英纤维

第四节　线理的观察与研究

一、区分原生线理和次生线理

在变形岩石中,除了次生的线状构造外,还可能残存原生的线状构造,如砾石的原生定向排列、岩浆岩的流线等。因此,在野外地质观察中,首先要区分原生线理和次生线理。在区分两者时,除在单个露头上注意研究线理的主要特征外,还要在更大范围内研究它们展布规律及其与其他构造的关系,这样才能查明其成因,区分两类线理。

二、确定线理类型,测量线理产状

确定了次生线理后,还要根据其基本特征确定线理的类型。线理在空间方位的确定是识别线理类型和确定它与所属大构造几何关系的关键。测量线理产状也同测量其他线状构造的产状一样,量度其指向、倾伏角、侧伏向和侧伏角。

值得注意的是,测量线理产状时,切忌把任意露头面上见到的相互平行的迹线当作线理。线理只有在面理面上的线状迹线才是真正的线理。如图 7-12,只有在面理面(S_1)上看到的拉长矿物集合体的定向排列,才是真正的线理,其他切面上的线状方向或"长轴"的定向排列,都不是真正的线理。因此,线理的测量一定要在与其伴生的面理上进行。

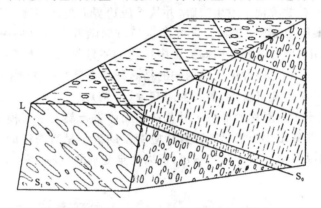

图 7-12 拉长的砾石所显示的线理
(据 Cloos,1946,改编)
只有在面理 S_1 面上,才能看到砾石的最长轴,其他断面上看到的都是视伸长轴

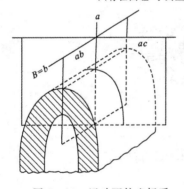

图 7-13 运动面的坐标系
(据 Dennis,1967)
a. 在运动面 ab 上,平行运动方向
b. 在运动面上,垂直于 a 轴

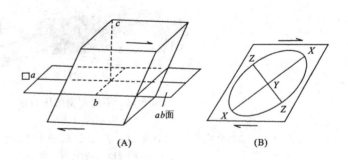

图 7-14 单剪作用下的运动学坐标系(A)
和应变椭球的主应变轴(B)

三、分析判断构造变形中岩石物质运动方向

线理还是构造运动学的重要标志之一。它们既能够指示构造变形中岩石物质的运动方向,又能用于分析构造变形场内岩石的有限应变状态。一般地,在挤压、拉伸和压扁等情况下,构造变形中运动学坐标系 a、b、c 轴(图 7-13)的方位与应变椭球体的主应变轴 X、Y、Z 轴(或 A、B、C 轴)的方位一一对应,互为一致。在这种情况下形成的拉伸线理、矿物生长线理等的方

位既能代表变形岩石中物质的运动方向,又能代表岩石有限应变椭球体的最大主应变轴——X轴的方位;而石香肠、窗棂构造和皱纹线理等的方位则代表了岩石有限应变椭球体的中间应变主轴——Y轴的方位。但在简单剪切变形中两者并不完全一致。因单剪变形中剪切面是运动面[图 7-14(A)],其上的剪切方向为 a 轴;b 轴位于 ab 面上,与 a 轴垂直,而单剪变形是旋转变形,最大主应变轴——X 轴(或 A 轴)和最小主应变轴——Z 轴(或 C 轴)随着变形的进行而发生旋转,与运动轴——a 轴和 c 轴的方向完全不同。只有中间主应变轴——Y 轴不变,并与 b 轴的方位相一致。因此,在这种情况下形成的矿物生长线理和拉伸线理的方位只能代表岩石有限应变椭球体的最大主应变轴——X 轴的方位,而不能代表岩石变形过程中物质运动的方位(图 7-14)。不过,在这种情况下形成的皱纹线理和交面线理等的方位仍能代表岩石有限应变椭球体的中间主应变轴——Y 轴的方位。因此,必须在变形岩石有限应变状态及其他构造形迹(如褶皱、断层和剪切带等)研究的基础上,结合线理与面理和其他构造之间的关系的综合研究,才能有效地运用线理来分析和判断构造变形中岩石物质的运动学方位。

四、结合区域构造背景进行线理研究

如前所述,线理的研究应与产出的大构造或区域性构造的研究密切结合,这样不仅有助于对线理等小构造形成机制和发育过程的深入理解,而且为大构造甚至区域构造的研究提供有益的重要信息。例如不同类型线理在所在褶皱不同部位发育的程度及其变化,可以指示各部位变形时的运动学和动力学状态;通过石香肠类型的变化,可以了解变形时岩石的粘性及其差异等。

五、采取定向构造标本进行室内深入研究

为了深入研究线理,有时采取定向构造标本以便室内研究也是必要的。通过室内显微镜下的构造分析,从微观方面为线理研究提供佐证。

主要参考文献

蔡永建,曾佐勋等.利用石香肠恢复能干层原始厚度的等面积法.吉林大学学报(地球科学版),2004,34(1)

储玲林,李志勇等.鄂东南铁山不对称鱼嘴状石香肠构造基质层中的应变分析.地质科学,2006,(4)

樊春,曾佐勋等.基于透射电镜的香肠构造流变计研究.地质科技情报,2002,21(4)

樊光明,曾佐勋等.骨节状石香肠构造及其研究意义.地球科学,2002,27(增刊)

李泉,曾佐勋.骨节状香肠构造形成机制研究——以湖北铁山为例.地球学报,2006,(3)

李晓波.近十年来国外小型构造地质研究方法的新进展.地质科技动态.1988,(20)

刘富,曾佐勋.湖北铁山与北京西山复合石香肠的初步研究.成都理工学院学报,2002,29(6)

刘如琦.湖南长沙岳麓山砂岩组的香肠构造.地质学报,1963,43(3)

马杏垣.北京西山窗棂构造简记.地质论评,1964,22(6)

马杏垣.北京西山的香肠构造.地质论评,1965,23(1)

武汉地质学院区地教研室著.地质构造形迹图册.北京:地质出版社,1987

吴武军,曾佐勋.利用鱼嘴构造恢复岩层初始厚度的初步方法.地球科学进展,2004,19(2)

吴武军,曾佐勋等.鱼嘴构造流变与基于流变学的分类方案.地球科学进展,2005,20(9)

许海萍,曾佐勋等.骨节状石香肠构造应变计初探.吉林大学学报(地球科学版),2005,35(5)

曾佐勋,付永涛等.北京西山膨缩石香肠流变性质构造研究初探.地质力学学报,1997,3(1)

曾佐勋,樊春.构造流变计.地质科技情报,1999,18(4)

曾佐勋,陶正科等.北京西山和湖北铁山发现骨节节状石香肠构造.地质科技情报,2001,20(3)
张鲲,曾佐勋等.矩形断裂石香肠矿物成分体积分数及其流变学意义研究.地质科技情报,2007,26(5)
张志勇,曾佐勋.菱形石香肠简单剪切成因模式及其构造流变计.地球学报,2006,(6)
Etchecopar A, Malavielle J. 压力影——有限应变测量和剪切旋向确定的重要标志. 嵇少丞译. 国外地质,1988,(5)
Ferrill D A. Primary crenulation pencil cleavage. J. Struc. Geol. 1989,11(4)
Passchier C W, Trouw R A. Microtectonics. Springer-Verlag Berlin Heidelberg. 1996
Ramsay J G. 岩石的褶皱作用和断裂作用. 单文琅等译. 北京:地质出版社,1986
Reks I J, Gray D R. Pencil structure and strain in weakly deformed mudstone and siltstone, J. Struc. Geol. 1982, 4(1)
Twiss R J, Moores E M. Structural geology. New York: W. H. Freeman and Company. 1992

第八章

褶皱的几何分析

褶皱是岩石或岩层受力而发生的弯曲变形,是地壳中一种最基本的构造型式。

褶皱的形态千姿百态,复杂多样。褶皱的规模差别极大,小至手标本或显微镜下的微型褶皱,大至卫星像片上的区域性褶皱。褶皱的研究对于揭示一个地区的地质构造及其形成和发展具有重要的意义。褶皱与许多矿产的形成及其产状和分布的关系极为密切。因此,研究褶皱也具有重要的实际意义。

第一节 褶皱和褶皱要素

一、褶皱的基本类型

褶皱的形态虽然多种多样,但从形成褶皱的面(称变形面或褶皱面,如层面、各种面理等)弯曲看,基本形态有两种:背形和向形。背形是指褶皱面上凸式弯曲;向形是指褶皱面下凹式弯曲。也有一些褶皱面既不上凸也不下凹,而是呈侧向弯曲称中性褶皱(Ragan,1973),其轴面近于直立或近水平,且分不出背形或向形。

根据褶皱的形态和组成褶皱的地层新老关系,将褶皱分为两种基本类型:背斜和向斜。背斜是核部由老地层、翼部由新地层组成的褶皱[图8-1(A)和(B)]。向斜是核部由新地层、翼

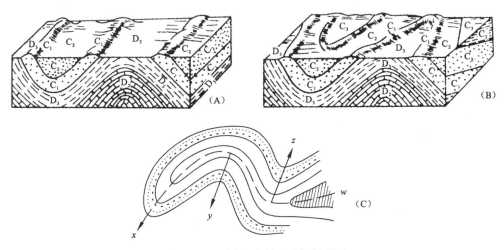

图8-1 背斜、向斜和重褶皱图示

(A)、(B)两图中左侧是向斜,右侧是背斜;(C)重褶皱的平卧背斜剖面(据 Park 改,1983);箭头示褶皱的面向;
x. 向形背斜;y. 背形向斜;z. 向形向斜;w. 平卧背斜之轴迹;
注意如就整体而言,y,z 可分别称为背形和向形

部由老地层组成的褶皱[图8-1(A)和(B)]。在构造变动强烈或经历多次构造变动而使地层层序倒置的地区,背斜可以呈向下凹曲形态,向斜可以呈向上凸曲形态,此时前者称向形背斜,后者称背形向斜。根据褶皱面向(是指在轴面上垂直于枢纽观察地层变新的方向),背形向斜或向形背斜的褶皱面向必朝下方,反之,其面向朝上的背斜和向斜的弯曲形态则分别与背形和向形相似[图8-1(C)]。

二、褶皱要素

褶皱要素是褶皱的基本组成部分,褶皱要素主要有(图8-2)。

1. 核　褶皱的中心部分。
2. 翼　褶皱中心两侧平弧状的部分。
3. 拐点　相邻的背形和向形共用翼的褶皱面(常呈"S"形弯曲)相反凸向的转折点称作拐点。如果翼平直,则取其中点作为拐点。
4. 翼间角　正交剖面上两翼间的内夹角(图8-3)。圆弧形褶皱的翼间角是指通过两翼上两个拐点的切线之间的夹角[图8-3(B)]。
5. 转折端　褶皱面从一翼过渡到另一翼的弯曲部分。
6. 枢纽　单一褶皱面上最大弯曲点的连线。
7. 脊线和槽线　同一褶皱面上沿着背形最高点的连线为脊线,沿向形最低点的连线为槽线。脊线或槽线在其自身的延伸方向上常有起伏变化。脊线中最高点表示褶皱隆起部位,称为高点,脊线中最低部位称为轴陷。确定脊和槽的位置对于寻找油、气和开发地下水的工作具有重要意义。
8. 轴面　各相邻褶皱面的枢纽连成的面称为轴面(图8-2)。轴面是一个设想的标志面,它可以是平直面,也可以是曲面。轴面与地面或其他任何面的交线称作轴迹。轴面与地形面的交线在地质图上的投影称为地质图上的轴迹。

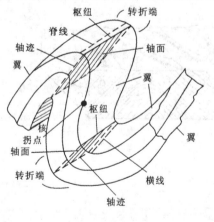

图8-2　褶皱要素图示

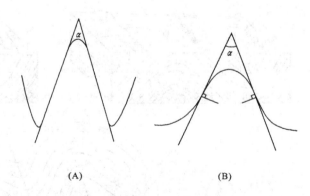

图8-3　翼间角(α)
(A)翼部平直的褶皱的翼间角；(B)圆弧形褶皱的翼间角

第二节　褶皱形态描述

不同形态的褶皱往往反映了不同的成因机制,正确地描述褶皱形态是研究褶皱的基础,分析褶皱要素的特征并测量其产状,才能形象地恢复褶皱形态。因此,人们常从褶皱的横剖面、纵剖面或平面上不同方面所表现的不同特征进行描述，尤其是根据褶皱的直立剖面（横剖面）和正交剖面（横截面）的形态来描述褶皱。

正交剖面是指与褶皱枢纽相垂直的剖面。图8-5示褶皱在水平面、铅直剖面和正交剖面上的空间关系。从图8-4中可见，只有正交剖面上才能表示出褶皱的真实形态。因此，褶皱形态的描述常从正交剖面上的褶皱形态分析入手。

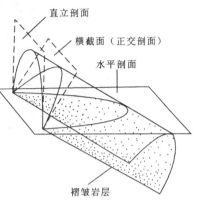

图8-4 褶皱的平面、横剖面和正交剖面的空间关系

一、正交剖面上褶皱的形态

（一）转折端的形态

褶皱转折端的形态有圆弧状、尖棱状、箱状等，据此将褶皱描述为以下几种（图8-5）。

1. 圆弧褶皱 转折端呈圆弧形弯曲的褶皱[图8-5(A)]。圆弧中点可作为褶皱的枢纽点。两翼常是弧形的、连续的褶皱成正弦曲线形弯曲。

 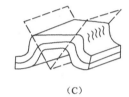 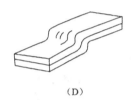

(A) (B) (C) (D)

图8-5 转折端形态不同的几种褶皱图示
(A)圆弧褶皱；(B)尖棱褶皱；(C)箱状褶皱；(D)挠曲

2. 尖棱褶皱 转折端为尖顶状，常由平直的两翼相交而成[图8-5(B)]。

3. 箱状褶皱 转折端宽阔平直，两翼产状较陡，形如箱状[图8-5(C)]。如果箱状由两个共轭的轴面组成，则称共轭褶皱。

4. 挠曲 在平缓岩层中，一段岩层突然变陡而表现出褶皱面的膝状弯曲[图8-5(D)]。

（二）翼间角的大小

根据翼间角的大小将褶皱描述为以下几种（图8-6）。

1. 平缓褶皱 翼间角小于180°，大于120°。
2. 开阔褶皱 翼间角小于120°，大于70°。
3. 中常褶皱 翼间角小于70°，大于30°。
4. 紧闭褶皱 翼间角小于30°，大于5°。
5. 等斜褶皱 翼间角为5°～0°。

翼间角的大小反映褶皱的紧闭程度，亦反映了褶皱变形的强度，是描述褶皱形态的一个重要方面。在出露良好近于正交剖面的露头或照片上，翼间角可直接测量。一般只需测量褶皱翼的代表性产状，利用赤平投影的方法求出翼间角。

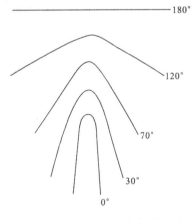

图8-6 翼间角不同的褶皱图示

（三）轴面产状

根据轴面产状和两翼产状的关系，褶皱可以描述为以下几种（图8-7）。

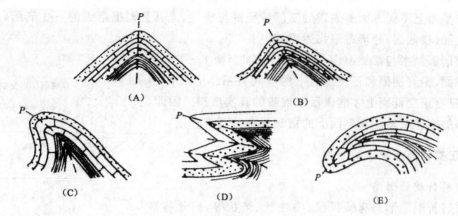

图 8-7 轴面和两翼产状不同的褶皱图示
(A)直立褶皱;(B)斜歪褶皱;(C)倒转褶皱;(D)平卧褶皱;
(E)翻卷褶皱;P.轴面(或正交剖面上的轴迹)

1. 直立褶皱　轴面近直立,两翼倾向相反,倾角近相等[图 8-7(A)];
2. 斜歪褶皱　轴面倾斜,两翼倾向相反,倾角不等[图 8-7(B)];
3. 倒转褶皱　轴面倾斜,两翼向同一方向倾斜,一翼地层倒转[图 8-7(C)];
4. 平卧褶皱　轴面近水平,一翼地层正常,另一翼地层倒转[图 8-7(D)];
5. 翻卷褶皱　轴面弯曲的平卧褶皱[图 8-7(E)]。

褶皱轴面在空间上的位态取决于褶皱枢纽产状和两翼产状的关系。同一褶皱层两翼倾角基本相等的褶皱,其轴面与翼间角的平分面近于重合。否则,不能将翼间角的平分面简单地当作轴面。轴面的确定要在实地的露头(如开采壁面上)或在地质图上测出同一褶皱在不同平面上的两个以上的轴迹方位,用赤平投影方法求出轴面产状。

(四)褶皱的对称性

根据褶皱的对称性,可将褶皱描述为:

1. 对称褶皱　褶皱的轴面与褶皱包络面垂直,而且两翼的长度基本相等[图 8-8(A)、(C)]。
2. 不对称褶皱　褶皱的轴面与褶皱的包络面斜交,而且两翼的长度不相等[图 8-8(B)、(D)]。

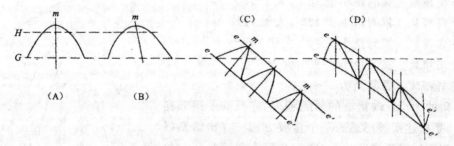

图 8-8 褶皱对称性
(据 Hills,1981)

(A)对称背斜(直立);(B)不对称背斜;(C)在地平线 G 的露头上看到的是不对称褶皱,从轴面与褶皱包络面相垂直来看,实际上是对称褶皱;(D)在地平线 G 的露头上看是对称的,从轴面与褶皱包络面斜交、两翼不等长看,实际上是不对称褶皱;ee'.褶皱包络面(线);m.轴面;G、H.水平面

褶皱的两翼常发育次级从属褶皱(图8-9),由一翼长一翼短的不对称褶皱组成。褶皱的形态从长翼至短翼的变化呈现出"S"型或"Z"型。从属褶皱轴面的倾倒方向为倒向。在背斜褶皱的左翼上(图8-9),如果从属褶皱是右行倒向或顺时针倒向,从属褶皱为"Z"型;在其右翼,从属褶皱为左行倒向或逆时针倒向,从属褶皱为"S"型。褶皱转折端处的从属褶皱是对称的"M"型或"W"型。需要指出的是,从属褶皱的"Z"形和"S"型是顺着褶皱枢纽的倾伏方向观察而定的,如果从相反方向观察,"Z"型即为"S"型,反之亦然。

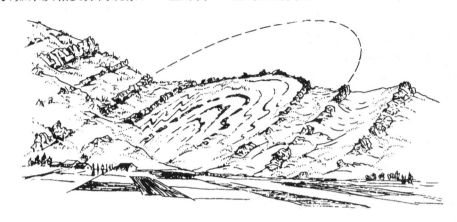

图8-9 倒转褶皱及其中的从属褶皱
(据兰琪峰等,1979)(桂林甲山)

根据从属褶皱的形态变化,可以判断它们所属的高一级褶皱的几何性质。即通过同一褶皱上各从属褶皱枢纽连面构成的包络面,代表高一级褶皱面的褶皱形态。根据不对称从属褶皱轴面与其上、下相邻的褶皱面或包络面所夹的锐角,可以指示相邻层的相对滑动方向。进而确定岩层层序是正常或倒转,以及背斜和向斜的相对位置(图8-10)。

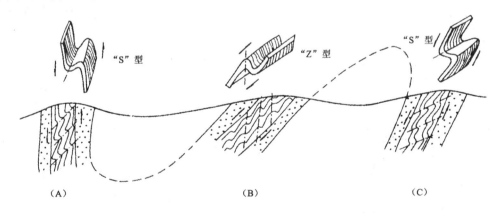

图8-10 利用从属褶皱的倒向确定岩层层序正常或倒转及背斜、向斜位置
(A)岩层直立;(B)岩层倾斜,层序正常;(C)岩层倒转

二、平行褶皱枢纽方向褶皱的形态

(一)枢纽的产状

枢纽一般是一条直线,也可以是一条曲线。枢纽产状包括指向和倾伏角。指向一般代表褶皱在空间延伸的方位。倾伏角可从水平(0°～5°)至直立(90°)。根据枢纽倾伏角,可对褶皱

描述如下。

(1) 当枢纽倾伏角近于水平(0°~5°)时，称水平褶皱，这种状态下水平面上褶皱两翼的迹线互相平行[图8-1(A)]。

(2) 如果枢纽是倾斜时(5°~85°)，称倾伏褶皱，这种状态下水平面上褶皱两翼同一褶皱面相汇合(图8-11)，背斜汇合部位称倾伏端，向斜汇合部位称扬起端。背斜的倾伏端表现褶皱面环绕倾伏端向外倾斜[图8-11(A)]。向斜的扬起端表现为向内倾斜[图8-11(B)]。倾伏端、扬起端处的平面轮廓一般反映褶皱转折端的形态。背斜倾伏端处顺着枢纽倾伏方向地层变新，向斜扬起端顺着枢纽扬起方向地层变老。

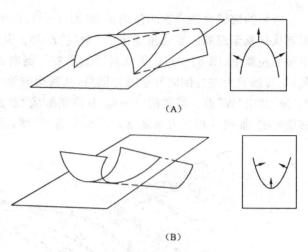

图8-11 褶皱倾伏端外倾、内倾示意图
(A)倾伏背斜及其外倾转折；(B)倾伏向斜及其内倾转折

(3) 如果枢纽直立(85°~90°)，该褶皱称倾竖褶皱。

(二) 褶轴

从几何学观点来看，转折端浑圆的褶皱面，可看作一条直线通过平行自身移动而构成的一个曲面[图8-12(A)、(B)]，这种褶皱称为圆柱状褶皱，这条直线称为褶轴。显然，褶轴与枢纽不同，它只具有几何学意义而并非褶皱面上的某一具体直线，枢纽在褶皱面上是有具体位置的，但其方位与褶轴一致，因此，在圆柱状褶皱中，褶轴的产状可由褶皱枢纽来代表(图8-13)。

圆柱状褶皱的褶皱面可以是单一的圆柱面的

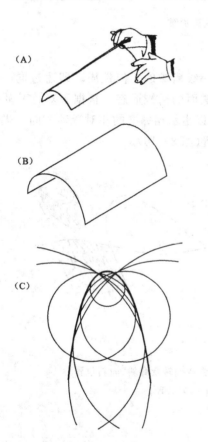

图8-12 两种完美的圆柱状褶皱面
(据Davis, 1984)
(A)、(B)单个圆柱体；(C)不同曲率圆柱面的共轴组合

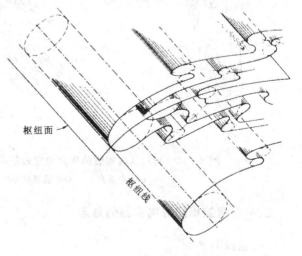

图8-13 理想的圆柱状褶皱
(据Wilson, 1961)

一部分[图 8-12(B)],但更多的情况是由许多不同直径共轴排列的圆柱面所构成的切面[图 8-12(C)]。圆柱状褶皱的几何性质是其褶皱面的每一部分都包含着一条与枢纽方位相同的线,这条线的方位即褶轴的方位。

凡不具以上特征的褶皱统称为非圆柱状褶皱。非圆柱状褶皱没有褶轴,但可以有枢纽[图 8-14(A)、(B)、(D)]。非圆柱状褶皱可分成许多均匀区段,每一区段可以近似地看成圆柱状褶皱。通过逐段解析其几何特征,再进行综合,可以得出整个褶皱的几何形态及其变化。

褶轴的产状常用指向和倾伏角或用在轴面上的侧伏角来确定。出露良好的小褶皱,可用罗盘直接测量褶轴的指向和倾伏角。大多数褶轴产状是在测量两翼产状的基础上,利用赤平投影方法求出的。一般采用 π 图解和 β 图解。圆柱状褶皱在赤平投影上表现为:同一褶皱面不同部位产状投影的平面大圆交会成一点或密集在很小范围内,而同一褶皱面不同部位的法线投影(极点)将大致沿着一平面大圆(π 圆)分布。非圆柱状褶皱的褶皱面各段的极点,在赤平投影网上的投影点相当分散,不能落在同一个共同的大圆上。所以极点沿大圆(π 圆)的分散程度代表了褶皱的非圆柱状程度。非圆柱状褶皱中的一种特殊形态称圆锥状褶皱[图 8-14(B)、(D)],其形态可以看成是将一轴线一端固定进行旋转而成。在赤平投影图上,圆锥状褶皱的褶皱面各部位的极点呈小圆分布。

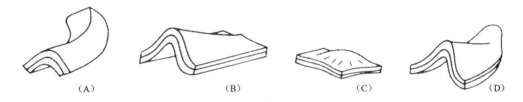

图 8-14 非圆柱状褶皱

(A)、(B)、(C)、(D)均为非圆柱状褶皱;其中(B)、(D)为圆锥状褶皱

三、褶皱的平面轮廓

褶皱的平面轮廓可以根据褶皱中的同一褶皱面在平面上出露的纵向长度和横向宽度之比予以表达。据此可将褶皱描述为:

1. **等轴褶皱** 长与宽之比小于 3∶1 的褶皱。等轴背斜又称穹隆构造[图 8-15(A)],等轴向斜又称构造盆地[图 8-15(B)]。

2. **短轴褶皱** 长与宽之比为 3∶1～10∶1,枢纽向两端倾伏的褶皱。

3. **线状褶皱** 长度远大于宽度(长宽比大于 10∶1)的各类狭长的褶皱。

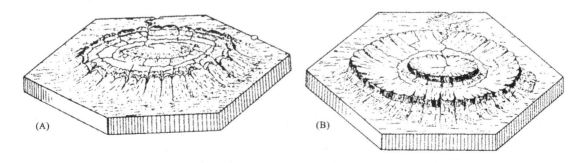

图 8-15 穹隆(A)和构造盆地(B)

四、褶皱的大小

褶皱的大小以褶皱的波长(W)和波幅(A)来确定,在正交剖面上连接各褶皱面的拐点的线称作褶皱的中间线。褶皱波长(W)是指一个周期波的长度,即等于两个相间拐点之间的距离。波幅(A)是指中间线与枢纽点之间的距离(图 8-16)。

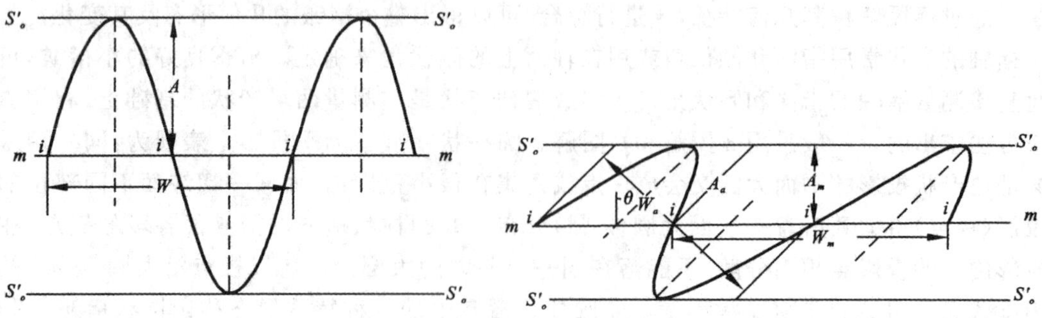

图 8-16 褶皱的波长(W)和波幅(A)
(据 Ramsay,1967)
(A)对称褶皱波长(W)和波幅(A);(B)不对称褶皱波长(W_m、W_a)和波幅(A_m、A_a);
S'_o. 包络面;mm. 中间面;θ. 轴面与中间面相交的余角

对于由较小褶皱系列组成的褶皱,可在正交剖面上,连接各褶皱面的拐点以建立更大一级的褶皱(图 8-17)。低级次的小型褶皱有时称为大型褶皱的寄生褶皱。

区域性的大型至巨型的褶皱,常常是由规模不等的多级褶皱组成。复背斜和复向斜是这种由多级褶皱组成的复杂褶皱的代表。

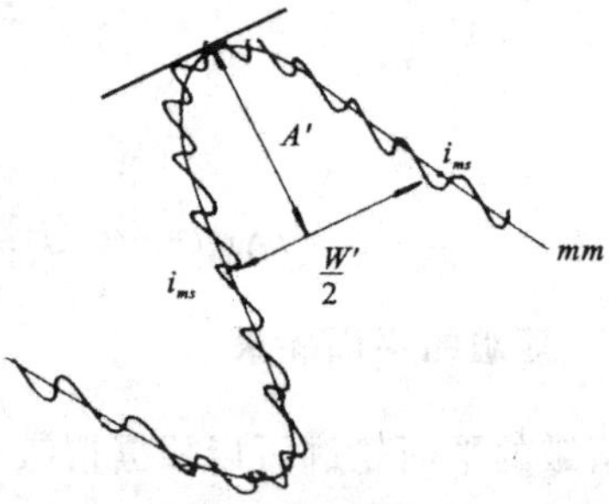

图 8-17 由小型褶皱组成的较大型褶皱
(据 Ramsay,1967)
W' 和 A' 为较高一级褶皱的波长和波幅;mm 为小型褶皱拐点连接的中间面;i_{ms} 为中间面的拐线;$W'/2$ 为半波长

第三节 褶皱的分类

一、褶皱的位态分类

褶皱在空间的位态取决于轴面和枢纽的产状。以横坐标表示轴面的倾角,纵坐标表示枢纽倾伏角,可将褶皱分成七种类型(图 8-18)。

1. 直立水平褶皱(图 8-18 Ⅰ区) 轴面近于直立,倾角为 90°~80°,枢纽近水平,倾伏角为 0°~10°。

2. 直立倾伏褶皱(图 8-18 Ⅱ区) 轴面近于直立,倾角为 90°~80°,枢纽倾伏角为 10°~70°。

3. 倾竖褶皱(图 8-18 Ⅲ区) 轴面近于直立,倾角为 90°~80°,枢纽倾伏角为 70°~90°。

4. 斜歪水平褶皱(图 8-18 Ⅳ区) 轴面倾角为 80°~20°,枢纽近水平,倾伏角为 0°~10°。

5. 斜歪倾伏褶皱(图 8-18 Ⅴ区) 轴面倾角为 80°~20°,枢纽倾伏角为 10°~70°。

6. 平卧褶皱(图 8-18 Ⅵ区) 枢纽倾伏角和轴面倾角均为 0°~20°。

7. 斜卧褶皱(图 8-18 Ⅶ区) 枢纽和轴面两者倾向及倾角基本一致,轴面倾角为 20°~

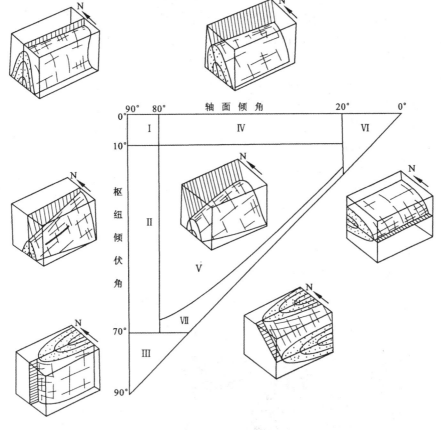

图8-18 褶皱位态类型图
Ⅰ.直立水平褶皱;Ⅱ.直立倾伏褶皱;Ⅲ.倾竖褶皱;Ⅳ.斜歪水平褶皱;
Ⅴ.斜歪倾伏褶皱;Ⅵ.平卧褶皱;Ⅶ.斜卧褶皱

80°,枢纽倾伏角为20°～70°,枢纽在轴面上的侧伏角为70°～90°。

前三类褶皱轴面直立,表示褶皱两翼倾向相反,倾角相等。第Ⅳ、Ⅴ两类褶皱轴面倾斜,表示褶皱两翼倾角不相等。当两翼倾向同一方向时,其中一翼地层面向下,即为倒转地层,称为倒转褶皱。平卧褶皱和斜卧褶皱中的一翼地层面向亦向下。

二、褶皱的形态分类

褶皱形态的变化主要反映在各褶皱面形态的相互关系和褶皱层的厚度变化上。据此,对褶皱进行形态分类。

(一)根据组成褶皱的各褶皱层的厚度变化和几何关系的分类

1. 平行褶皱 典型平行褶皱的几何特点是褶皱面作平行弯曲(图8-19)。同一褶皱层的厚度在褶皱各部分一致,所以也称为等厚褶皱,弯曲的各层具有同一曲率中心,所以又称为同心褶皱。由中心向外,褶皱面的曲率半径逐渐增大,曲率变小,岩层越平缓;向着核部方向,曲率逐渐变大。例如,一个圆弧形直立的背斜,因为要保持褶皱层的厚度不变,褶皱面的几何形态必须随深度而调整。顺其轴面向下,褶皱面的弯曲越来越紧闭,甚至成为尖顶状背斜,或是为了调整褶皱层的向心挤压,在背斜核部会出现复杂的小褶皱和逆冲断层;再向下则消失于滑脱面上(图8-19)。顺轴面向上,情况相反,褶皱面越来越平缓,褶皱趋于消失。

2. 相似褶皱　典型的相似褶皱的几何特点是组成褶皱的各褶皱面作相似的弯曲[图8-20(A)]。各面的曲率相同，没有共同的曲率中心。所以，褶皱的形态不随着深度的变化而改变。同一褶皱层的厚度发生有规律的变化，两翼变薄转折端加厚，平行轴面量出的视厚度在褶皱各部位保持一致，而垂直同一褶皱层的真厚度在褶皱的转折端核部加厚，而两翼减薄，因此又称为顶厚褶皱。

平行褶皱和相似褶皱是反映褶皱层的厚度变化和几何关系规律性变化的两种代表性型式，在自然界有一定的广泛性，有助于对褶皱向深部变化的分析，是分析一个地区褶皱发育规律的有实际意义的概念。

平行褶皱和相似褶皱中各褶皱面弯曲的形态协调一致或作有规律的变化，其间没有明显的突变现象，因此属于协调式褶皱。如果褶皱中各褶皱面弯曲的形态彼此明显不同，无几何规律可循和各层的褶皱型式常出现突变，这类褶皱可称为不协调褶皱（图8-21）。褶皱不协调是较为普遍的现象，是由组成褶皱各层的岩性和厚度之差

图8-19　理想的平行背斜的几何特征
（据Davis，1984）

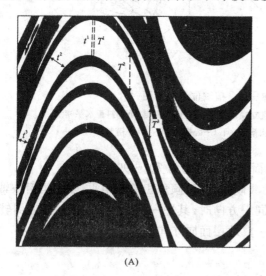

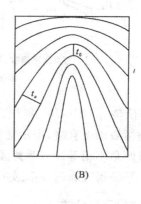

图8-20　相似褶皱和顶薄褶皱

(A)相似褶皱(据Ramsay,1962)；t^1.轴部岩层厚度；t^2、t^3.翼部岩层厚度；T^1.轴部岩层的轴面厚度；
T^2、T^3.翼部岩层的轴面厚度；(B)顶薄褶皱；t_0.轴部岩层厚度；t_a.翼部岩层厚度

异，不同部分受力不均及多层褶皱作用中接触应变的影响等原因所引起的。

3. 顶薄褶皱　褶皱轴部（核部）同一褶皱层的真厚度小于翼部岩层厚度的褶皱，即垂直同一褶皱层的真厚度在褶皱各部位不保持一致。两翼变厚，转折端减薄[图8-20(B)]。几何特点是组成褶皱的各褶皱面弯曲的曲率自上而下逐渐增大。

4. 底辟构造　底部构造一般由变形复杂的高塑性层（如岩盐、石膏和泥质岩石等）为核心，刺穿变形较弱的上覆脆性岩层的一种构造，属典型的不协调褶皱类型。一般分为底辟核、

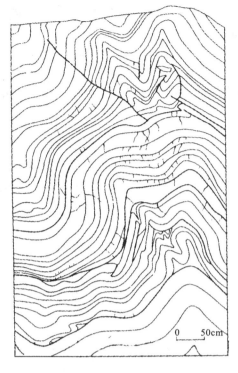

图 8-21 河南卢氏陶湾组条带大理岩中的不协调褶皱
在箱状背斜的内核,褶皱紧闭,底部并有一滑脱面。在箱状
背斜的上部又有一滑脱面,使上、下层的褶皱形态不一致

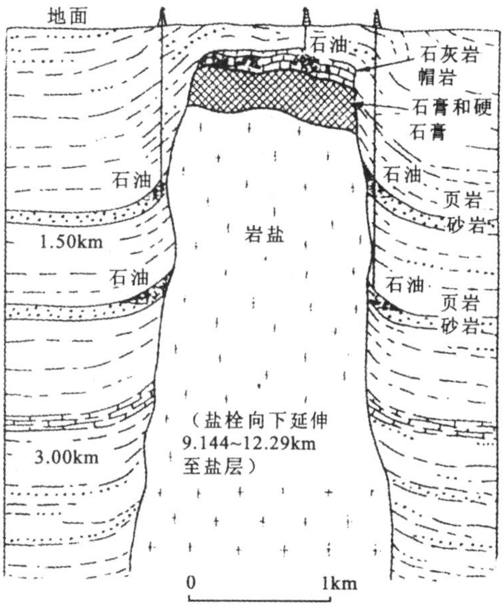

图 8-22 盐丘构造
(据 Strahler)

核上构造和核下构造三个部分。底辟核褶皱复杂,形态多样;核上构造一般是开阔的短轴背斜或穹隆构造,多被正断层切割;核下构造通常简单平缓。如果底辟核由岩盐类组成,则称盐丘构造(图 8-22)。盐丘具有重要的经济价值,内核是重要的盐类矿床,核部周围及核部与上覆岩层接触带常富集油气等矿产。

(二)兰姆赛的褶皱形态分类

平行褶皱和相似褶皱只是褶皱层可能出现的多种形态中的两种简单类型。兰姆赛根据褶皱层的相对曲率,提出了一套形态分类,目前已被广泛采用。

褶皱面的曲率变化可用等斜线表示。等斜线是褶皱正交剖面上层的上、下界面的相同倾斜点的连线(图 8-23)。等斜线的作法如下:

(1)在垂直褶皱枢纽的照片或从地质图上作出的正交剖面图上,用透明纸描绘出各褶皱面弯曲形态,并准确地画出轴迹或实地水平线。

(2)在绘好的褶皱层正交剖面上,以标出的水平线为基准线或以轴迹的垂直线为基准线,按一定角度间隔(如以 5°或 10°为间隔),分别在褶皱层的顶面和底面上作一系列等倾角的切线。

(3)用直线将上、下层面上等倾角的切点连接起来,即为等斜线。

褶皱层的厚度变化用褶皱翼部岩层的厚度(t_a)与枢纽部位的岩层厚度(t_0)之比(t')来表示。

$$t' = \frac{t_a}{t_0}$$

式中:t_a——褶皱轴面直立时倾角为 α 的翼部岩层的厚度,是褶皱层上下界面等斜处切线间的垂直距离(图 8-24)。以某一褶皱层不同倾角(α)处的厚度比(t')作图,将各点用圆滑曲线相连,该曲线就反映了褶皱层的厚度变化特征(图 8-25)。

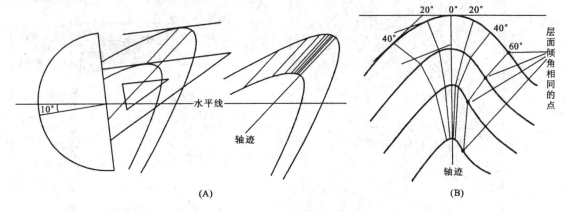

(A) (B)

图 8-23 等倾斜线绘制方法图示

(据 Ramsay,1967；Ragan,1973)

(A)以水平线为基准线绘制等斜线；(B)以轴迹的垂直线为基准线绘制等斜线

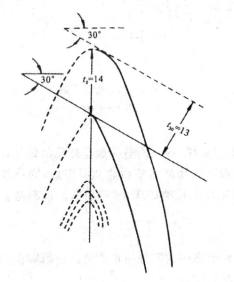

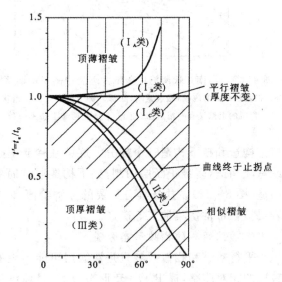

图 8-24 倾角为 0°和 30°的岩层厚度的作图

(据 Davis,1984)

图 8-25 不同褶皱类型的 t'-α 曲线图

(据 Ramsay,1967)

$t'=t_\alpha/t_0$ 中 t_0 是指枢纽部位的岩层厚度

兰姆赛根据褶皱层的等斜线型式和厚度变化参数所反映的相邻褶皱曲率关系,将褶皱分为三类五型(图 8-26)。

Ⅰ类 这类褶皱的等斜线向内弧呈收敛状,内弧曲率总是大于外弧曲率,故外弧倾斜度也总是小于内弧倾斜度。根据等斜线的收敛程度(图 8-26),再细分为三个亚型。

Ⅰ$_A$型 等斜线向内弧强烈收敛,各线长短差别极大,内弧曲率远大于外弧曲率。为典型的顶薄褶皱。

Ⅰ$_B$型 等斜线也向内弧收敛,并与褶皱面垂直,各线长短大致相等,褶皱层真厚度不变,内弧曲率仍大于外弧曲率,为典型的平行褶皱或等厚褶皱。

Ⅰ$_C$型 等斜线向内弧轻微收敛,转折端等斜线比两翼附近的要略长一些,反映两翼厚度

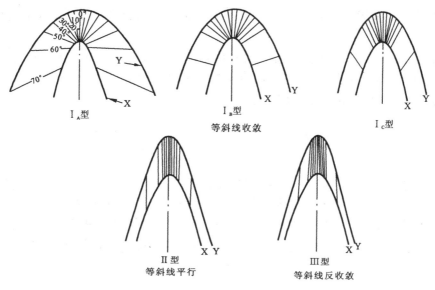

图 8-26 按等斜线的褶皱分类
(据 Ramsay, 1967)

有变薄的趋势,内弧曲率略大于外弧曲率。这是平行褶皱向相似褶皱的过渡型式。

Ⅱ类 等斜线互相平行且等长,褶皱层的内弧和外弧的曲率相等,即相邻褶皱面倾斜度基本一致,为典型的相似褶皱。

Ⅲ类 等斜线向外弧收敛向内弧撒开,呈倒扇状,即外弧曲率大于内弧曲率,为典型的顶厚褶皱。

上述三类五型褶皱可以将野外所量的岩层倾角 α 与厚度比值 t' 投影在 $t'-\alpha$ 曲线图上(图 8-25),即可确定褶皱的形态类型。

自然界中,多数褶皱都可归属上述基本类型之中,但也存在着更为复杂的褶皱类型。如图 8-27,邻近枢纽的等斜线是撒开的,属Ⅲ型褶皱;翼部的等斜线是收敛的,属Ⅰ型褶皱,曲率也不符合上述三种基本类型,因此,不能将这一褶皱简单地归入某一类。在不同岩性层组成的褶

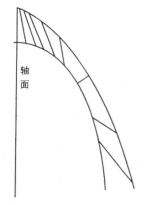

图 8-27 一复杂褶皱层的正交
剖面及其等斜线
(据 Ramsay, 1967)

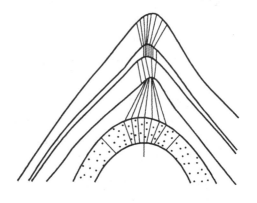

图 8-28 山东五莲白垩系砂岩页岩中的
褶皱等斜线及其变化
(据武汉地质学院,《地质构造形迹图册》,1978)

皱中,各褶皱层常具有不同的褶皱形态,从而在正交剖面上的褶皱出现等斜线的折射现象(图8-28)。

用等斜线的方法分析褶皱形态,能较精确地测定褶皱的几何形态。许多可能被忽视的或不可能用传统的分类方法表现的褶皱特征,用等斜线方法都能清楚地表现出来,并可预测褶皱样式从一层至另一层的变化及褶皱层内的变化。

第四节 褶皱的组合型式

在地壳一定区域或一定大地构造单元里,不同形态、不同规模和不同级次的褶皱常以一定的组合型式展布。在同一构造运动时期和同一构造应力作用下,在成因上有联系的一系列背斜和向斜组成的具有一定几何规律的褶皱总体样式,称为褶皱的组合型式。研究褶皱的组合型式,可以进一步探讨褶皱发育区的大地构造属性、褶皱的形成机制、区域应变状态及地壳运动性质等。褶皱的组合主要有下列三种代表性的典型类型。

一、阿尔卑斯式褶皱

阿尔卑斯式褶皱(Alpinotype folds)又称全形褶皱。其基本特点是:①一系列线状褶皱呈带状展布,所有褶皱的走向基本上与构造带的延伸方向一致;②整个带内的背斜和向斜呈连续波状,基本同等发育,布满全区;③不同级别的褶皱往往组合成巨大的复背斜和复向斜,并伴有叠瓦状断层。

复背斜和复向斜是一个两翼被一系列次级褶皱所复杂化的大型褶皱构造。在一平面上观察,如其中央部位的次级褶皱的组成地层老于两侧次级褶皱的地层,则为复背斜[图8-29(A)]。反之,如其中央部位的次级褶皱组成的地层新于两侧次级褶皱组成的地层,则为复向斜[图8-29(B)]。

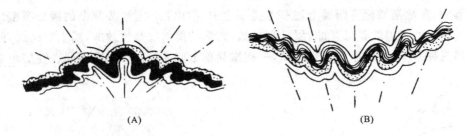

图8-29 扇形复背斜(A)和扇形复向斜(B)示意图

组成复背斜或复向斜的次级褶皱大多是比较紧闭的,自复背斜核部趋向两翼常由直立褶皱变为斜歪、倒转褶皱,甚至为平卧褶皱。因此,次级褶皱的轴面常呈有规律的排列。复背斜的次级褶皱轴面如果向核部收敛,则构成扇形复背斜[图8-29(A)];次级褶皱轴面如果向复背斜顶部收敛,则构成倒扇形复背斜。复向斜中次级褶皱的轴面向核部收敛则构成扇形,向槽部收敛则构成倒扇形。自然界中以扇形复背斜和倒扇形复向斜最为常见。这些次级褶皱的延伸方向与主体褶皱一致,但枢纽时有起伏,并且会因次级褶皱的倾伏或扬起,出现次级褶皱的分叉和归并现象。

复背斜和复向斜形成于地壳运动强烈地区,是造山带褶皱构造的主要样式,一般认为是垂直褶皱方向强烈挤压的结果,如我国天山褶皱带中的构造。

二、侏罗山式褶皱

侏罗山式褶皱(Jura-type folds)又称过渡型褶皱。侏罗山式褶皱的代表性构造是隔档式与隔槽式褶皱。隔档式褶皱又称梳状褶皱,由一系列平行褶皱组成,其特征是背斜紧闭,发育完整,而两个背斜之间的向斜平缓开阔。如四川东部一系列 NNE 向的褶皱就是这类褶皱的典型实例(图 8-30)。隔槽式褶皱与前者相反,特征是向斜紧闭且发育完整,而两个向斜之间的背斜平缓开阔,常呈箱状。黔北—湘西一带发育了较典型的隔槽式褶皱(图 8-31)。

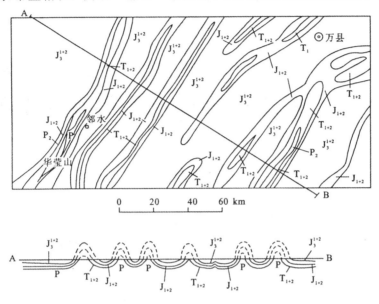

图 8-30 四川盆地东部隔档式褶皱

在活动性较强盖层较厚的稳定构造单元,如我国四川盆地、江南隆起侧缘区,也有侏罗山式或类侏罗山式褶皱产出。柴达木盆地北缘一带产出的雁列式褶皱系也可归属此类(图 8-32)。

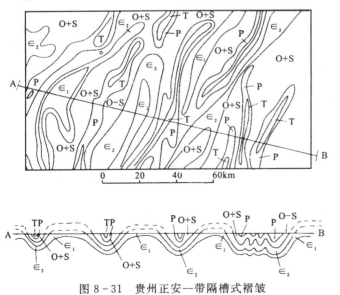

图 8-31 贵州正安一带隔槽式褶皱

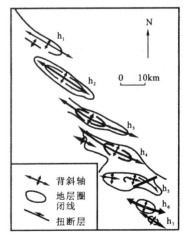

图 8-32 青海柴达木黄瓜梁—甘森地区雁列背斜群
(据孙殿卿等,1958)

这两类组合褶皱的共同特点是背斜和向斜应变积累差异导致变形程度不同,较紧闭的褶皱和较开阔的褶皱相间并列。这两类褶皱尤其是隔档式褶皱在欧洲侏罗山发育完善,通称侏罗山式褶皱(图8-33)。关于其成因,现在一般认为是沉积盖层沿刚性基底上的软弱层滑脱变形或薄皮式滑脱的结果,故又称为"薄皮式褶皱"。从薄皮构造观点看,这类构造主要产出于造山带前陆。

需要指出的是,箱状褶皱与隔档式和隔槽式褶皱在组合上也可能为同一构造,只不过是由于地表被剥蚀的程度不同而露出的部位不相同而已。如图8-34所示,在Ⅲ水平面上显示为隔槽式褶皱,在Ⅱ水平面上显示箱状褶皱,而在Ⅰ水平面上则显示隔档式褶皱。

图8-33 侏罗山构造剖面
(据 Buxcorf)

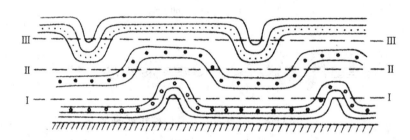

图8-34 箱状褶皱(Ⅱ)与隔档式褶皱(Ⅰ)和隔槽式褶皱(Ⅲ)组合关系剖面示意图

三、日尔曼式褶皱

日尔曼式褶皱(Germanotype folds)又称断续褶皱。这类构造发育于构造变形十分轻微的地台盖层中,以卵圆形穹隆、拉长的短轴背斜或长垣为主。褶皱翼部倾角极缓,甚至近于水平,但规模可以很大,延长可以数十公里计。穹隆或长垣可以孤立分布于水平岩层之中,所以向斜和背斜不同等发育,而且空间展布常无明显的方向性;有些穹隆或长垣也可稍呈有规律地定向排列。

这类构造在北美地台上常产出于区域性巨大构造盆地之中,称作平原式褶皱。我国川中构造盆地也有这类褶皱。

在上述阿尔卑斯式、侏罗山式和日尔曼式褶皱这三类基本的典型褶皱组合之间还存在一些过渡形式。

在褶皱的平面排列型式上,还可表现为平行线列式、雁列式或斜列式、弧形线带式褶皱组合等,并且可以产出于以上三类褶皱组合区,只是变形强度有不同程度的差异而已。

第五节 叠加褶皱

叠加褶皱又称重褶皱,是指已经褶皱的岩层再次弯曲变形而形成的褶皱。它的褶皱面可以是层理面(S_0),也可以是其他面理(S_1 或 S_2、S_3……)。叠加褶皱是一个描述性的术语,并不涉及两种褶皱的期次问题。换言之,先期褶皱与后期褶皱可以是前后不同的两期变形作用的产物,即在两个或两个以上构造旋回中的褶皱变形叠加而成的,也可以是同一构造旋回不同构造幕的褶皱变形叠加的结果;甚至是同一期递进变形过程中先后出现的构造变形。总之,叠加褶皱反映了多期变形的结果。

一、叠加褶皱的三种基本型式

在叠加褶皱中,由于前、后两期褶皱的构造方位、形态、位态、叠加方式和规模,以及叠加强度和岩石力学性质的差异,因此,叠加褶皱形态十分复杂,类型极其繁多,曾有多种分类。兰姆赛(1967,1987)以模拟近似的两期褶皱叠加为例,提出以下变量决定的叠加褶皱的基本要素(图 8-35)。

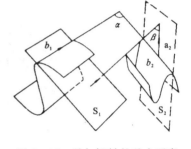

图 8-35 叠加褶皱的基本要素
(据 Ramsay,1967)

S_1——早期褶皱轴面;
S_2——晚期褶皱轴面;
b_1——早期褶皱轴;
b_2——晚期褶皱轴;
a_2——叠加运动的流动方向;
α——早期褶皱轴 b_1 与晚期褶皱轴 b_2 延伸方向的交角;
β——早期褶皱轴面 S_1 的极线与晚期叠加流动方向的交角。

通过几何分析,图 8-35 中两期褶皱各变量之间一般有以下三种复合方式。
第一种:a_2 与 S_1 近平行(α 等于 0°以外任何值,$\beta > 70°$);
第二种:a_2 与 S_1 高角度相交,b_1 与 b_2 呈中等或高角度相交($\alpha > 20°$,$\beta < 70°$);
第三种:a_2 与 S_1 高角度相交,b_1 与 b_2 近平行(α 接近于 0°,$\beta < 70°$)。

据此,兰姆赛(1967,1987)提出了九种二维平面干扰型式(图 8-36)和三种基本干扰类型。不过在 b_1 和 b_2 完全平行时,则出现褶皱完全复合的特殊情况。如图 8-37 中类型 0 所示,叠加结果是两组褶皱相互作用没有形成一般叠加褶皱所具有的几何现象,称无效叠加作用。

类型 1:穹隆-盆地型式 由两期皆为直立水平褶皱,两期褶皱轴呈大角度相交或直交的横跨叠加形成,如图 8-37 类型 1 所示。通常称非共轴叠加褶皱,正交者为"横跨褶皱",斜交者为"斜跨褶皱"。叠加后,早期褶皱的轴面一般受变形的影响不大,而枢纽被再褶皱呈有规律地波状起伏。常见的形态是一系列穹盆相间的构造[图 8-36(A)、(B)]。两期背形叠加处形成穹隆构造;两期向形叠加处形成构造盆地;当晚期背形横过早期向形时,背形枢纽发生倾伏,而向形枢纽发生扬起,形成鞍状构造。连接一系列穹隆的高点,就可以大体上看出两期褶皱的方向和规模。湖南邵阳涟源一带的地质构造是这种叠加褶皱的实例(图 8-38)。早期 EW 向的褶皱被晚期 NNE 向褶皱所叠加,中部以泥盆系及前泥盆系为核,总体来看为一 EW 向的背斜,但被晚期褶皱改造成一系列 NNE 向的短轴背斜或穹隆。南北两侧石炭系—二叠系中近

图8-36 由两期褶皱叠加而成的两度空间的干涉的露头型式
(据 Ramsay，1967)
各图左上角的数字表示干涉型式的分类号；图左边的数字为 β 角的值，β 为第一期褶皱轴面与 a_2 间的夹角；图上方的数字为 α 角的值，α 为第一期褶皱轴面与 b_2 之间的夹角

NNE向的褶皱接近早期EW向背斜时，其枢纽都一致扬起，形成短轴的向斜盆地。

类型2：穹隆状-新月形-蘑菇状型式　由早期紧闭至等斜的斜歪或平卧褶皱与晚期直立水平褶皱，在两期褶皱轴以大角度相交或直立的情况下横跨叠加形成，如图8-37类型2所示，属非共轴叠加褶皱。晚期褶皱作用叠加时，早期褶皱的轴面与两翼一起再褶皱，其枢纽也被再褶皱而波状起伏，从而在水平的切面上形成复杂的蘑菇形、新月形等图形（图8-36G、H）。由于剥蚀深度的不同，同一类型的褶皱在不同的切面上呈现纷繁多姿的平面形态。

类型3：收敛-离散型式　由早期等斜至平卧褶皱与晚期直立水平褶皱，在两期褶皱轴或枢纽近于平行叠加情况下形成的，如图8-37类型3所示，通常称为共轴叠加褶皱。这时，早期褶皱的轴面和两翼共同被再褶皱，尤其在正交剖面上最为清楚，可出现双重转折或钩状闭合等形态（图8-36F、I）。

以上三类只是有代表性的叠加型式，并不能全面概括复杂多样的叠加关系及其表现型式，不过这种分类给人们以启示，在分析和研究叠加褶皱时，首先要注意两期褶皱的几何形态和方位关系。一般来看，非共轴褶皱的叠加应属于两个期次的变形，而共轴褶皱的叠加，其中一部分应是递进变形的产物。

二、叠加褶皱的野外观察

研究叠加褶皱首先要在野外识别叠加褶皱，一般来讲，变质岩区的褶皱叠加最为常见，认

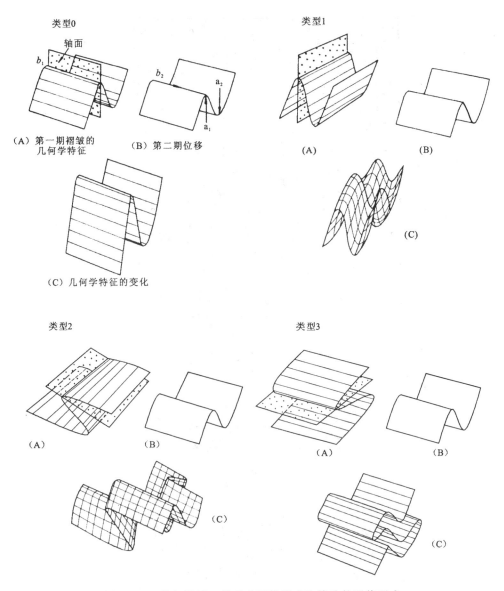

图 8-37 叠加褶皱三种基本干扰型式和特殊的干扰型式
(据 Ramsay 等,1987)
(A)代表早期褶皱形态;(B)代表晚期褶皱形态;(C)代表叠加后的干扰型式

识和鉴别叠加褶皱是从露头或手标本尺度开始,其主要标志如下:

(1)重褶现象。在褶皱的同一切面上不仅有先存褶皱轴面的重新弯曲,而且还有相应的双重转折,使褶皱呈钩状(图 8-39)。在褶皱范围内出现双重的褶皱要素。

(2)新生构造有规律的弯曲。新生面理或线理一般代表一期构造变形。它们有规律地弯曲,一般意味着新生褶皱变形面在新的构造应力场的又一次变形。如图 8-40,一组包含早期顺层平卧褶皱及其轴面片理的磁铁石英岩层,又一次变形形成重褶皱。

(3)两组不同类型的不同方位的面理或线理有规律地交切及陡倾或倾竖褶皱的广泛发育,也是判别叠加褶皱的标志之一。此外,研究大型褶皱的转折端具有重要意义,因为褶皱叠加现象在这里显示得最为明显。

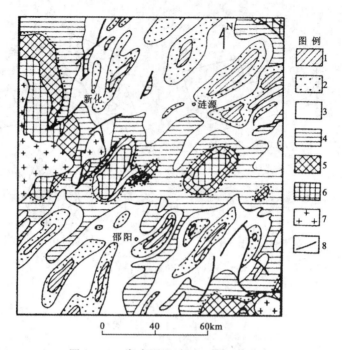

图 8-38 湖南邵阳涟源一带地质略图
1. 三叠系；2. 二叠系；3. 石炭系；4. 泥盆系；5. 志留-寒武系；6. 元古界；7. 花岗岩；8. 断层

图 8-39 甘肃某地的叠加褶皱
(宋姚生据航空照片素描，1978)

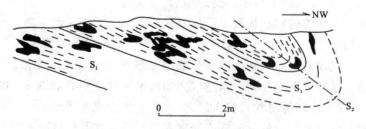

图 8-40 河北迁安黑山向形构造剖面图
示早期片理 S_1 的弯曲

主要参考文献

傅昭仁,蔡学林. 变质岩区构造地质学. 北京:地质出版社,1996
黄庆华. 雁行褶皱构造形成的解析理论及实验的探讨. 中国科学,1974,(5)
黄维钧. 叠加褶皱的类型及变形图像. 成都地质学院学报,1988,15(4)
宋鸿林. 北京西山谷积山箱形背斜倾伏端构造研究. 地质学报. 1966,46(1)
孙殿卿等. 柴达木盆地雁行排列和"S"形构造所表现的运动程式,旋扭和一般扭动构造及地质构造体系复合问题(第二辑). 北京:科学出版社,1958
谭以安,李东旭. 麻花状"S"型褶皱及其模拟实验——以铜官山背斜为例. 现代地质,1987,(1)
徐开礼,朱志澄. 构造地质学. 北京:地质出版社,1989
俞鸿年,卢华复. 构造地质学原理(第二版). 南京:南京大学出版社,1998
朱志澄. 中国南方侏罗山式褶皱及其形成机制. 地球科学,1983,(3)
Billings M P. Structural geology. 3rd ed. Prentice-Hall, Inc. Englewood Cliffs, New Jersey. 1972, 71~94
Davis G H. 区域和岩石构造地质学. 张樵英等译. 北京:地质出版社,1988
Hills E S. 构造地质学原理. 李叔达等译. 北京:地质出版社,1981
Park R C. 构造地质学基础. 李东旭等译. 北京:地质出版社,1988
Ragan D M. 构造地质学——几何方法导论. 邓海泉等译. 北京:地质出版社,1984
Ramsay J G, Huber M I. 现代构造地质学方法. 第2卷:褶皱和断裂. 徐树桐主译. 北京:地质出版社,1991
Ramsay J G. 岩石的褶皱作用和断裂作用. 单文琅等译. 北京:地质出版社,1985
Rast N. 褶曲的形态及其解释—评论. 地质译丛,1965,(3)
Suppe J. Principles of structural geology. Prentice-Hall, Inc. Englewood Cliffs, New Jersey. 1985, 309~354
Turner F J, Weiss L E. 变质构造岩的构造分析. 周金城等译. 北京:地质出版社,1978

第九章

褶皱的成因分析

为了了解复杂多样的褶皱形态及其组合特点,褶皱与其他构造的关系,褶皱的区域展布特点及其与地壳运动的关系,以及褶皱对矿产控制的规律,应对褶皱的成因作进一步的分析。褶皱的成因分析在于了解:各种褶皱控制因素,如侧压力、重力、岩石的力学性质、褶皱层的组合关系等在褶皱形成中的作用;褶皱的发育过程;褶皱内部应变特征及其与其他构造的内在联系。多纳斯等(Donath & Parker,1964)在《褶皱和褶皱作用》一书中,详细地讨论了褶皱的运动学特征。兰姆赛(1967)在《岩石的褶皱作用和断裂作用》及兰姆赛等在《现代构造地质学方法,第2卷》中,对褶皱作用及其内部应变特征作了详细分析。毕奥特(Biot,1961)和兰伯格(Ramberg,1960)分别从理论上和实验中详细论述了褶皱的发育规律,其后又有许多地质学家从事这方面的研究,提出了许多颇有见解的理论或假设。但目前仍有许多问题有待解决,尤其是重力在褶皱形成中的作用及褶皱作用延续的时间等问题仍是难以用实验来模拟的难题。

褶皱的形成方式与其受力状态、变形环境及岩层的变形行为密切相关。从褶皱过程中岩层的变形行为来看,可把褶皱分为主动褶皱和被动褶皱两类。当受褶皱的层状岩系,各层之间岩石的韧性差比较显著,即层的力学性质和层理积极地控制着褶皱的发育时,这种褶皱称为主动褶皱。多纳斯等称其为弯曲褶皱。它们通常形成于地壳的中浅构造层次(约10km以内)。在地壳的下构造层次,由于温度和围压的增高,各层岩石均显示很大的韧性。如果岩石间的韧性差趋于均一,则层理在褶皱变形中不再具有力学上的不均一性,只是被动地作为变形的标志,这种褶皱称为被动褶皱。其实,这是岩层褶皱的假像,岩层虽然呈现出褶皱的形式,但并没有真正发生过一般意义的弯曲。许多被动褶皱是由沿平行剪切面的不均匀剪切而形成的,所以亦称剪切褶皱。

从褶皱过程中物质的运动方式,可以把其分为流动和滑动两种机制。从小型(或肉眼)尺度上看,滑动是物质沿许多一定间隔的不连续面的位移,而流动是物质的连续位移(图9-1)。但从显微或超微的尺度来观察,流动只是一种晶粒尺度或晶格尺度的微小滑动。同样,小型尺度上的滑动,如沿劈理面的连续滑动或一叠卡片的滑动,在大型尺度上也可以看作是一种流动。但应指出,流动与滑动之间并无不可逾越的界线,二者在一定条件下可以过渡、转化,并可以同时出现在同一褶皱的形成过程中。这两种作用是分析褶皱形成机制的基础。

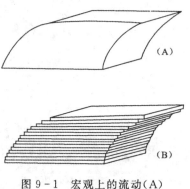

图9-1 宏观上的流动(A)
与滑动(B)示意图
(Donath & Parker,1964)

根据引起褶皱的作用力的作用方式,可以把褶皱形成机制分为纵弯褶皱作用与横弯褶皱作用。纵弯褶皱作用是指引起褶皱的作用力平行于岩层挤压,使岩层失稳而弯曲,力学上亦称屈曲。一般假定岩层在褶皱前处于原始的水平状态,所以,纵弯褶皱作用是地壳水平挤压的结果。横弯褶皱作用是指作用力垂直于岩层而使岩层发生弯曲的褶皱作用,在岩层水平的情况下,是由垂向力引起的。

第一节 纵弯褶皱作用

纵弯褶皱作用是指岩层受到顺层挤压力的作用而形成的褶皱。这时,岩层间力学性质的差异在褶皱形成中起着主导的作用。如果岩石是各向同性的均质岩石,如块状花岗岩体及高温高压条件下使层理失去力学上各向异性的变质沉积岩系,则水平挤压只能引起岩层或岩体的均匀压扁,在平行挤压方向上缩短和平行最大拉伸方向上伸长,并可发育垂直于缩短方向的透入性面理。如果岩系中各层的力学性质不一致,则在顺层挤压下,强硬层(能干层)就会因失稳而发生正弦曲线状的弯曲,形成褶皱;相对软弱层(非能干层)作为介质在发生均匀压扁的同时,被动地调整和适应由强硬层引起的弯曲形态。如果两者的韧性差较小,则在褶皱时要共同地受到总体的压扁。毕奥特等(Biot,1961)对在顺层挤压下层的失稳而形成的褶皱作了数学计算与实验,提出了褶皱发育的主波长理论。阐明了褶皱初始发育的主波长与褶皱层的厚度和粘度差的定量关系。这一理论较好地解释了自然界中一些褶皱的形态及其内部构造特征,可以作为讨论纵弯褶皱作用的基础。

一、褶皱主波长的概念

(一)单层岩层的纵弯褶皱作用

在建立褶皱发育的几何模式之前,首选必须考虑岩层的变形行为。岩石在地表条件下的变形基本上是弹性的,即应力与应变成正比。可以把岩层作为弹性板来考虑,其形成的褶皱波长与作用应力的大小有关。但在地下较高的温压条件下,在小应力的长期作用下,不同的岩石可以看作是粘度各异的粘性固体而变形的,可以简单化地用牛顿体的变形来表达,即应力与应变速度成正比,岩石的粘度在变形中起着主导作用。粘度较大的岩层在褶皱发育中起着骨干作用,这种岩层称为能干层或强硬层。设想有一厚度为 d 的高粘度(μ_1)强硬层夹于低粘度(μ_2)的软弱岩层中,使其受侧向顺层挤压而发生纵弯作用(图9-2)。此时,要使强硬层发生纵弯曲存在着两种阻力:一种阻力来自强硬层的内部,因为岩层弯曲时,必须使外弧受拉伸和内弧受压缩。因此,岩层要弯曲必须克服这种内部的阻抗。这时,岩层弯曲的波长愈大,则形成的弧形愈宽缓,其外弧拉伸和内弧压缩的变形愈小,内部阻抗亦愈小。所以,如果没有周围介质的包围,它就趋向于形成最大的可能波长[图9-3(A)]。另一种阻力来自强硬层上下的软弱层。强硬层弯曲时,必然要推开其上下的软弱层,从而软弱层的反作用力企图阻止强硬层的弯曲。这种外部阻抗的大小与强硬层的波长成正比,也与其波幅成正比。波长及波幅愈小,外部阻抗也愈小。所以,外部阻抗的存在要求褶皱的波长尽可能小[图9-3(B)]。按照最小做功原理,岩层将选择做功最小而又能抵消这两种阻力,使某一调和的中间值作为最易褶皱的初始主波长 W_i,即这种波长的褶皱最易发育,因此,成为岩层弯曲的主导波长。根据毕奥特的推算,在粘性介质中粘性较大的粘性板的褶皱的初始主波长 W_i 为

$$W_i = 2\pi d \sqrt[3]{\mu_1/6\mu_2} \tag{9-1}$$

式中:d——强硬层的厚度;

μ_1、μ_2——强硬层、软弱层的粘度,$\mu_1 > \mu_2$。

从(9-1)式中可以获得如下认识:

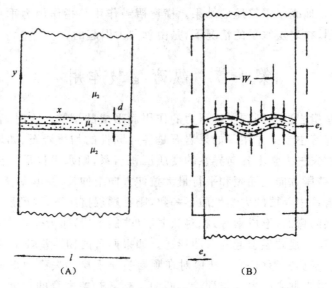

图 9-2 单层厚度为 d,粘度为 μ_1 的强硬层夹于粘度为 μ_2 的基质中的纵弯曲模型
(据 Ramsay 等,1987)

(A)变形前;(B)变形后;平行层的缩短 e_x 使强硬层形成褶皱,W_i 为其初始主波长,小箭头表示层内外的阻抗。
图中 e_x 及褶皱的幅度是夸大表示的

(1)褶皱的主波长与所受作用力的大小没有直接关系,而与强岩层的厚度及层与介质的粘度比有关。

(2)褶皱主波长与褶皱层的原始厚度 d 成正比。

当岩性一定时,即层与介质的粘度比 μ_1/μ_2 为常数时,如果强硬层的厚度不同,所形成褶皱的波长也不同,厚度大者波长也大。因此,一套褶皱中的各层可因其厚度差异而形成紧闭程度不同的褶皱。层厚的岩层形成的单个褶皱较宽缓,层薄的岩层形成的褶皱相对紧闭而数量多。若是多层岩石同时褶皱,则由于各层厚度不等,波长各异,褶皱形态也不相同,在剖面上乃形成明显的不协调褶皱现象。库尔里等(Currie,1962)曾根据在野外实际统计的褶皱岩层厚度与褶皱波长的对应关系作出图 9-4,该图显示了两者呈线性关系。

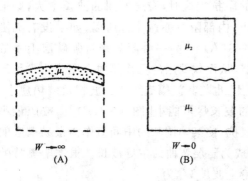

图 9-3 可能的初始波长模式
(据 Ramsay 等,1987)
(A)只有强硬层形成大波长;(B)基质要求形成小波长

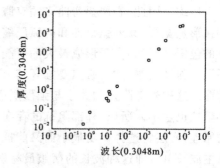

图 9-4 纵弯褶皱中岩层厚度与
褶皱波长的关系
(据 Currie 等,1962)

(3)褶皱的主波长 W_i 与强硬层和介质的粘度比(μ_1/μ_2)的立方根成正比。

褶皱岩层与介质之粘度比对褶皱的发育及其形态的影响是很明显的。可以把强硬层和介质的粘度比大致分为两大类:①粘度比很大,反映强硬层与介质的能干性差很大;②粘度比小,反映强硬层与介质的能干性差小。这两种类型的层形成了不同的褶皱形态。

强硬层与介质的能干性差大,如 $\mu_1/\mu_2>50$[图 9-5(A)]。图中 t_0 表示初始状态。在变形初期 t_1 时,强硬层失稳弯曲,形成了波长厚度比(W_i/d)大的褶皱。褶皱初始的扩幅速率,$\dot{A}$ 很大,而强硬层的顺层均匀缩短,$\dot{e}$ 小到可以忽略不计,即初始波长 W_i 与褶皱后的弧线波长 W_a 近于相等。随着整个系统的逐渐压扁到 t_m 时,褶皱向上的扩幅速率逐渐降低,代之以两翼岩层向轴面旋转且翼间角变小。当进一步压扁到 t_n 时,翼部可能旋转超过 90°而相互压紧,形成典型的肠状褶皱(图 9-6)。

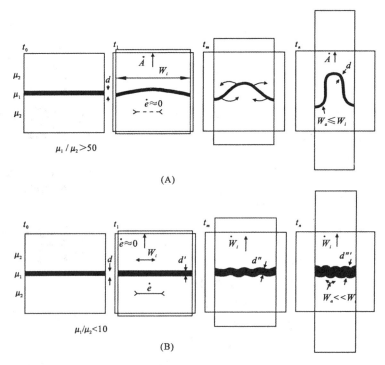

图 9-5 单层强硬层褶皱递进发育模式

(据 Ramsay 等,1987)

W_i.初始主波长;W_a.沿弯曲的弧测量的波长;d.强硬层初始厚度;d'、d''、d'''.变形后的厚度;

$\dot{A}$.褶皱增长的扩幅速率;$\dot{e}$.强硬层加厚的应变速率

图 9-6 片麻花岗岩中长英质脉的肠状褶皱

(据 Ramsay 等,1987)

强硬层与介质的能干性差小,如 $\mu_1/\mu_2<10$[图 9-5(B)]。图中表示在变形的初期,强硬

层发育的褶皱的波长厚度比小。与高能干性差的情况相反,褶皱的扩幅速率 $\dot{A}$ 很小。所以,总体的侧向压缩使强硬层与介质一起发生明显的顺层缩短,其厚度加大为 d'。两者的能干性差越小,则顺层的缩短与褶皱的生长相比就越显著。当 $\mu_1 = \mu_2$ 时,只有均匀的顺层缩短,而不会有褶皱的发生。随着总体缩短变形到 t_m 时,顺层缩短继续使其厚度增加到 d'',褶皱变得逐渐显著。初时褶皱层仍保持其等厚褶皱的趋势,但由于波长厚度比小,随着褶皱的发育,层的形态就形成了外弧宽缓而圆滑、内弧紧闭而尖锐的尖圆型褶皱。随着进一步的总体压缩,单纯的纵弯曲(保持等厚褶皱)已经不可能调节总体的应变,必须要由垂直于轴面的压扁作用来进一步调节总体的压扁。这时,褶皱翼部受到压扁而变薄,转折端岩层加厚,形成压扁的平行褶皱(I_C 型)。压扁作用不太强烈时,沿褶皱层中线测量的弧的波长 W_a 明显小于初始主波长 W_i。随着压扁作用的加剧,W_a 又逐渐变大。

图 9-7 表示在较弱介质(μ_5)中不同能干性的强硬层($\mu_1 > \mu_2 > \mu_3 > \mu_4$)的褶皱形态,在能干性差最大($\mu_1/\mu_5$)的肠状褶皱和能干性差最小($\mu_4/\mu_5$)的尖圆褶皱之间,存在着各种过渡的型式。这类尖圆褶皱也常出现于两套韧性不同岩系的界面褶皱中,即相当于强硬层是很厚的情况,尤其常见于造山带中挤压变形的基底与盖层之间的界面褶皱中。通常基底岩石常较盖层岩石强硬,从而形成了宽缓的背斜与紧闭的向斜相间的型式。我国的某些隔槽式褶皱可能相当于这种类型。

(二)多层岩层的纵弯褶皱作用

一套强硬层、软弱层相间组成的褶皱,其形态不仅与各层的能干性有关,而且也取决于相邻强硬层的互相影响程度。后者又取决于强硬层间的距离及褶皱层的接触应变带的宽度。

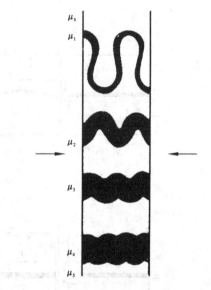

图 9-7 不同能干性岩层的褶皱形态示意图
(据 Ramsay 等,1982)
$\mu_1 > \mu_2 > \mu_3 > \mu_4 > \mu_5$

1. 接触应变带的概念 当夹于弱基质中的强硬层发生褶皱时,其周围的软弱层会发生不同的构造反应。与褶皱的强硬层远离的软弱层,以均匀的加厚来调节总体的顺层压缩;与褶皱的强硬层邻近的软弱层,受强硬层的影响,一起弯曲。当层间界面因粘结而不能自由滑动时,受弯曲强硬层外侧拉伸内侧压缩的影响,在强硬层弯曲外侧的软弱层受到额外的顺层拉伸,形成 I_A 型顶薄褶皱;在内侧的软弱层受到额外的顺层压扁而强烈加厚,形成 I_C 型到 III 型的顶厚褶皱。随着逐渐离开强硬层向外,这种接触应变的强度逐渐减弱以至消失,变为正常的顺层压缩[图 9-8(A)]。根据兰姆赛的研究,比较明显的接触应变带的宽度,大约相当于强硬层的一个初始主波长的大小。在多层岩系中,各层褶皱间的相互关系与它们的接触应变带的影响范围有关。

2. 强硬层间距离对褶皱形态的影响 如果两强硬层相隔很远,超过了接触应变带的范围,则两层各自弯曲互不影响,每一层按其与基质的粘度比,形成各自特征波长的褶皱。从而构成不协调褶皱[图 9-8(B)]。如果两强硬层的间距较小,相邻层位于相互的接触应变带之内,那么,一个层的褶皱就会影响到另一个层的褶皱的发育。

如果各强硬层的厚度及粘度相同,则整个褶皱的岩系将形成协调的褶皱[图 9-8(C)]。

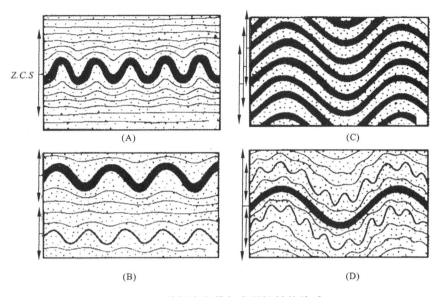

图 9-8 接触应变带与多层褶皱的关系
(据 Ramsay 等,1987)
(A)单层强硬层(黑色者)的褶皱及其接触应变带(Z.C.S);(B)不协调褶皱;
(C)协调褶皱;(D)复协调褶皱

在这种规则的互层岩系中,由于强硬层与软弱层的能干性差(反映在粘度比上)及厚度比的不同,可以形成各种不同的褶皱样式。兰姆赛等(1987)较详细地讨论了这种情况,提出了6个模式(图9-9)。设强硬层和软弱层的粘度和厚度分别为 $\mu_1、d_1$ 及 $\mu_2、d_2$,令 $n=d_2/d_1$。在 μ_1/μ_2 低而 n 大的情况下,即强硬层间距大于其褶皱的接触应变带,这时,岩层的顺层缩短应变率 $\dot{e}$ 较大而褶皱的扩幅速率 $\dot{A}$ 很小。如前所述,将分别形成尖圆褶皱,从而形成许多窗棂构造。最终的褶皱波长比初始主波长为小,$W_a=W_i(1+\dot{e})$,其中 $\dot{e}$ 小于零[图9-9(A)]。在 n 变小的情况下,当相邻的强硬层的接触应变带重叠,强硬层的褶皱互相影响,形成比较明显的褶皱。在进一步压扁过程中,褶皱的两翼变薄而转折端加厚,形成压扁的平行褶皱。尤其是其间的软弱层应变更为强烈,翼部可压得很薄甚至尖灭,物质在转折端处常集中[图9-9(B)]。当 n 很小时,即强硬层十分接近,则岩层将发生普遍的压扁而不显出特征的主波长[图9-9(C)]。在能干性差大的模式中,如 n 较大,则褶皱的初始扩幅速率 $\dot{A}$ 很大而强硬层的顺层缩短速率 $\dot{e}$ 很小,所以褶皱发育迅速,沿褶皱层中线测量的弯曲的波长 W_a 与初始波长 W_i 近似,整个岩系形成协调褶皱。在进一步压缩过程中,随着褶皱的增高和紧闭,强硬层的翼部与总体挤压方向近于垂直而可能受到轻微的压扁,形成 I_c 型褶皱。软弱层在翼部强烈压扁,形成Ⅱ型或Ⅲ型褶皱。总体形成近似于Ⅱ型的相似褶皱。这时,沿褶皱曲面测量的波长 W_a 可以因翼部的压扁而大于初始波长 W_i[图9-9(D)]。如果 n 变小,即强硬层间的软弱层很薄,这时,既要保持总体褶皱的协调性,又要保持强硬层的厚度不变,强硬层以发育规则的尖棱褶皱为特点,应变集中于转折端而两翼变为平直。进一步的压紧,使软弱层在转折端大大地加厚[图9-9(E)]。在 n 很小的情况下,相当于一套薄的强硬层系,层间只有少量的起润滑作用的软弱物质。这时,没有初始的特征波长,形成许多膝折褶皱。进一步发展可形成不规则的尖棱褶皱及顶部虚脱现象[图9-9(F)]。这一套模式为进一步了解褶皱形态的多样化提供了一个很好的思路,当然实际情况还要复杂得多。

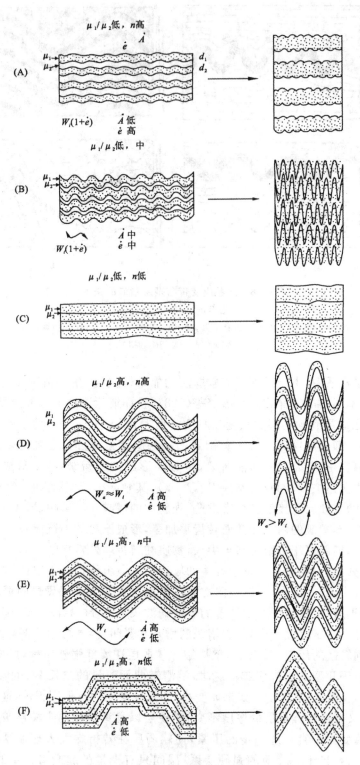

图 9-9 多层规则相间的强硬层的褶皱发育模式图
(据 Ramsay 等, 1987)

如果各强硬层具有不同的粘度或不同的初始厚度,则在褶皱中每一层既要按其与介质的粘度比及厚度形成本身的特征波长,又要受到系统中相邻层褶皱波长的影响。如图9-8(D)中,薄的强硬层形成小的波长,而厚的强硬层形成大的波长,结果,薄的强硬层既形成其特有的小波长的褶皱,又与厚层一起共同形成大波长的褶皱,这种褶皱称复协调褶皱。在进一步压紧的变形中,大褶皱翼部的小褶皱变形成不对称的褶皱,与大褶皱翼部成小角度相交的一翼,与总体压缩方向成大角度相交,因而受挤压而变长;另一翼与总体压缩方向近于平行,因压缩而变短。最后,在大背形的右翼和左翼分别形成了"S"型和"Z"型褶皱。大褶皱转折端处的小褶皱只进一步被压紧,仍为对称的"M"型褶皱。因此,根据这种小褶皱的分布规律,可以判断其所处的大褶皱部位。

二、纵弯褶皱的中和面褶皱作用和顺层剪切作用

纵弯褶皱内各部分的应变特征取决于岩层的弯曲方式及变形过程中压扁作用的影响,层的弯曲必然引起层内各部质点的相对变位,从而导致应变,层的弯曲方式可简化为两种模式:①由于层的切向长度变化而成的单层弯曲,类似于向平板梁末端加压而成的弯曲。由于层的中部有一个无应变面,所以也称为中和面褶皱作用。②由平行层面的剪切而调节层的弯曲,所以也称为顺层剪切作用。如果剪切应变集中于层面之间,则称为弯滑褶皱作用。如果剪切应变透入性地散布于整个层中,剪切作用发生在晶粒或晶格尺度上,宏观上没有明显的滑动面,则称为弯流褶皱作用(图9-10)。

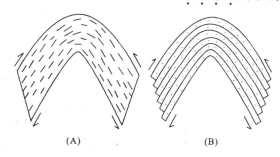

图9-10 弯流褶皱(A)与弯滑褶皱(B)图示
(据 Ramsay 等,1987)

压扁作用始终存在于整个褶皱过程中,由于岩层的平均韧性和韧性差(或能干性差)的不同,对褶皱内的应变特征会有不同的影响,从而造成更为多样的应变分布型式。而应变分布型式决定其可能发育的小构造及其展布方向。

(一)中和面褶皱作用

当被褶皱的岩层与介质的粘度比(即韧性差)较大时,褶皱的强硬层常呈中和面褶皱的方式而弯曲。其层内的应变特征为:

(1)因为变形作用仅仅是环绕褶皱轴的弯曲作用,所以在理想的情况下,平行于褶皱轴的方向没有拉伸作用,褶皱是一种平面应变,褶皱轴平行于区域的中间应变轴。

(2)褶皱层各处垂直层面的厚度不变,典型的褶皱形态是I_B型平行褶皱。

(3)虽然褶皱层的总体厚度不变,但其内部各个部分顺层发生了长度的变化以调节层的弯曲,兰姆赛称其为切向长度应变。它表现为褶皱层的外弧伸长和内弧缩短,其应变分布型式如图9-11(B)和图9-12(A)所示。在接近岩层中部,有一个既无伸长亦无缩短的无应变面,称为中和面,其面积或横剖面上层的长度在应变前后保持不变,变形前的圆形标志仍保持圆形。层内各点应变量的大小,与其到中和面的距离成正比。各点的应变椭球体的压扁面(AB面),在中和面的外侧平行于层面排列,在中和面的内侧垂直于层面成正扇形排列。

由于岩石变形时的韧性不同,可形成不同类型的小构造。在岩石呈韧性变形的条件下,褶皱的外侧受侧向拉伸而垂直层理变薄,可形成平行层理的劈理;内凹部分垂直层理受压扁而加

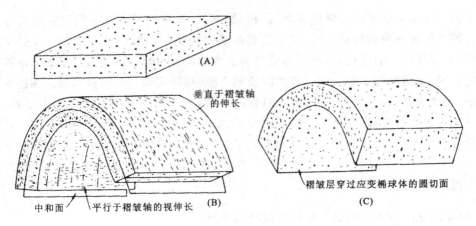

图 9-11 纵弯褶皱作用的简化模式
(据 Hobbs 等,1976)
(A)带球标志的未变形平板;(B)中和面褶皱;(C)弯滑褶皱

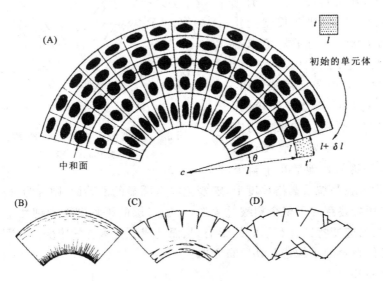

图 9-12 中和面褶皱的特点
(据 Ramsay 等,1987)
(A)应变分布型式;(B)劈理;(C)张裂;(D)剪裂

厚,可形成正扇形劈理[图 9-12(B)],也可以在内侧形成"W"、"M"型小褶皱。随着变形的继续,因外侧变薄内侧加厚而可使中和面向外侧迁移。在岩石韧性很小的条件下,外侧受拉伸可形成垂直层理的张裂[图 9-12(C)],通常为同构造分泌的结晶物质所充填而形成正扇形排列的张裂脉。由于最外侧应变最强,所以张裂由外侧向内发展,形成尖端向内的楔形脉(图 9-13)。内侧的顺层挤压而形成顺层的充填脉[图 9-12(C)]。在岩层弯曲过程中,随着外侧张裂脉的向内发展,中和面逐渐向内移动,最后甚至可形成切穿整个层的扇形张裂脉。当岩石的韧性稍大而形成剪裂时,则弯曲的外侧形成正断层式的共轭剪裂,进一步发展可形成背斜顶部的地堑;内侧则形成逆断层式的共轭剪裂[图 9-12(D)]。

(4)褶皱作用前褶皱面上原来与褶皱轴成 θ 角的直线线理,在褶皱过程中弯曲了。在中和面上因为没有应变,所以线理的产状虽然发生改变,但其与褶皱轴的夹角仍保持不变。在赤平投影上,线理标绘成一与褶皱轴成 θ 角的小圆[图 9-14(B)]。中和面外侧的褶皱面上,由于垂直褶皱轴的拉伸,使线理与褶皱轴的夹角增大。反之,在中和面内侧,褶皱面上的线理与褶皱轴的夹角变小。这种增大或变小的程度与其所在面的应变大小有关,距中和面不同距离的面上的变化量是不同的。因而把线理标绘在赤平投影上,散布在距上述小圆环带一定的范围内[图 9-14(B)]。

(二)顺层剪切作用(弯滑褶皱作用和弯流褶皱作用)

顺层剪切作用中,褶皱岩层的弯曲由顺层的剪切来调节。软弱层在形成等厚的平行褶皱中,常以透入性顺层剪切的弯流褶皱作用为主。在多层的薄层强硬层间结合不牢或层间夹有很薄的软弱层时,应变集中于层间的差异性顺层剪切,而以弯滑褶皱作用为主。弯滑褶皱及弯流褶皱在宏观的尺

图 9-13 北京西山孤山口一背斜中发育的张裂脉和劈理素描图

硅质白云岩中的正扇形张裂脉、核部的轴面劈理与钙质千枚岩中的三角形劈理

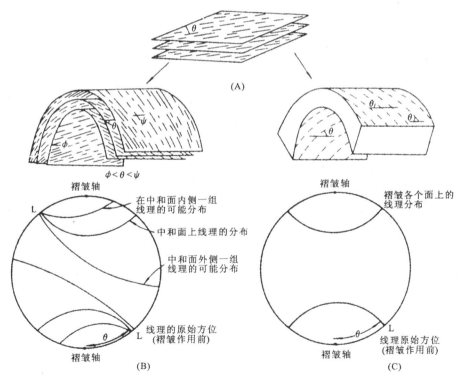

图 9-14 原始直线状线理纵弯褶皱后的分布状况

(据 Hobbs 等,1976)

(A)初始状态,线理与褶皱轴夹角 θ;(B)中和面褶皱,在中和面上,褶皱轴和线理夹角不变,外层 θ 角变大,内层 θ 角变小;(C)弯流褶皱,线理与褶皱轴夹角不变

度上具有共性,可以用一叠卡片的弯曲来模拟各部分的应变(图9-15)。

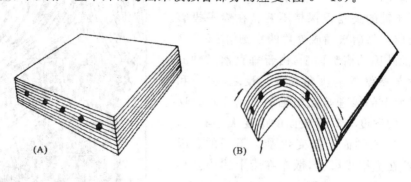

图9-15 顺层剪切褶皱的卡片模型

在卡片叠的一侧画上一些圆,然后将卡片叠弯曲,宏观看这些圆都受到简单剪切而变成椭圆,形成弯流褶皱。仔细观察,可看到褶皱是通过卡片间的滑动完成的,是一种弯滑褶皱。如果在卡片叠的侧面画上一系列一边平行层面的正方形网格。变形后,可以根据网格的变歪来确定各部分在应变椭圆体的长轴方向,并计算出其轴比(图9-16)。其共同的特点为:

(1)因为变形是由围绕褶皱轴的弯曲和褶皱面上垂直褶皱轴的简单剪切而成,所以褶皱是平面应变,任一点的中间应变轴都与褶皱轴平行。

(2)因为是顺层的简单剪切,所以垂直层面的层的原始厚度保持不变,典型的褶皱形态是I_B型平行褶皱,但层内没有中和面。

(3)褶皱面为剪切面,相当于应变椭球体的圆切面,其上无应变[图9-11(C)]。所以,褶皱面上初始与褶皱轴成θ角相交的直线线理,变形后与褶皱轴的交角不变。在赤平投影上,线理标绘成一个与褶皱轴成θ角的小圆[图9-14(C)]。

(4)在垂直褶皱轴的正交剖面上,可以看到最大应变轴方向从两翼向弯曲的顶部收敛,呈反扇形排列。应变强度与翼间角大小有关,在转折端处无剪应变,在拐点处应变最强(图9-16)。

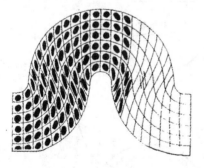

图9-16 弯流褶皱内应变分布型式
(据Gamsay,1967)

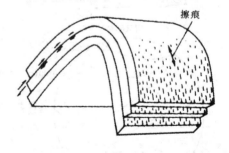

图9-17 弯滑褶皱中发育的层面擦痕

弯滑褶皱中常可形成一些次级小型构造。由于层间滑动,常可在层面上形成垂直于褶皱枢纽的擦痕(图9-17)。滑动方向是上层相对下层向背形的转折端滑动。如果层间夹有少量软弱层,如砂层中的薄层页岩夹层,由于层间滑动可在其中形成层间的不对称小褶皱或层间劈理。这种小褶皱的轴面或劈理面与层理斜交,与层理的锐夹角指向外侧岩层的滑动方向,斜交的程度反映其剪切应变量的大小(图9-18)。这种构造相当于小型的顺层剪切带。

在岩层比较脆性的条件下,可形成层间破碎带。由于强硬层的弯曲可在褶皱转折端形成鞍状虚脱空间,如有成矿物质填充则形成鞍状矿体(图9-19)。

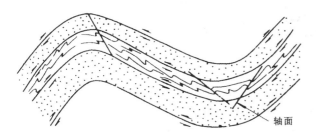

图9-18 纵弯褶皱的弯滑作用形成的层间小褶皱
(据 Spencer,1977)
箭头表示顺层滑动方向

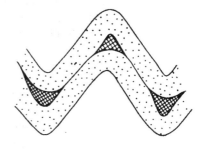

图9-19 弯滑作用在转折端形成的
虚脱现象和鞍状矿体

弯流褶皱可在软弱层中形成劈理、顺层展布的构造透镜体、石香肠等小型构造(图9-20)。由于层内物质自受压的翼部流向转折端,致使岩层在转折端部位不同程度的增厚,翼部相对减薄,从而形成Ⅱ类相似褶皱或Ⅲ类顶厚褶皱。软弱层中劈理以发育反扇形劈理为特征(图9-20),通常为流劈理。劈理的排列型式和发育程度反映了应变的方向和强度。

三、压扁作用对纵弯褶皱的影响

如前所述,在褶皱过程中,由于岩层的平均韧性及韧性差的不同,岩层在垂直于压力方向的顺层压扁与层的失稳弯曲之间存在着互相消长的关系。如果岩层间的韧性差较小而平均韧性较大,则压扁作用可以在强硬层失稳弯曲之前发生,一直延续到褶皱后期。反之,如果岩层间韧性差较大,则在强硬层失稳弯曲之前,可以不发生显著的顺层压扁,而形成典型的肠状褶皱。两者之间存在着全部的过渡,从而使褶皱内的应变分布更为复杂。

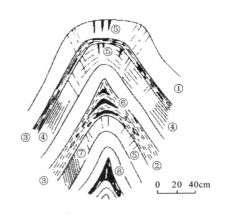

图9-20 湖北兴隆弯流褶皱的内部构造
①厚层硅质灰岩;②碳质板岩夹薄层硅质灰岩;
③顺层流劈理;④顺层剪裂面;⑤张节理;
⑥由硅质灰岩形成的构造透镜体;⑦翼部剪节理;
⑧反扇形流劈理

在褶皱发生之前的顺层压扁作用,使层均匀缩短而其厚度均匀增大,各点应变椭球体的压扁面(可能发育劈理的方向)垂直于层理。在其后的褶皱中,由于叠加上岩层弯曲的应变而成为一种新的应变型式。图9-21表示顺层缩短叠加顺层剪切的弯曲的应变型式。褶皱之后的压扁作用,使弯曲造成的各点的应变椭球体又受到均匀的压扁,其压扁面逐渐向轴面方向旋转。图9-22为图9-12(A)的中和面褶皱之后又受到均匀缩短的情况。在压扁达50%的情况下,层内已不存在中和面,各点的应变椭球体的压扁面已与轴面接近平行。这时,一般就形成了轴面面理。压扁作用还可以使褶皱翼部变陡,并因垂直于总体的压扁方向而变薄,转折端因压扁而加厚。如果中间夹有不易发生韧性变形的强硬层薄层,则可在翼部石香肠化,在转折端处甚至被压扁成为所谓的"无根钩状褶皱"(图9-23)。

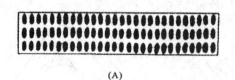
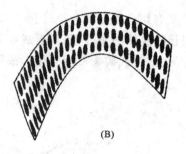

图 9-21 褶皱前的压扁作用对弯流褶皱内应变分布型式的影响
（据 Ramsay 等,1987）
(A)褶皱前的均匀压扁；(B)褶皱后的应变分布型式

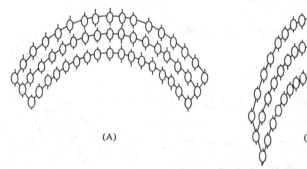

图 9-22 压扁作用对中和面褶皱的应变分布型式的影响
（据 Hobbs 等,1976）
图 9-12(A)中的中和面褶皱经 20%(A)和 50%(B)均匀压扁后的应变分布型式

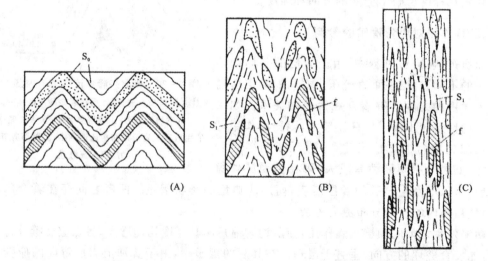

图 9-23 强烈压扁作用对褶皱的影响
（据 Williams,1967）
(A)压扁前；(B)被压扁；(C)经强烈压扁后；S_1. 片理或流劈理；f. 无根钩状褶皱

四、纵弯褶皱中发育的劈理型式

与纵弯褶皱伴生的劈理型式形象地反映了褶皱层内的应变型式。劈理面的方向一般代表应变椭球体压扁面的方向,劈理的密集程度反映了应变的强度。兰姆赛等以两种典型现象为例,作了分析和论证,他们的讨论有助于人们了解自然界中多种多样的劈理型式和组合。

1. 高韧性差($\mu_1 \gg \mu_2$)的岩层组合[图9-24(A)] 如前所述,强硬层以中和面褶皱型式变形,形成I_B型平行褶皱。如变形强烈,两翼可向内收敛。在褶皱后期的压扁作用下,可以形成I_C型褶皱。周围的韧性介质以均匀压扁为特点,远离强硬层处,形成与强硬层褶皱轴面平行的劈理。在强硬层附近的软弱层,由于接触应变带的影响,形成了特有的应变型,如图9-25表示围绕着强硬层的有限应变轨迹。该图中$(1+e_1)$的方向相应于劈理在剖面上的交迹。在强硬层P内部,其弯曲的外侧受到顺层拉伸,可能形成顺层劈理,但一般只限于层的最外侧,若岩石较脆,也可形成垂直层理的正扇形张裂脉即平行于$(1+e_3)$的方向。强硬层弯曲的

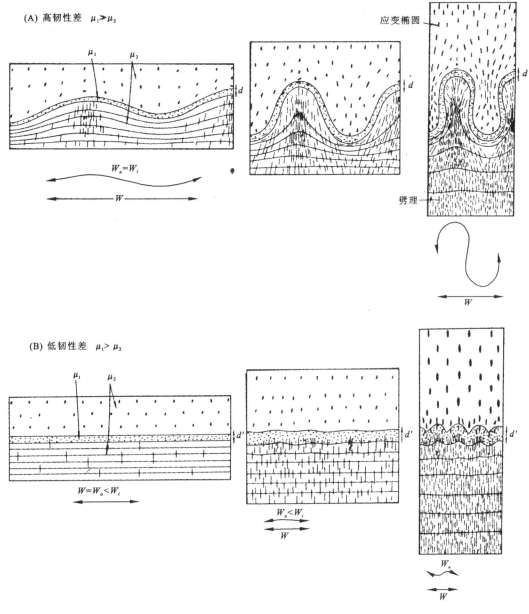

图9-24 单层强硬层纵弯褶皱中的两种应变型式(A)和劈理型式(B)

(据Ramsay等,1987)

内侧受到压缩形成正扇形劈理,如受后期的总体压扁的影响,可以形成近于平行的轴面劈理。两者之间有一中和面或中性点。在强硬层周围的软弱层 Q 中,在强硬层弯曲的内侧,在总体压扁与弯曲内侧的附加压扁的共同作用下压扁强烈,压扁面常平行于褶皱轴面,相应地发育强烈的轴面劈理。在强硬层被压紧成"Ω"形的肠状褶皱的情况下,最大的附加压扁位于两翼压紧的内侧,而使劈理成束状。同时,内侧的软弱层转折端强烈加厚,形成Ⅲ型褶皱[图 9-24(A)]。在强硬层弯曲外侧,软弱层受到总体的压扁和沿强硬层外侧的附加拉伸的叠加,形成一个三角形的$(1+e_1)$的轨迹,构成中性三角区,其中心为一无应变的中性点,相应地可形成特有的三角形的劈理型式(图 9-13)。从图 9-25 中还可以看出,应变椭球体长轴$(1+e_1)$的应变轨迹从强硬层到软弱层发生了明显的方向变化。在软弱层中,$(1+e_1)$的迹线与层面的交角小且密度大,反映了软弱层相对强烈的应变;而在强硬层中,$(1+e_1)$的迹线与层面的交角大且间隔亦大,反映其内部的应变小。当发育劈理时,由于劈理平行于$(1+e_1)$的方向,因而发生了横过层理的劈理方向的改变,即劈理折射(图 9-26)。

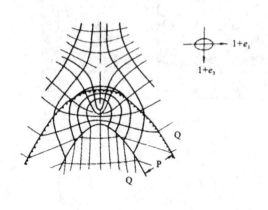

图 9-25　强硬层褶皱附近的应变轨迹图
(据 Ramsay 等,1987)
P. 强硬岩层；Q. 软弱岩层

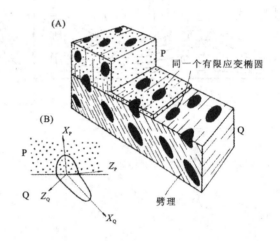

图 9-26　强硬层 P 和软弱层 Q 界面附近的
应变状态和劈理折射
(据 Ramsay 等,1987)
X_Q 和 Z_Q 分别为软弱层中应变椭球体的长轴和短轴;
X_P 和 Z_P 为强硬层中的相应主轴

2. 韧性差低和平均韧性大的岩层组合[图 9-24(B)]　整套岩系在发生褶皱之前受到了普遍的顺层缩短,相对强硬层也受到缩短而加厚。当相对强硬层终于失稳而发生褶皱时,沿弯曲的弧测量的波长 W_a 将小于初始主波长 W_i。当褶皱幅度较小时,强硬层与软弱层仍以普遍的压扁为主,其中的应变椭球体的压扁面近于垂直层理,常相当于直立劈理带。当强硬层已形成了平行褶皱,随着变形的继续,强硬层的弯曲程度增加,使$(1+e_1)$的轨迹形成正扇形,而在强硬层的接触应变带内的软弱层中的$(1+e_1)$轨迹则形成反扇形。因此,通常在强硬层中形成正扇形劈理而在软弱层中形成反扇形劈理。在两者的界面形成劈理的折射。随着变形的继续,压扁作用将越来越显著,岩层形成压扁的尖圆型褶皱,正扇形的$(1+e_1)$的轨迹又向平行褶皱轴方向旋转,最终可形成平行的轨迹,相应地发育轴面劈理。

图 9-27 表示不同情况下的劈理型式。该图中的(A)、(B)、(C)、(D)分别表示初始层缩短褶皱中劈理从无至强的型式。图 9-27(D)表示在强烈的压扁作用下褶皱中伴生的近于平

行轴面的劈理。

在强硬层、软弱层互层的情况下，经常见到强硬层形成I_B或I_C型褶皱，伴有正扇形劈理，甚至在原有劈理的基础上，因外弧弯曲引起拉伸而形成的正扇形楔形张裂脉。而软弱层则形成I_C型—Ⅲ型的顶部强烈加厚的褶皱，伴有反扇形劈理。两者韧性差越小和平均韧性越大，压扁程度则越强，越可能形成平行轴面的劈理。

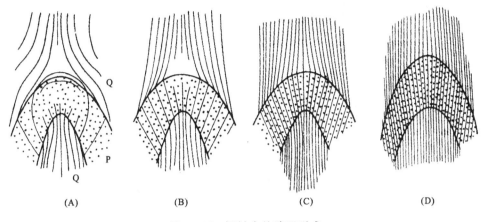

图 9-27 褶皱中的劈理型式
（据 Ramsay 等，1987）

因此，在实践中可以根据劈理的分布型式来判断其所处的褶皱构造位置及岩层的面向。图 9-28 示一个倒转褶皱中的劈理与层理的关系。在褶皱的转折端，劈理与层理近于垂直。在两翼，劈理与层理斜交。在正常翼，劈理与层理的倾向一致，劈理倾角比层理的陡，为正常层序，可判断背斜在左侧。在倒转翼，劈理倾向与层理一致，但倾角比层理的缓，为倒转层序，背斜在右侧。在强烈褶皱的多期变形区，如果轴面劈理又发生褶皱，则不能简单地用劈理与层理的倾角关系来判断岩层的正常或倒转，但仍可依据劈理与层理的关系来判断其所处的褶皱构造部位，如图 9-29 左侧为一向形背斜。从劈理的型式只能判断出岩层应为向左下侧收敛的

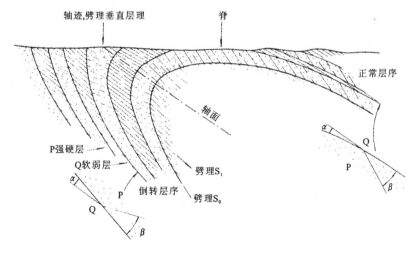

图 9-28 倒转褶皱中劈理与层理的关系图示
（据 Ramsay 等，1987）

向形。结合原生沉积构造,如递变层理,才能判断出这是一个面向下的向形背斜。必须指出,在变形复杂强烈,尤其是可能不只一次变形区,若根据劈理与层理的倾角关系来判断岩层是否正常和背斜、向斜的位置应十分审慎。

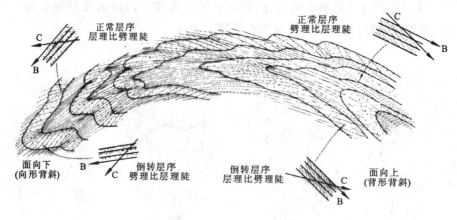

图 9-29　复杂褶皱中劈理 C 与层理 B 的关系
（据 Ramsay 等,1987）

第二节　横弯褶皱作用

　　岩层受到与层面垂直的应力作用而发生弯曲的行为称为横弯褶皱作用。由于沉积层初始状态是水平的,故横弯褶皱作用的应力是垂向的。产生这种力的原因可以是地壳的差异升降运动、岩浆的上拱作用、盐层或其他高塑性层的重力上浮的底辟作用及沉积过程中发生的同沉积褶皱作用等。地壳中的褶皱主要是纵弯褶皱作用的产物,所以横弯褶皱作用在地壳内褶皱形成作用中只具有次要意义。但在构造活动性较低的某些大的沉积盆地中,一些背斜式或穹状构造的形成,横弯褶皱作用可能具有一定的作用。由于自下向上的挤压力作用产生的褶皱类型为 I_A 型,其两侧常无相应的"主动"向斜,故某些大的沉积盆地中的褶皱往往呈单个背斜或穹隆产出。横弯褶皱的一般特点是:

　　(1)褶皱岩层整体处于拉伸状态,各层都没有中和面,其应力轨迹如图 9-30 所示。

　　(2)由于褶皱的顶部受到强烈的侧向拉伸,因此,如果岩层具有一定的韧性,则可被拉薄而形成 I_A 型顶薄褶皱。但在脆性较高的沉积岩层中顺层拉伸则引发断裂,于背斜顶部形成地堑;如果是穹状隆起,则可形成放射状或环状正断层等,总体达到伸展变薄的效果(图 9-31)。

　　(3)横弯褶皱作用引起的弯流作用是使岩层物质从弯曲的顶部向翼部流动。褶皱翼部的韧性岩层由于重力作用和层间差异流动可能形成轴面向外倾倒的层间小褶皱。其轴面与主褶皱的上、下层面的锐夹角指示上层顺倾向滑动,下层逆倾向滑动(图 9-32)。

　　基底断块的垂向升降,除引起盖层的断裂外,有时可能迫使盖层弯曲而褶皱或形成大型挠曲(图 9-33)。这类褶皱或挠曲向深部常常过渡为断层。

　　底辟构造和同沉积褶皱是横弯褶皱中比较特殊的褶皱构造,是横弯褶皱作用两种不同的构造表现形式。

　　1. 底辟构造　是一种特殊的褶皱,发育于地壳较深部位(大于 3km),是地下岩盐、石膏或粘土等低粘性易流动的物质,在构造力或浮力的作用下向上流动,以至刺穿或部分刺穿上覆岩

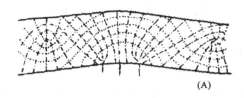

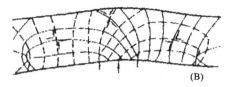

图 9-30 横弯褶皱中的应力轨迹

（据马瑾、钟嘉猷，1965）

(A)主应力轨迹图，点画线代表 σ_1，点线代表 σ_3；(B)剪应力轨迹图

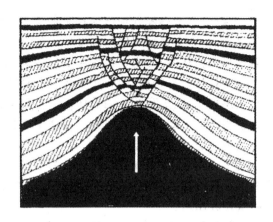

图 9-31 底辟上覆岩层顶部断层的模拟实验示意图

（据 Currie，1956）

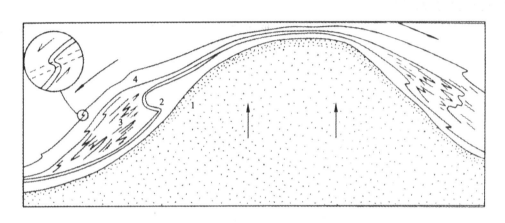

图 9-32 横弯褶皱作用引起的弯流作用

（据 Dennis 改绘）

注意层间小褶皱轴面产状正好与纵弯滑引起的层间小褶皱产状相反

1. 弧形隆起基底；2、3、4. 泥质岩层

层，使上覆岩层拱起形成的构造。底辟构造通常呈被正断层切割的穹状或长垣状构造。核部由盐类组成的构造称为盐丘。由于盐丘核部是具有经济价值的盐类矿床，其上的穹状构造常是有利的储油构造，因而，它是石油构造地质中的一种重要类型。

造成底辟构造的重要原因是深埋地下的高塑性岩层，由于粘度小而容易流动（岩盐的粘度为 10^{17} Pa·s，一般的岩石为 $10^{22}\sim10^{23}$ Pa·s），相对密度小（岩盐为 2.2，一般岩石为 2.5～2.7）而与上覆岩层造成了一种密度倒置的现

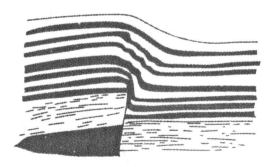

图 9-33 盖层中的挠曲与基底断层同关系的模拟示意图

（据 Davis，1978）

象。因此，对上覆岩层的重压的变化非常敏感，造成了潜在的力学不稳定性。只要出现下列任

何一种情况,就会触发和增强这种不稳定性,使原始产状近水平的盐层向静岩压力小的上方发生固态流动:①上覆岩层的厚度不等;②地表差异剥蚀作用造成上覆岩层的重压不等;③盐层表面形态起伏不平;④水平挤压可能造成的盐层轻微褶皱和诱导盐层上涌。

一旦盐层开始流动,静岩压力较小部位的上覆岩层就会受到盐层向上的浮动而拱起。上覆岩层拱起处,也是有利于剥蚀作用进行的地段,从而进一步使上覆岩层减薄而减轻重压,促进盐层向上流动,这样盐表面更加起伏不平。如此往复循环,盐层就能不断上涌,最后甚至刺穿上覆岩层,形成盐丘。

美国墨西哥湾沿岸的盐丘,被认为是由盐层与上覆岩层的密度差引起的浮力作用的结果。而罗马尼亚喀尔巴阡山前陆褶皱带的盐丘构造却被认为是区域性侧向挤压诱导盐层上涌所起的重要的作用。

典型的盐丘构造直径一般约 2～3km,侧缘边界面很陡,盐丘向下延伸可达几公里。盐核内部构造主要是轴面和枢纽直立的紧闭复杂褶皱(图 9-34)。在围岩中,与盐丘伴生的是顶部的穹状隆起,顶薄褶皱及顶部正断层系(图 9-31),盐核外围翼部岩层常被向上卷起,甚至形成环绕盐丘的向斜(图 8-22)。

2. 同沉积褶皱　大多数褶皱是在岩层形成之后受力变形而形成的,但也有一些褶皱是在

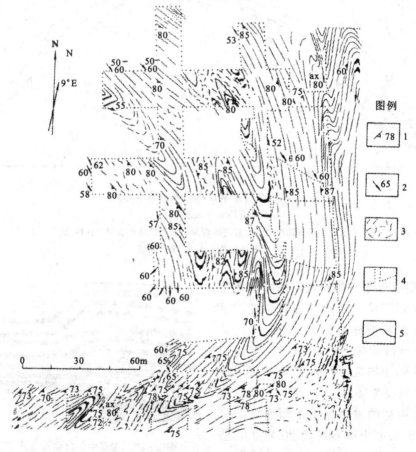

图 9-34　美国得克萨斯州大盐湖盐丘的地下地质图
(据 Balk,1949)

1. 盐层产状及倾角;2. 硬石膏条纹、变形的石盐晶体或褶皱轴的指向与倾伏角;
3. 几乎无构造的岩盐;4. 坑道壁;5. 特别深色的盐层

岩层沉积的同时边沉积边褶皱而形成,这类褶皱称为同沉积褶皱。由于同沉积褶皱是在漫长过程中逐渐变形而形成的,因此它的形态可以反映在褶皱过程中形成沉积物的岩相、厚度及其某些结构、构造特点等方面,并常具有以下的特点(图9-35)。

(1)褶皱两翼的倾角一般上部平缓,往下逐渐变陡,褶皱总体为开阔褶皱。

(2)岩层厚度在背斜顶部薄,向两翼厚度增大,向斜中心部位岩层厚度往往最大,沉积的等厚线与相应的构造等值线形态基本一致。

(3)岩层的岩石结构构造明显受构造控制。背斜顶部常沉积浅水的粗粒物质,而向向斜中心部位岩石颗粒逐渐变细,反映盆地较深处的沉积。

(4)常在一侧或两侧伴生有同沉积滑塌褶皱或滑塌断层,滑塌一般自背斜隆起中心顺两翼下滑。

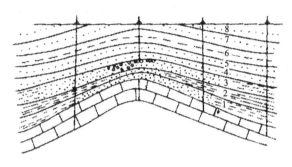

图9-35 同沉积褶皱示意剖面图

以上特征表明褶皱是与沉积作用同时发生的,这是区别同沉积褶皱与成岩后形成的顶薄褶皱的主要依据。在含油气和含煤盆地中,这种褶皱具有重要的实际意义。对油气藏及煤和其他沉积矿产的形成和分布起一定控制作用。

第三节 剪切褶皱作用

剪切褶皱作用又称滑褶皱作用,是岩层沿着一系列与层面交切的密集面发生不均匀的剪切而形成的相似褶皱(图9-36)。它一般发生于韧性较大的岩系(如含盐层),或处于较深层次的层状岩系中,如在变质岩区、区域性劈理发育带和大型韧性剪切带中。认真分析剪切褶皱发育区(带)中褶皱的特点,可以获取变形变质方面的某些有意义信息。在上述地质情况下,各岩性层之间的韧性差极小而趋于均一化,但整套岩系的平均韧性较大。在变形中,岩性差异及原始层面(S_0)只作为标志而不再具有力学意义上的不均一性,只是由于在侧向挤压力作用下岩层沿着一系列与层面不平行的密集剪裂面或劈理面发生差异性滑动而发生被动的弯曲,故这种褶皱作用又称为被动褶皱作用。与弯滑褶皱作用的层间滑动有三点区别:

(1)滑动面不是原生层面,而是次生的变形面;
(2)滑动方向不是顺层的,而是切层的;

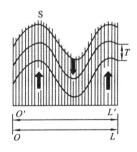

图9-36 剪切褶皱作用形成的相似褶皱图示
(据Hills,1981)
S. 剪切作用方向;T. 平行轴面量的层的"厚度"

(3)滑动作用不限于层内,不受层面控制,而是穿层的。

剪切褶皱作用可以用一叠卡片的不均匀剪切来模拟。在卡片叠的侧面画上一个层,与卡片成一定交角。使卡片之间发生不均匀的剪切,则卡片侧面的层面交迹就发生方向的改变而形成褶皱[图9-37(B)]。其变形的主要特点如下:

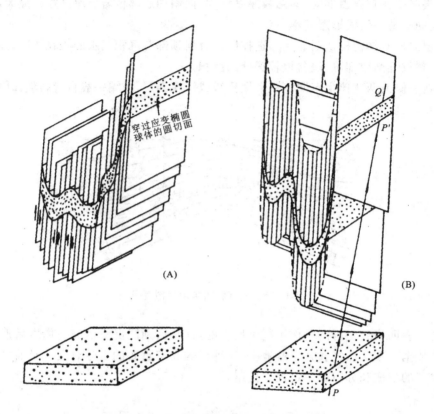

图 9-37 剪切褶皱作用模式图示
(据 Hobbs 等,1976)
(A)滑动方向垂直于褶皱层不均匀差异滑动形成的剪切褶皱;
(B)沿着与褶皱层斜交面的滑动形成理想的相似褶皱模式,PQ 为滑动方向

(1)因为褶皱是简单剪切变形造成的,所以剪切面就是褶皱中每一点上应变椭球体的圆切面或无应变面,每一点的应变都是平面应变[图9-37(A)]。

(2)剪切面平行于褶皱的轴面,剪切面与岩层交迹的方向相当于褶皱的轴向。因为剪切作用的方向不一定垂直于岩层在剪切面上的交迹,所以褶皱的轴向不一定是中间应变轴[图9-37(B)]。

(3)因为剪切面上无应变,且轴面平行于剪切面,所以平行轴面测量的岩层厚度在变形中保持不变,是典型的Ⅱ型相似褶皱(图9-36)。垂直层理的厚度 t_a 在褶皱的转折端最大,相当于层的初始厚度 t_0,在两翼显著变薄,与其剪应变量或层的倾角有关。

$$t_a = t_0 \cdot \sin\alpha$$

式中:α——层面与剪切面(或轴面)的交角,显然这不需要用物质从翼部向转折端的流动来解释,而是由于剪切引起的几何效应。

(4)在褶皱中没有中和面,理想的剪切褶皱中沿剪切面上岩层各点的应变都是相等的。

(5) 由于不均匀的剪切才造成岩层的褶皱,在褶皱轴面两侧的相对剪切方向是相反的,因此褶皱内各点的应变椭球体的压扁面向着背形顶部呈反扇形排列,如果发育劈理,则为向着背形顶部收敛的反扇形劈理。

(6) 因为在这种褶皱作用中,初始的直线线理上各点都平行于滑动方向位移,所以原来呈直线排列的线理将发生方向的改变,但都位于由原始线理方位与滑动方向所规定的平面上。在赤平投影上,所有变形线理的投影点都落在包含滑动方向及原始线理方向的大圆上(图9-38)。

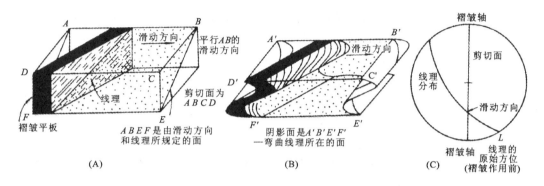

图9-38 原始直线状线理在剪切褶皱作用中的变化图示
(据Hobbs等,1976)
原始直线状线理经剪切褶皱后的线理位于原始线理方位和滑动方向组成的平面上
(A)原始直线状线理;(B)剪切褶皱后变弯;(C)剪切褶皱后线理的赤平投影

以上概括地讨论了剪切褶皱作用及其主要特点。但是关于剪切褶皱作用仍存在一些有争议的问题。关键问题是剪切褶皱作用中是否发生侧向挤压和相应的纵弯滑褶皱作用和压扁作用。图9-36模式只表示了一套切层剪切面的相对滑动,没有表示剪切面是如何形成的。如果剪切面是侧向挤压的结果,则侧向挤压是否还应引发纵弯滑褶皱作用和压扁作用呢?笔者的回答是肯定的。笔者认为,剪切面是在侧向挤压作用下形成的。在挤压作用下,曾发生过纵弯滑褶皱作用和压扁作用。继而随着岩系平均韧性的增加,由弯滑褶皱作用发展转化成被动褶皱作用(见本章第五节),从而导致剪切褶皱作用。这种认识比较符合野外观察的地质实际,也是中外构造学者较为趋向性的看法。

第四节 柔流褶皱作用

这是岩石在固态流变条件下发生在具有高韧性和低粘度的岩石中,岩石呈类似于粘性流体的粘滞性流动作用。这种作用产生的褶皱称柔流褶皱,其形态十分复杂,看起来也很不规则,即非顺层流动,也无固定流动方向,如上述盐丘核部形态十分复杂的盐褶皱就是一种典型的柔流褶皱(图9-34)。深变质岩和混合岩化岩石中,也常发育非常复杂的流褶皱。由于物质持续地粘性流动,不仅有层流亦有紊流,因而常造成十分繁杂的褶皱形态。在较简单的层流条件下形成的流褶皱,仍有规律可循,实际上仍是一种剪切褶皱作用,可以再造其所反映的岩体运动方式。在紊流条件下形成的复杂褶皱,已很难再造其运动学图像。因此,对区域应变场和应力场的分析已无实际意义,但仍可用以说明其生成时所处的条件。

第五节 关于褶皱作用问题

褶皱是地壳中最主要的构造,也是发育最广泛的构造,研究褶皱具有重要的理论意义和实际意义。褶皱研究与断裂等其他构造研究一样,一般从其几何分析入手,进而探讨其动力学和运动学,即对其形成作用进行分析。由于客观实际现象十分复杂,研究的基点和侧重面又各不同,因而对褶皱作用的分类和分析存在多种不同认识和观点。按照多年来形成的传统观点,将褶皱分为纵弯褶皱作用、横弯褶皱作用、剪切褶皱作用和柔流褶皱作用,这四类褶皱作用的重要性是有重大差别的。其中纵弯褶皱作用显然处于最主要的地位,因此在本书第一版中,将纵弯褶皱作用作为一节,其他三类褶皱作用合在一节论述。在这第三版再版本中,考虑到论述的系统和清晰,仍分为四节分别讨论。

研究各种构造作用的重大难点就是不能按照构造形成时的时空状态、动力作用和演化进程进行实验,而只能通过数值模拟和物理模拟等进行相似性类比。近年来,随着科技的进步,这方面的模拟有了长足的进展,大大深化了对褶皱作用的认识,其中一些认识已吸收到本章的论述之中。但要指出,迄今构造地质学家对褶皱作用的认识,相对于对断裂作用等构造作用的认识,仍存在较大差距。深入研究褶皱及其形成机制仍将是构造学家今后继续探索的课题。

以下本节中将对多纳斯和帕克(Donath & Parker)等学者关于褶皱作用的分析作一概述。

多纳斯和帕克(1964)根据褶皱岩系的平均韧性和岩层之间的韧性差,以及层理在褶皱形成中的作用,将褶皱作用分为以下三类:

1. **弯曲褶皱作用** 层理积极控制了褶皱变形,褶皱层通过层间滑动或层内流动的运动方式而形成褶皱。以层间滑动作用方式为主而形成的褶皱称为弯曲滑动褶皱;以层内流动方式为主而形成的褶皱称为弯曲流动褶皱。前者如平行褶皱,后者如某些相似褶皱。

2. **被动褶皱作用** 如果岩石物质的滑动和流动不受层面的限制,层理在变形中不具积极的控制作用,只是作为岩层错移方向的标志,从而产生一种外貌上的弯曲现象。这种褶皱作用方式所形成的褶皱可称作被动褶皱。被动褶皱又可按穿过层理发生滑动或流动分为被动滑动褶皱和被动流动褶皱。剪切褶皱就是被动褶皱的典型例子。

3. **准弯曲褶皱作用** 这是一种过渡类型的褶皱,也是中韧性和高韧性岩石特有的一种褶皱。从整个褶皱岩系来看,它具有被动褶皱的特征,而其中个别夹层是低韧性的可以表现为弯曲褶皱的变形特征。因此,在褶皱的几何形态和外部特征总体上象是弯曲褶皱,而从其物质运动的主要特点上看又是被动褶皱。准弯曲褶皱常表现为不协调褶皱。

图 9-39 表示岩层平均韧性与岩层间韧性差和各类褶皱作用之间的关系,以及各类褶皱作用之间相互过渡的关系:①一般平均韧性低的岩系,主要发生弯滑褶皱作用,当岩系平均韧性增高时,韧性差大的岩系则由弯滑褶皱作用过渡到弯流褶皱作用,进而向准弯曲褶皱作用、被动褶皱作用过渡(如图 9-39 中 A 点虚线的箭头方向所示)。②韧性差小的岩系,随着岩系平均韧性增高,弯滑褶皱作用便过渡到弯流褶皱作用,进而过渡到被动褶皱作用,即由顺层滑动和顺层流动,过渡到穿层滑动或流动(如图 9-39B 中点虚线的箭头方向所示)。当然,岩层的韧性除与其本身物质性质有关外,还因褶皱作用中的温度、围压、溶液、应变速率及应力作用方式等因素的影响而变化。

一般地说,弯曲褶皱作用发生于中构造层次,被动褶皱作用和准弯曲褶皱作用则出现在深构造层次。

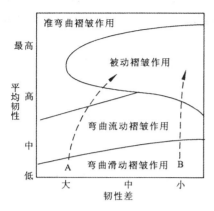

图 9-39 褶皱作用的范围与岩层平均
韧性和韧性差的关系
(据 Donath & Parker,1964)

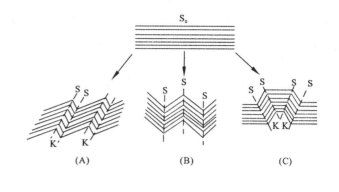

图 9-40 膝折作用示意图
(A)不对称膝折;(B)对称膝折(手风琴式褶皱);
(C)共轭膝折(共轭褶皱);K.膝折带;S.膝折面

除上述褶皱形成机制的类型外,自 20 世纪 60 年代以来,许多构造地质学者对膝折作用和膝折带进行了详细的研究。他们认为膝折作用是一种兼具弯滑褶皱作用和剪切褶皱作用两种特征的特殊褶皱作用。它主要发生在岩性均一的脆性薄层岩层或面理化岩石中。一般认为其形成方式是:岩层在一定围岩限制下,受到与层理或面理平行或稍微斜交的压应力作用,使岩层发生层间滑动,但又受到某种限制,常常使滑动面发生急剧转折,即围绕一个相当于轴面的膝折面折转而成尖棱褶皱。这种褶皱既具有平行褶皱的特征,又具有相似褶皱的特征。

膝折中的滑动褶皱作用常集中发生在不对称膝折的短翼部分,形成剪切带,称为膝折带[图 9-40(A)、(C)中的 K],膝折带两侧的界面为膝折面(图 9-40 中 S)。两个相邻膝折带可以互相平行[图 9-40(A)],也可以共轭相交,形成箱状褶皱或称为共轭褶皱[图 9-40(C)]。一系列两翼等长的对称式尖棱褶皱组成"人"字形褶皱[图 9-40(B)]。

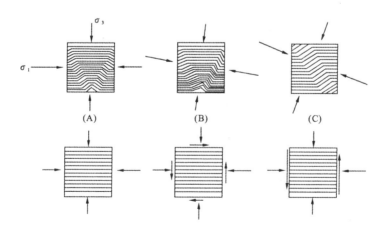

图 9-41 不同膝折带形成的应力状态
(据 Johnson,1977)
(A)对称共轭膝折带;(B)非对称共轭膝折带;(C)单斜膝折带;
σ_1.最大主应力;σ_3.最小主应力

多纳斯通过板岩作出一系列试验发现,膝折带的宽度随围压而变化。宽膝折带(5mm左右)只在十分小的低压下发生,随着围压增大,膝折带的宽度也逐渐变窄。因此,从膝折带宽度大小也可以作为推断膝折作用变形深度的一种标志。

约翰逊(Johnson,1977)对膝折与共轭褶皱形成的应力状态曾进行过理论分析。他认为,对称共轭褶皱形成的应力状态是主压力作用方向平行于层面,非对称共轭褶皱形成的应力状态是主压应力作用方向与层面斜交约10°,单斜膝折带形成的应力状态是主应力作用方向与层面斜交约30°(图9-41)。

主要参考文献

徐开礼,朱志澄. 构造地质学(第二版). 北京:地质出版社,1989

俞鸿年,卢华复. 构造地质学原理(第二版). 南京:南京大学出版社,1998

Biot M A. Theory of folding of stratified viscoelastic media and its implications in tectonic and orogenesis. Geol. Soc. Am. Bull. 1961,(72)

Hobbs B E, Means W D, Williams P F. 构造地质学纲要,刘和甫等译. 北京:石油工业出版社,1982

Johnson A M. Styles of folding. Netherlands: Elsevior Scientific Publishing Company. 1977

Ramberg H. Contact strain and folding instability of multilayered body under compression. Geol. Rundsch. 1961,51

Ramberg H. Evolution of drag folds. Geol. Mag. ,1963,100(2)

Ramsay J G, Huber M I. 现代构造地质学方法. 第2卷:褶皱和断裂. 徐树桐主译. 北京:地质出版社,1991

Ramsay J G. 岩石的褶皱作用和断裂作用. 单文琅等译. 北京:地质出版社,1985

Spencer E W. 地球构造导论. 朱志澄等译. 北京:地质出版社,1981

第十章

节 理

节理是岩石中的裂隙,是没有明显位移的破裂。它是地壳上部岩石中发育最广泛的一种构造。节理可为矿液上升和渗透提供通道,为矿质沉淀提供空间和场所。节理也是石油、天然气和地下水的运移通道和储聚场所。大量发育的节理常为水库和大坝等工程带来隐患。节理的性质、产状和分布规律常与褶皱、断层和区域构造有着成因联系,所以,节理的研究在一定条件下也有助于分析与之相比更大型的地质构造。

第一节 节理的分类

节理的分类主要依据两个方面:①按节理与有关构造的几何关系;②按节理形成的力学性质。

一、节理与有关构造的几何关系的分类

节理是一种相对小型的构造,总是与其他构造伴生。节理的产状与其他构造的产状之间往往存在一定的几何关系。

(一)按节理产状与岩层产状的关系的分类

依据节理产状与岩层产状的关系,节理可以分为以下四类(图10-1)。

1. 走向节理 节理走向与岩层走向大致平行的节理。
2. 倾向节理 节理走向与岩层走向大致直交的节理。
3. 斜向节理 节理走向与岩层走向斜交的节理。
4. 顺层节理 节理面与岩层的层面大致平行的节理。

(二)按节理与褶皱轴的关系的分类

依据节理与褶皱轴的关系,节理可以分为以下三类(图10-2)。

1. 纵节理 节理走向与褶皱轴向平行的节理。
2. 横节理 节理走向与褶皱轴向直交的节理。
3. 斜节理 节理走向与褶皱轴向斜交的节理。

二、节理的力学性质的分类

根据节理的力学性质,可将节理分为剪节理和张节理两类。

(一)剪节理

剪节理是由剪应力产生的破裂面,具有以下主要特征:

(1)剪节理产状较稳定,沿走向和倾向延伸较远。

(2)剪节理较平直光滑,有时具有因剪切滑动而留下的擦痕。剪节理未被矿物充填时是平直闭合缝,如被充填,脉宽较为均匀,脉壁较为平直。

(3)发育于砾岩和砂岩等岩石中的剪节理,一般穿切砾石和胶结物。

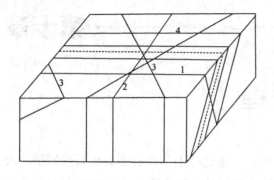
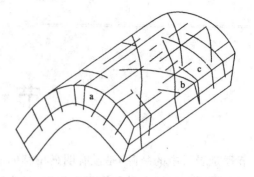

图 10-1 根据节理产状与岩层产状
关系的节理分类
1. 走向节理;2. 倾向节理;3. 斜向节理;4. 顺层节理

图 10-2 根据节理产状与褶皱轴向
关系的节理分类
a. 纵节理;b. 斜节理;c. 横节理

(4) 典型的剪节理常常组成共轭"X"型节理系。"X"型节理发育良好时,则将岩石切成菱形、棋盘格式(图 10-3)。剪节理往往成等距排列。"X"型节理系是节理的典型形式,两组共轭剪节理的夹角为共轭剪裂角。两组共轭剪节理面的交线代表 σ_2,两组节理的夹角平分线分别代表 σ_1 和 σ_3 方向。"X"型节理与主应力轴的关系是对节理进行应力状态分析和探讨应力场的依据。根据库仑剪破裂准则,"X"型节理的锐角平分线与 σ_1 方向一致,即剪裂角小于 45°。这里要强调指出的是,不应简单地把"X"型剪节理的锐角平分线作为 σ_1,在地壳较深层次,共轭剪切变形带(如共轭褶劈理)钝角平分线对应于 σ_1 方向,服从最大有效力矩准则(Zheng et al,2004)。因此实际运用时,应当观察剪节理的剪切方向来确定其反映的应力方位。

(5) 主剪裂面两侧常伴有羽状微裂面,有些主剪裂面是由一组羽状微裂面斜列组合而成。

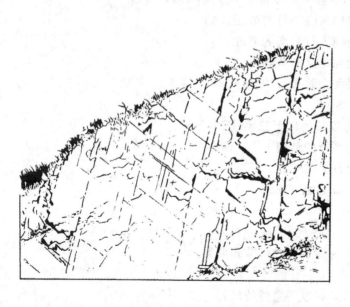
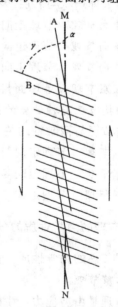

图 10-3 山东诸城白垩系砂岩中发育的
两组共轭剪节理

图 10-4 剪切实验形成的两组
(A 组与 B 组)共轭剪节理图示
A 组羽列微剪裂面与主剪裂面(MN)
夹角为 α,不超过 15°

图 10-4 是剪切实验形成的两组羽列剪节理 A 与 B。A 组微剪裂面与主剪裂面 MN 夹角为 α，一般为 $10°\sim15°$，相当于内摩擦角(φ)的一半；B 组微剪裂面与 MN 夹角为 γ。两者锐夹角均指示本盘错动方向。天然岩石常见的是 A 组微剪裂面；而 B 组常常不发育。

(二)张节理

张节理是由张应力产生的破裂面，具有以下主要特征：

(1)张节理产状不甚稳定，延伸不远。单条节理短而弯曲，节理常侧列产出(图 10-5)。

(2)张节理面粗糙不平，无擦痕。

(3)在胶结不太坚实的砾岩或砂岩中张节理常常绕砾石或粗砂粒而过，如切穿砾石，破裂面也凹凸不平。

(4)张节理多开口，一般被矿脉充填。脉宽变化较大，脉壁不平直。

(5)张节理有时呈不规则的树枝

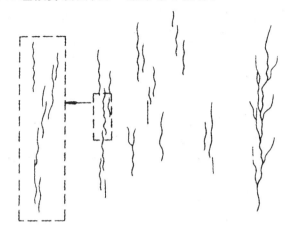

图 10-5 湖北白垩-第三系砂岩中张节理的侧列现象
(据马宗晋等，1965)

状，各种网络状，有时也追踪"X"型共轭剪节理形成锯齿状张节理(图 10-6)、单列或共轭雁列式张节理(图 10-7)，有时也呈放射状或同心圆状组合型式。

图 10-6 北京西山奥陶系灰岩中的
共轭剪节理(右侧)
(宋鸿林摄，杨光荣素描，1978)
先剪后张，被方解石充填；左侧是追踪
两组剪节理形成的锯齿状张节理

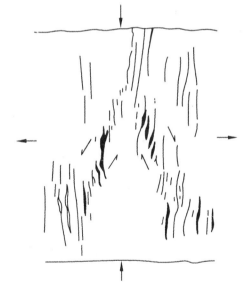

图 10-7 北京坨里白云质灰岩中的
雁列张节理
(李志锋摄，杨光荣素描，1978)
左列为右阶，右列为左阶

(6)张节理是在垂直于节理面的张应力作用下形成的，因此，张节理面的垂线方向代表 σ_3 方位。在上拱作用下形成的张节理，总体常常排列成放射状或同心圆状。

上述剪节理和张节理的特征是在一次变形中形成的节理所具有的。如果岩石或岩层经历了多次变形,早期节理的特点在后期变形中常被改造或被破坏。即使在同一次变形中,由于各种因素的干扰,也会使节理并不具备上述典型特征,因此在鉴别节理的力学性质时,首先,必须选取未受后期改造的节理,并且要综合考虑各种特点;其次,不能只依据个别露头上节理的特点,而应对区域内许多测点或露头上节理的特点加以分析对比;第三,鉴别节理力学性质应结合与节理有关的构造和岩石的力学性质进行分析。

由于构造变形作用的递进发展和相应转化,会发生应力的转向或变化,以致常常出现一种节理兼具两类节理性质的特征或过渡特征,表现为张剪性等等。如图10-8是一条主干节理及其派生节理。从主干节理与派生节理的组合排布上,显示主干节理具右旋剪切滑动性质。但是,主干节理中发育的石英纤维晶体却与主干节理壁以约50°角相交,该方向恰与张应力作用方向一致。这种现象说明,在剪切滑动过程或其晚期,由于张应力的作用剪裂面被拉开了。再者,派生分支节理中的石英纤维晶体,在分支节理的末端垂直节理壁,而与主干节理汇合部位,与节理壁成约60°夹角,这说明分支节理的末端是张性的,与主干节理汇合部位为张剪性的。主干节理实为剪应力与张应力同时作用的产物,应属张剪性节理。有时一条剪节理顺走向转变为一条雁列张节理(图10-9)。

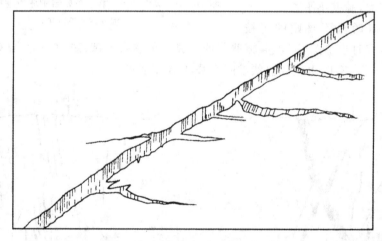

图10-8 北京西山一条张剪性节理

注意剪节理中纤维石英晶体与主节理壁的交角

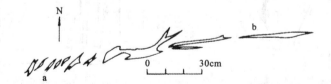

图10-9 湖南锡矿山上泥盆统灰岩剪切带中张剪节理的变化

(据万天丰,1988)

注意剪切带中雁列张节理(a)顺节理带的走向变为与剪切带平行的剪节理(b)

三、节理组和节理系

一次构造作用中形成的节理一般是有规律的,并且是成群产出的,构成一定的组合型式,即组成节理组和节理系。

节理组是指在一次构造作用的统一应力场中形成的,产状基本一致和力学性质相同的一群节理。在一次构造作用的统一构造应力场中形成的两个或两个以上的节理组,则构成节理系,如"X"型共轭剪节理系等。对于在一次构造作用的统一应力场中形成的产状呈规律性变化的一群节理,也称为节理系,如穹隆上发育的一群放射状节理或同心环状节理。

四、节理的分期与配套

一定地区往往经历长期多次构造活动历史,因此会出现多期次节理的交织、复合、错切。为了探讨一个地区的构造变形史,需要进行节理的分期。分期就是将一定地区不同时期形成的节理,按先后顺序组合成一定系列,以便从时间、空间和形成力学上研究一个地区节理的发育史和分布产出规律。

节理的分期主要依据两个方面:①根据节理组的交切关系;②根据各期节理的配套关系。节理组的交切关系表现为节理组的错开、限制、互切和追踪。在节理组的错开上,后期的节理常切断前期的节理。如果一组节理延伸到另一组节理前突然中止,这种现象叫做限制,被限制节理组形成较晚。如果两组节理互切,表明两组节理是同时形成的,有时成共轭关系。节理追踪是后期节理顺早期节理的踪迹发育,并常常加以改造。因此,一些晚期节理比早期节理更明显、更完整。

节理的配套是指在统一应力场中形成的各组节理的组合关系。如一对共轭剪节理及其共生的张节理联合组成一套节理。节理配套是划分节理期次的良好依据。

在节理的分期中应注意以下两点:①节理的分期不仅要依据节理相互之间的关系及其本身的特征,还要结合地质背景,结合节理所在的更高一级的构造进行;②节理的分期主要在野外进行,在野外观测形成先后关系的基础上及时进行统计分析。有时还需要把统计分析的结果再带到野外进行检验。

节理的分期对分析构造发展和古构造应力场可以提供有意义的信息。但是实践证明,这项研究十分复杂。原因在于,节理是一种小尺度构造,成因多样,不仅构造作用可以形成,非构造因素也可造成。在漫长的地质时期中多次形成的节理又相互叠加、改造、穿插、切割,使各次构造作用中形成的节理的相互关系被破坏和掩蔽。因此,这项研究只宜在构造变动微弱、构造关系清楚地区进行。研究人员应在对工作区节理的产出状况和规律有了初步认识后才着手进行,否则很难达到预期的效果,甚至劳而无功。

第二节 雁列节理和羽饰构造

一、雁列节理

雁列节理是一组呈雁行斜列式的节理,这类节理常被充填形成雁列脉。两者的构造意义是相同的,雁列脉产出于多种岩石中,在碳酸盐岩中尤其发育(图10-7)。

雁列脉呈带状展布的范围称为雁列带(图10-10)。穿过各单脉中心而平分雁列带的中心面,称为雁列面。雁列面在雁列带横截面上的迹线称雁列轴。雁列面的产状即代表雁列带的产状。单脉与雁列面的锐夹角为雁列角。

根据雁列式节理中各单条节理的错列方式分为左阶和右阶。顺一条节理走向观察,次一条节理向左侧错列,并与前一条节理的近端横向重叠,称为左阶;反之为右阶(图10-7)。

雁列脉可以是单列产出,是单剪作用的结果,也可以由左阶和右阶两条雁列脉交叉组合成共轭雁列脉(图10-7)。

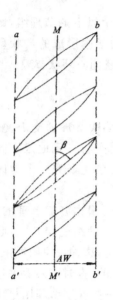

图 10-10 雁列脉的基本要素
aa'-bb'. 雁列带;MM'. 雁列轴;
β. 雁列角;AW. 雁列带宽度

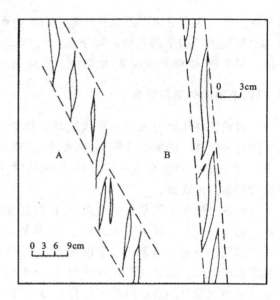

图 10-11 两类直脉型雁列脉
(据 Beach,1975)
A. 张裂型;B. 剪裂型

雁列脉中单脉的形态变化很大,主要有平直型和"S"型两类。平直型窄而长,多属剪裂,反映破裂后变形较轻(图 10-11)。"S"型中段较宽,多属张裂,反映了剪切作用中的递进变形。在由"S"型单脉组成的共轭雁列脉中,一为正"S"型,另一为反"S"型(图 10-7)。图 10-7 共轭雁列脉中,雁列张节理的末端都互相平行且与层理垂直。这说明雁列张节理是由早期已形成的张节理又发生剪切变形使中部发生旋转而形成的,即雁列张节理利用和迁就了早期张节理。

雁列角的大小对分析节理的力学性质是很有意义的。根据实测资料统计,雁列角有两个高峰值:一组为 45°左右;另一组为 10°左右。前者是张裂型,是剪切作用中派生的张节理;后者可能是剪裂型,是剪切作用与主剪切面成小角度相交的微剪羽裂发育而成的(图 10-11)。

二、羽饰构造

羽饰是发育于节理面上的羽毛状精细饰纹,是在应力作用下形成的小型构造。羽饰构造包括以下几个组成部分(图 10-12):羽轴、羽脉、边缘带、边缘节理、缘面和陡坎。边缘带由一组雁列式微剪裂面(边缘节理)和连接其间的横断口(陡坎)组成。

羽饰构造产于多种岩石之中,以砂岩等碎屑岩中最为常见(图 10-13),也见于细粒变沉积岩中和玄武岩等岩浆岩中。羽饰构造的宽度一般为数厘米至数十厘米,也有数米宽者。规模大小主要与岩石的粒度有关,粒度愈小,羽饰愈小,羽脉愈细;颗粒愈均匀,发育的羽饰愈完美。

羽饰构造有多种形式,最常见的是"人"字形,有时呈放射状或环状,或构成复合过渡形式。决定羽饰几何形态的因素有:裂源点(破裂发生起点)的位置、岩石性质、层厚、层面约束条件及作用力。

羽饰构造的形成机制一直是一个争论问题,存在三种观点:①张裂说;②剪裂说;③张剪复合说等。张裂说认为羽饰构造所在的主节理为张裂面,依据是节理面上羽饰完好,没有任何剪

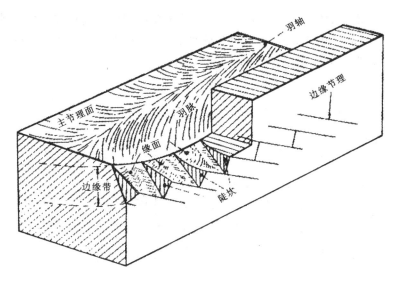

图 10-12 羽饰构造图示
（据 Bankwitz，1966）

切滑动迹象。剪裂说认为，羽饰构造边缘带的雁列微裂隙是剪切机制的明显标志，由于羽饰所在的节理面是剪应力刚刚达到或略微超过岩石破裂强度而产生的萌芽剪裂面，因尚未滑动而保存羽饰。也有人认为羽饰构造是张剪性裂面。曾佐勋和刘立林(1994)的物理实验为后者提供了证据。

羽饰构造一般发育于浅层次的脆性岩石中，并且可能是在快速破裂中形成的。羽脉发散方向指示节理的扩展方向，羽脉收敛汇聚方向和"人"字形尖端指向断裂源点。边缘带的边缘节理及陡坎与微剪羽列和反阶步类似，显示出剪切力偶方向。因此，羽饰构造有助于节理配套，在某种程度上

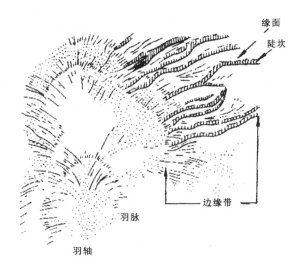

图 10-13 北京西山三叠系凝灰质砂岩中的
羽饰构造及环状边缘带
（马杏垣摄，杨光荣素描，1978）

也有助于分析节理的力学性质。羽饰构造与大型构造的类比及其与大型构造的成因关系，是今后值得注意的研究课题。

第三节 节理脉的充填机制和压溶作用

一、扩张脉和非扩张脉

节理常常由矿物质充填而形成岩脉。最常见的充填物是石英或方解石等。充填物质有外

来的,有自围岩因压溶作用析出的,也有一些岩脉是溶液与围岩交代形成的。溶液侵入节理空间并使节理两壁张开而形成的岩脉,称之为扩张性岩脉,如果由溶液与围岩交代而占有空间形成的岩脉,称之为非扩张性岩脉(图10-14)。

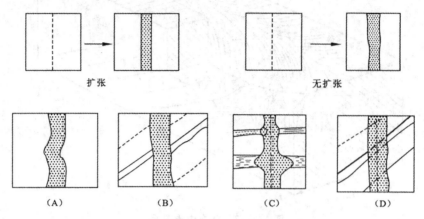

图 10-14 扩张性岩脉(A)、(B)和非扩张性岩脉(C)、(D)
(据 Hobbs,1976,修改)
(A)节理两壁张开并相互对应;(B)先存面状构造因扩张而张开并似乎错开;
(C)有利于交代的岩层中岩脉加宽;(D)先存面状构造被交代,只交代而无扩张

节理充填物的晶体常显示纤维状习性。按照纤维晶体生长方向与脉壁的关系,可分为同向型和反向型。同向型纤维晶体自两壁向中心生长,相向生长的晶体于岩脉的中心遇合,形成一条锯齿状中线(带)。反向型纤维晶体则自中心向两壁生长,在中心常留下一条包裹体带。纤维晶体与脉壁可以是垂直的,也可以是斜交的。

二、裂开-愈合作用

在天然构造变形岩石中,常常发育有被硅酸盐或碳酸盐等充填的岩脉。这种节理脉的充填常常是一个持续反复增生的过程。先形成一个窄的裂缝,然后张开,张开的空间被结晶物质所充填愈合。这种反复裂开与愈合的增生作用,称为裂开-愈合作用(Ramsay,1980)(图10-15)。充填脉的愈合物质来源于脉壁岩石,是压溶作用造成的结果。

充填脉的矿物种类很多,如石英、方解石、长石等。脉体矿物呈纤维状,一般与脉壁垂直,并具有反向生长的特点。在裂开-愈合过程中,后续的裂开发生于已愈合裂缝的边界,因为这里是力学薄弱面。

裂开-愈合作用形成的扩张性岩

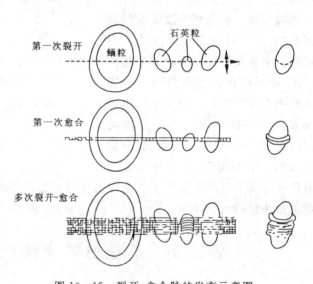

图 10-15 裂开-愈合脉的发育示意图
(据 Ramsay,1980)
左侧为剖面上裂开-愈合脉发育情况;
右端是从二维切片推测的三维的土星环状构造

脉中的纤维晶体常以中线为中心两侧对称生长。由于多阶段间断性的反复裂开-愈合,会形成多条对称的纤维晶体带。可以根据成带的纤维晶体及其生长方向判别节理扩张过程及应力方位的变化。

根据兰姆赛对瑞士温德格莱仑鲕状灰岩的研究,7.5mm 宽的脉中曾有500次以上的裂开-愈合过程。他还指出,如果不是大多数,至少有相当多的张裂脉是通过逐渐增生过程形成的。

由上述可见,在节理研究中,对岩脉进行微观研究是十分重要的,这对分析节理的力学性质和发育过程常可提供有意义的信息。

三、缝合线构造

缝合线构造是一种与节理相似的小型构造,常见于不纯灰岩中,在我国南方三叠系等灰岩中广泛发育。过去认为缝合线都是顺层理发育的,是压溶作用的结果。但是,近年来研究发现,缝合线不仅顺层理产出,也有与层理斜交或直交的。与层理不一致的缝合线一般是在构造作用下先形成裂缝,进而在压溶作用下发育成缝合线。因此,缝合线构造的形成总是经过两个阶段,先有裂面,进而压溶。在垂直裂面的压溶作用下,易溶组分流失,难溶组分则残存聚积,以致原来平直的面转化成无数细小尖峰突起的缝合面。在许多大理岩中,经常会见到压溶作用引起的缝合线。

缝合线构造与主压应力轴直交,即主压应力轴与缝合线锥轴一致(图 10-16)。因此,缝合线构造在一定程度上有助于人们分析其所在部位的应力状态。另一方面,利用缝合线垂直缝合面方向最大峰和谷之间的距离估算压溶量,可以进行岩石有限应变测量(赵健等,2005)。剖面上缝合线还表现为柱状和锥状等多种型式。近年来,正在开始缝合线三维形态的恢复和模拟(Gratier 等,2005;赵健等,2005)。

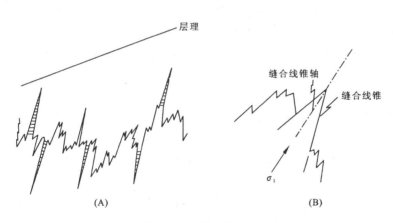

图 10-16 缝合线构造
(A)缝合线构造及其与层理的斜交关系;(B)缝合线锥轴与主压应力轴的关系

第四节 区域性节理

一、区域性节理的一般特征

区域构造研究发现,地壳表层某些构造单元中存在着规律性展布的区域性节理。这类节理是区域构造作用的结果。在岩层产状近水平的地台盖层中常见到这类稳定产出的区域性节理。沙特茨基(Щатский)曾提出俄罗斯地台上有四组节理：两组正向系列——①EW向节理，②SN向节理；两组斜向系列——③NE向节理，④NW向节理。北美地台沉积盖层中也发育有产状稳定展布很广的节理。又如在变形平缓的广西河池西南地区，上古生界灰岩中发育了一套"X"型节理，走向分别为NE60°和NW300°，河池以西上古生界灰岩中又发育了NE50°和NW350°两组呈菱形的节理。这些节理间距宽而稳定，在上千平方千米范围内广泛产出，不受局部褶皱和断层的控制。薛虎在对安徽、江苏等地构造研究时发现，时代不同岩性不同的碎屑岩中存在着规律相同的节理。其特点是：同地区同时代沉积岩层呈水平状态时，都有一对普遍发育的直立或近直立的共轭剪节理，说明是在成岩时期至区域褶皱变形前构造成因的。

凯里(Carey)在分析全球断裂时，把全球断裂按规模分为七个等级，第五、六、七三个等级均属节理。他特别指出在地台上经常见到两组直立节理，有时两组节理发育不等，一组比另一组发育。从两组节理的组合关系分析，应为共轭"X"型节理。

区域性节理如被岩浆充填则呈规律性排列的岩墙群，如平行排列的和放射状的。著名的岩墙群有东格陵兰岩墙群、苏格兰岩墙群等。安徽桐城西部大别山太古界中发育了一套NE向正长岩岩墙群，密集排列成带，也是顺一组节理发育的。

区域性节理常常表现出以下特点：①发育范围广，产状稳定；②节理规模大、间距宽、延伸长、可穿切不同岩层；③节理常构成一定几何形式。

主节理 主节理是指规模明显大于该区节理平均规模的节理。主节理延伸长，可达数十米以上，常以较稳定的产状切穿不同岩层甚至局部构造，在一定地区的各组各类节理中占有主导地位。衡阳盆地中NE向和NW向节理，湘西张家界的奇峰绝壁和粤北红层中丹霞峰林地貌均与近直立的主节理相关，都是区域构造活动的产物。

系统性节理和非系统性节理 在区域性节理中，根据节理排列组合的规律程度，分为系统性节理和非系统性节理。系统性节理在节理产状、方位、组合、排列、间距等方面具有规律性。这种规律性节理一般是构造成因的，属主节理。与系统性节理对应的是非系统性节理。非系统性节理可以是构造成因的，也可以是非构造成因的。非系统性节理规模小展布局限，它们与系统性节理一般不是同期形成的；如果是同期产物，也是其中不发育的一组。系统性节理或主节理往往清晰地显示于卫星照片或航空照片上。

节理是一种脆性变形，是地壳浅层次的构造。随着向地下深部温压的增高，岩石的塑性也相应增高，节理的发育程度也发生相应变化。自地表向深部，节理会越来越闭合而逐渐消失于脆-韧性转换带。至于消失深度，并无准确数字，估计不超过10km，因地壳的成分结构和热力学结构而异。

埋藏于地下一定深度的岩石，一旦出露于地表，由于压力降低负荷减小而破裂，形成"释重节理"或"释负荷节理"。至于岩石中潜在的或隐蔽性的节理自然更明显地显露出来。这类节理受到拉伸作用而具有张节理特点。

二、节理在区域构造分析中的作用和问题

节理与一定构造和构造应力场常具有特定的关系。因此，常常利用节理来确定其所在的大型构造和构造应力场。但是利用节理来确定构造应力场有很大的局限性。狄塞特尔(De Sitter，1956)指出，构造复杂区节理测量结果大都过于复杂，虽然常常想利用节理来阐明构造，但是很难得出可靠的结论。戴维斯(Davis，1984)也指出，虽然节理是发育广泛的构造并有一定系统性，但在解释应力应变中，可能是用处最小的一种构造。

造成上述困难的原因很多，主要是：①节理形成时期不易准确确定，除个别情况外难以对其分期；②节理面上的运动十分轻微而难留下踪迹，不易借以确定运动方向；③成因多样，包括非构造成因的节理有时也混搅或叠加在一起；④多期节理的叠加和改造，即使在一次构造作用中不同阶段和构造的不同部位也常有相应的节理组产出。

但是，一些学者还是努力在纷繁杂乱的现象中去探求固有的规律。图10-17显示了褶皱不同部位可能出现的不同节理组合及局部应力场状况。

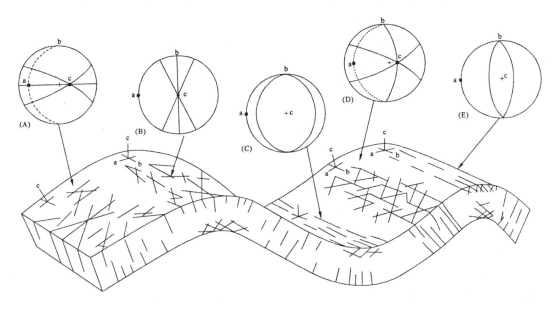

图 10-17 褶皱不同部位节理组合
（据 Price，1966；Steams，1968）

利用节理分析区域应力场时应注意以下几点：①节理研究只易在构造变形轻微地区或节理与相关构造密切伴生的情况下进行；②应注意系统性节理和主节理的产出规律和变化趋势，尽可能查明并建立节理组合型式；③结合区域构造和变形史分析节理的发育过程和顺序；④根据节理组合型式和节理内部结构，结合相关构造分析其形成力学，并与区域构造应力场进行对比；⑤一定地区的节理可能是在长期多次变形中形成的，应注意节理的叠加和改造；⑥可能存在变形前发育的节理，这时应将岩层展平，以测定节理产状，并从变形期形成的节理中筛分出来。

在少数条件良好的情况下，可以利用节理恢复应力场。首先在具有代表性的观察点上确定三个主应力轴，在这方面共轭剪节理是良好标志。共轭剪节理的交线平行于中间主应力轴 σ_2，它们的夹角平分线分别为最大主应力轴 σ_1 和最小主应力轴 σ_3。分析确定了 σ_1 和 σ_3 在共轭剪节理中所在的方位后，利用赤平投影求出各个观测点上的主应力方位。进而根据该区许多点上的应力状态，绘出主应力网络。为此，将相邻测点的主应力 σ_1 和 σ_3 分别用断线和点线按方位及其变化趋势，用平滑曲线相连。如果 σ_2 是直立的，则两组主应力迹线将互相直交，构成矩形网络。主应力网络的对角线基本上代表两组剪应力迹线。由于 σ_2 常常不是直立的，两组主应力迹线也不完全直交。因此，用上述方法编制的主应力迹线图一般只有定性意义。

三、节理的应变场图解

节理及其构造的应变意义,可以用应变场图解予以表示。如图 10-18 所示,两组高角度相交的张节理反映双向伸展应变场($\lambda_1>1,\lambda_3>1$);两组互相直交的缝合线构造反映双向压缩应变场($\lambda_1<1,\lambda_3<1$);一组平行张节理反映了线性伸展应变场($\lambda_1>\lambda_3=1$);一组近平行的缝合线构造反映线性压缩应变场($\lambda_3<\lambda_1=1$);四组相关构造表现了补偿场($\lambda_1>1>\lambda_3$)的特点,它们共同调节了伸展和压

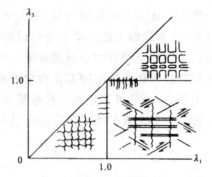

图 10-18 节理及其相关构造的应变场图解
(据 Davis,1984)

缩,张节理的伸展与缝合线构造的压缩相互补偿;共轭剪节理引起相互垂直的伸展和压缩。

第五节 岩浆岩体中的节理

一、侵入体中的节理

侵入体中的原生节理是指在岩浆侵入岩体冷凝过程中产生的节理。克鲁斯(Cloos)于 20 世纪 20 年代根据莱茵河畔肯德拉岩体中的构造,提出了花岗岩构造学,他指出侵入体中的节理是在岩体冷却过程中发育的。根据节理与流动构造的关系分为纵节理和横节理,进而按节理与流线和流面的关系,定名为平行流面又平行流线的 L 节理、平行流线垂直流面的 S 节理,以及垂直流面又垂直流线的 Q 节理等(图 10-19),有人还赋予这些节理以力学性质。广泛的研究发现,许多侵入体中流动构造并不明显,或者只在岩体的局部发育,以致难以确定侵入体中节理的性质(L、S、Q)。

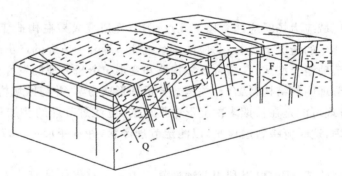

图 10-19 侵入体中原生断裂构造示意图
(据 Cloos,1926)
Q. 横节理;S. 纵节理;L. 层节理;D. 斜节理;F. 流线

一般来说,侵入体中通常产出三种节理:两组直立或近直立,一组十分平缓而与地面近一致。我国一些著名花岗岩体,如以悬崖绝壁奇峰幽谷而风景绝佳的黄山花岗岩体,就是两组陡立节理直切的结果。至于基本平行地面的平缓板状节理,国内外均有报导,如美国 Shuteye 花岗岩中的岩席构造正是这类节理的典型代表。

其实以上三类节理都具有明显的张裂性质。试想原产出于地下深处的侵入体,因剥蚀而

出露于地表,必然因围压大大降低而向侧方和上方扩展。平缓一组的席状构造是释压的结果,两组直立、近直立节理则是侧向扩展的结果。至于其真正的原生力学性质反而会被掩蔽。对侵入体中的原生节理,虽然根据节理产状和组合型式及其与流动构造的关系,可以对其原生的力学性质进行分析,但必须考虑到剥露伸展所施加的影响和改造。

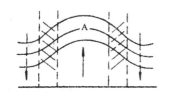

图 10-20 侵入体边缘雁列张节理(斜线)形成模拟实验
(据 Cloos,1926)

克鲁斯还提出,在侵入体边缘部位,由于岩浆上侵与围岩间形成的剪切作用导生出雁列张节理(图 10-20)。这类节理常常因侵入体扩张进一步发展成边缘逆冲断层,这种现象在皖南石台花岗岩体边缘就有良好的体现。

总之,关于侵入体的原生节理,其成因和力学性质及依据流动构造的定名,在认识上存在分歧。在研究侵入岩体节理时,既要考虑侵入体自身的构造作用和侵入时的区域构造应力场,还要考虑剥离伸展作用,而且不应忽略后期构造活动的影响。至于 L、S、Q 节理的定名,如无充分发育的流动构造可资凭借,应避免采用为宜。

二、火山岩中的柱状节理

在火山岩类尤其是玄武岩中,可见一种柱状原生破裂构造或柱状节理。柱状节理与熔岩流面垂直,岩柱体横断面多呈六边形,亦有五边形、四边形者。其成因一般认为与熔岩流冷缩有关。在一个冷凝面上,熔岩围绕着冷缩中心冷凝收缩。在两个冷凝中心的连线上产生张应力,一系列垂直张应力方向上形成的张节理,则构成切割熔岩的多边形柱体(图 10-21)。柱状节理的冷凝收缩说已是被地质学家普遍接受的学说。但在 20 世纪

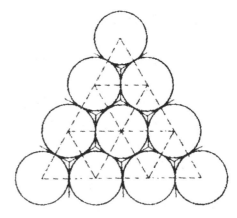

图 10-21 柱状节理形成平面示意图

70 年代晚期至 80 年代初期,一些学者在对玄武岩柱状节理的进一步研究中,发现一些柱状节理呈上、下柱列的双层结构,上、下柱列差异明显。从而提出了柱状节理双扩散对流作用说。该假说认为,熔岩在固结成岩前,由于熔岩顶部与底部在温度和成分上的差异,引起双扩散对流作用,为成岩阶段所产生的裂隙面提供了向深部作规律性延伸的路径。这种观点在一定程度上拓宽了人们对柱状节理形成的思路,对冷缩说作了一定的补充。

第六节 节理的野外观测

研究节理的方法因任务和目的的不同而不同。尽管研究的任务和目的不同,但目前研究节理的基础则都是进行大量的观察、测定和统计,在统计的基础上,结合地质构造等有关资料、测试结果和模拟实验进行分析。下面所讨论的主要是一般性区域构造研究中对节理观察的内容和方法。

一些地区或地段上的节理,尤其是主节理清晰地显示于航空照片甚至卫星照片上。在野外工作前对航空照片和卫星照片进行解译,概括地宏观地认识工作区节理的特点和规律,常会

收到事半功倍之效。在航空照片和某些卫星照片上,可以初步分析和确定:节理组系的方位、产状及其与各级构造的关系;节理的组合型式及其变化;节理的发育程度、展布范围和被充填的情况等。

一、观测点的选定

观测点的选定决定于任务,一般不要求均匀布点,而是根据地质情况和节理发育情况布点,作到疏密适度。选定观测点时还要考虑:①露头良好,最好便于节理的三维观测,露头面积一般不小于 $10m^2$,便于大量统计测量;②构造特征清楚,岩层产状稳定;③节理组、系及其相互关系比较明确,而且观测点最好选在构造的重要部位;④一定地区各构造层、各类构造、岩体和岩石组合中的节理总是互有差异,各具有不同的规律。因此,可划分为不同节理域,分别测量各节理域中的节理。

二、观测内容

对节理的观测主要包括以下几方面:

1. **地质背景的观测**　首先应了解观测地段的地质背景,如构造层及其组成、地层和产状、岩性及成层性、褶皱和断层的特点,以及测点所在的构造部位。

2. **节理的分类和组系划分**　对节理要进行分类、划分组系,如有主节理发育,应区分主节理,如条件充分,可对节理分期。如果在工作之初不能对节理进行分类、划分组系和分期时,在收集到一定资料后应及时进行分析概括。

3. **节理发育程度的研究**　岩性和岩层对节理的发育有明显影响。岩性对节理发育程度的影响表现为:较软弱岩层中剪节理较张节理发育;在同一应力状态下,较弱岩层中主要发育剪节理,强硬岩层中主要发育张节理。

岩层的厚度影响节理发育的间距,岩层越厚节理间距越大,岩层越薄节理间距较小。

节理发育程度常以密度或频度表示。节理密度或频度是指节理法线方向上单位长度(m)内的节理条数,即条/米。如果 n 组节理都很陡,可以选定单位面积测定节理数。为了了解岩石的渗透性及其影响,除计算节理密度外,还要计算缝隙度(G),就是节理密度(u)与节理平均壁距(t)的乘积,即

$$G = ut$$

节理发育程度也可以单位面积内节理长度来表示,如一定半径(r)的圆内节理的长度之和(l),即

$$u = \frac{l}{\pi r^2}$$

为了确定节理密度与岩性、层厚的定量关系,在野外可以根据岩性和层厚选定一基准层,然后将不同层厚和岩性的岩石中测得的节理密度进行对比和换算,以求出其比值或系数。

还可分析和测定一定地区节理的均匀度,即节理在空间的离散程度和变异状况。

4. **节理的延伸状况**　在节理与岩层的关系上,可分为层内节理和穿层节理。在观测节理顺走向的延伸上,应注意节理的平行性和延伸长度。对于区域性节理,应注意节理的走向在区域范围的变化趋势。

5. **节理面的观察**　在节理的研究中,应注意节理面的观察。观察内容包括:节理面的形态和结构细节;节理面的平直程度,是否有擦痕;羽饰构造;微剪切羽裂及其与主剪切节理的几何关系。

6. 节理含矿性和充填物的观察　节理常常是重要的含矿构造,应注意节理是否含矿及含矿节理占节理总数的百分数;为研究节理脉的充填作用,可采标本以便进行微观和超微观的观测。对节理脉及节理面上充填物的精细研究,能够获得节理形成及发展过程的许多重要的构造物理学信息。

三、测量和记录

在节理观察点上,测定节理产状与测定岩层产状要素一样。如果节理产状不太稳定而数据精度要求很高时,应逐条进行测量。如果节理按方位和产状分组明显,也可分组测量,每组中测量有代表性的几条节理,然后再统计这组节理的数目。

测量和观察的结果一般填入一定表格或记在专用野外记录簿中,以便整理。记录表格可根据目的和任务编制,一般性节理观察点登记表的格式如表 10-1。

表 10-1　节理观测点登记表

点号及位置	地层时代、层位和岩性	岩层产状和构造部位	节理产状	节理组系及其力学性质和相互关系	节理分期和配套	节理密度	节理面特征及充填物	备注

节理测量的结果,可采用计算机等手段和方法进行统计,结合有关资料加以分析。关于节理测量结果的整理、统计和表示方法详见《构造地质学实习指导书》中的相关内容。

主要参考文献

单文琅. 节理面的羽饰构造及其地质意义. 地球科学,1982,(1)

邓起东等. 剪切破裂带的特征及其形成条件. 地质科学,1966,(3)

宋鸿林. 共轭雁行脉列分析. 地震地质. 1983,5(2)

万天丰. 古构造应力场. 北京:地质出版社,1988

万天丰. 张节理及其形成机制. 地球科学. 1983,22(3)

曾佐勋,刘立林. 羽纹构造和蚌纹构造的理论及实验研究. 地球科学——中国地质大学学报,1994,19(4)

赵健,罗根明,曾佐勋等. 缝合线研究的新进展——以湖北大冶铁山地区为例. 现代地质,2005,19(4)

Beach A. The geometry of En-Echelon vein arrays. Tectonophysics,1975,28(4)

Davis G H. 区域和岩石构造地质学. 张樵英等译. 北京:地质出版社,1988

Gratier J P, et al. Experimental microstylolites in quartz and modeled application to natural stylolitic structures. J. Struc. Geol. ,2005,27:89~100

Hancock P L. The analysis of En-Echelon vein. Geol. Mag. ,1972,(3)

Holst T B, et al. Joint orientation in Devonian rocks in the northern portion of the lower Peninsula of Michigan. Geo. Soc. Am. Bull. ,1981,92(2)

Jefferis R G, et al. Fracture analysis near the Midocean plate boundary, Reykjavik Hvalfjordur area, Iceland. Tectonophysics,1981,76(3~4)

Pollard D D, Aydin A. 一百年来在认识节理作用方面的进展. 林建平译. 构造地质学进展. 北京:地震出版社,1994

Ramsay J G. 岩石变形的裂开-愈合作用. 宋鸿林译. 基础地质译丛,1985,(1)

Roberts J C, Feather fracture and the mechanics of rock-jointing. Am. Jour. Sci. 1961,259(7)

Twiss R J, Moores E M. Structural geology. New York：W. H. Freeman and Company. 1992

Zheng Y D, Wang T, Ma M. Maximum effective moment criterion and the origin of low-angle normal faults. Jour, Struc. Geol. ,2004,26:271~285

第十一章

断层概论

断层是地壳岩石体（地质体）中顺破裂面发生明显位移的一种破裂构造。断层发育广泛，是地壳中最重要的构造类型。大断层常常控制区域地质格架，不仅控制区域地质的结构和演化，还控制和影响区域成矿作用。一些中、小型断层常常直接决定某些矿床和矿体的产状。活动性断层则直接影响水工建筑甚至引发地震。因此，对断层的研究具有重要的理论意义和实际意义。

地壳表层岩石一般为脆性，随着向地下深处温度和压力的增高，岩石也由脆性转变为韧性。因此，地壳岩石中断裂表现出层次性，浅层次形成脆性断层或简称断层；在较深和深层次形成韧性断层或称韧性剪切带；两者之间还存在一个过渡层次。脆性断层和韧性剪切带构成了断层的双层结构。本章的中心内容为（脆性）断层，韧性剪切带将在第十五章阐述。

第一节 断层的几何要素和位移

一、断层的几何要素

断层是一种面状构造。断层面是一个将岩块或岩层断开成两部分并借以滑动的破裂面。断层面的空间位置由其走向、倾向和倾角确定之。断层面往往不是一个产状稳定的平直面，顺走向或倾向都会发生变化。

大的断层一般不是一个简单的面，而是由一系列破裂面或次级断层组成的带，即断层（裂）带。断裂带内还夹杂或伴生有搓碎的岩块、岩片及各种断层岩。一般来说，断层规模越大，断裂带也越宽越复杂。大断裂带还常常呈现分带性。

断层线是断层面与地面的交线，即断层在地面的出露线。断层线的形态取决于断层面的弯曲程度、断层面的产状及地面的起伏。断层面倾角越缓地形起伏越大，断层线的形态也越复杂。

断盘是断层面两侧沿断层面发生位移的岩块。如果断层面是倾斜的，位于断层面上侧的一盘为上盘，位于断层面下侧的一盘为下盘。

根据两盘的相对滑动，相对上滑的一盘叫上升盘，相对下滑的一盘叫下降盘。

二、位移

断层两盘的相对运动可分为直移运动和旋转运动。在直移运动中两盘相对平直滑移，两断盘上未错动前的平行直线，运动后仍然平行。在旋转运动中两盘以断层面法线为轴相对转动滑移，断盘上未错动前的平行直线运动后不再平行。多数断层常兼具有两种运动。

断层位移的方向和大小具有重要的意义，因此在断层研究中应注意测定位移。可是位移的测定却是一个复杂的问题，受多种因素的影响，以致出现各种不同的断距划分方案和繁多的术语。现在介绍的是一些比较通用的术语。

(一)滑距

滑距是指断层两盘实际的位移距离,是根据错动前的一点,错动后分成两个对应点之间的实际距离。两个对应点之间的真正位移距离称为总滑距[图11-1(A)中 ab]。

总滑距在断面走向线上的分量称为走向滑距[图11-1(A)中 ac]。走向滑距与总滑距之间的锐夹角∠cab 为总滑距的侧伏角。

总滑距在断层面倾斜线上的分量称为倾斜滑距[图11-1(A)中 cb]。倾斜滑距可进一步分解出垂直分量[图11-1(A)中的 mb]和水平分量[图11-1(A)中的 cm],分别称为落差和平错。

总滑距在水平面上的投影长度称为水平滑距[图11-1(A)中 am]。

总滑距、走向滑距、倾斜滑距在断层面上构成直角三角形关系。

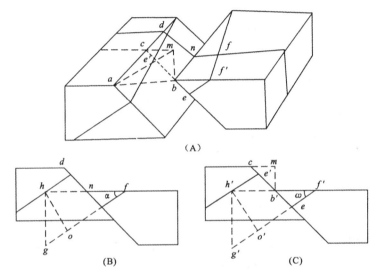

图 11-1 断层滑距和断距

(A)断层位移立体图;(B)垂直于被错断岩层走向的剖面图;(C)垂直于断层走向的剖面图;
ab.总滑距;ac.走向滑距;cb.倾斜滑距;am.水平滑距;ho.地层断距;$h'o'$.视地层断距;
$hg(h'g')$.铅直地层断距;hf.水平地层断距;$h'f'$.视水平地层断距;α.岩层倾角;ω.岩层视倾角

(二)断距

断距是指被错断岩层在两盘上的对应层之间的相对距离。在不同方位的剖面上,断距值是不同的,下面仅将垂直于岩层走向和垂直于断层走向的剖面上的各种断距分述如下。

(1)在垂直于被错断岩层走向的剖面上可测得的断距有:

地层断距　断层两盘上对应层之间的垂直距离[图11-1(B)中 ho]。

铅直地层断距　断层两盘上对应层之间的铅直距离[图11-1(B)中 hg]。

水平地层断距　断层两盘上对应层之间的水平距离[图11-1(B)中 hf]。

以上三种断距构成直角三角形关系,即图11-1(B)上的△hof、△hfg,其中∠α 为岩层倾角。如已知岩层倾角和上述三种断距中的任一种断距,即可求出其他两种断距。

(2)在垂直于断层走向的剖面上,也可测得与垂直于岩层走向剖面上相当的各种断距,即图11-1(C)中的 $h'o'$、$h'g'$ 和 $h'f'$。当岩层走向与断层走向不一致时,除铅直地层断距在两个剖面上相等外,在垂直于岩层走向的剖面上测得的地层断距和水平地层断距都小于垂直断层走向的剖面上测得的数值。如图 11-1(B)中△hog、△hgf 与图 11-1(C)中△$h'o'g'$、△$h'g'f'$，$hg=h'g'$；因 $α>ω$（真倾角大于视倾角），所以 $ho<h'o'$，$hf<h'f'$。$h'o'$ 称视地层断距，$h'f'$ 称视水平地层断距。

第二节　断层分类

断层分类是一个涉及较多因素的问题，涉及到地质背景、运动方式、力学机制和各种几何关系等因素。因此，有各种不同的断层分类。现在只对目前常用的分类加以介绍。

一、断层与有关构造的几何关系分类

（一）按断层走向与所切岩层走向的方位关系分类

依据断层走向与所切岩层走向方位的关系，断层可分为：

1. *走向断层*　断层走向与岩层走向基本一致的断层。
2. *倾向断层*　断层走向与岩层走向基本直交的断层。
3. *斜向断层*　断层走向与岩层走向斜交的断层。
4. *顺层断层*　断层面与岩层层理等原生地质界面基本一致的断层。

（二）按断层走向与褶皱轴向或区域构造线之间的几何关系分类

依据断层走向与褶皱轴向或区域构造线之间的几何关系，断层可分为：

1. *纵断层*　断层走向与褶皱轴向一致或断层走向与区域构造线方向基本一致的断层。
2. *横断层*　断层走向与褶皱轴向直交或断层走向与区域构造线方向基本直交的断层。
3. *斜断层*　断层走向与褶皱轴向斜交或断层走向与区域构造线方向斜交的断层。

二、断层两盘相对运动分类

根据断层两盘的相对运动，可将断层分为以下几类（图 11-2）。

1. *正断层*　正断层是断层上盘相对下盘沿断层面向下滑动的断层。正断层产状一般较陡，大多在 45°以上，而以 60°左右者较为常见。不过研究发现，一些正断层的倾角也很低缓，尤其是一些大型正断层，往往向地下变缓，总体成铲状或犁式。

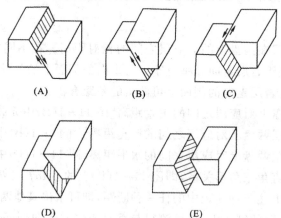

图 11-2　按断层两盘相对运动划分的断层和组合性断层
(A)正断层；(B)逆断层；(C)平移断层；(D)逆-平移断层；(E)正-平移断层

2. 逆断层　逆断层是断层的上盘相对下盘沿断层面向上滑动的断层。根据断层倾角大小而分为高角度逆断层和低角度逆断层。高角度逆断层倾斜陡峻,倾角大于45°。倾角小于45°的逆断层称为低角度逆断层。

逆冲断层是位移量很大的低角度逆断层,倾角一般在30°左右或更小,位移量一般在数公里(通常指5km)以上(图11-3)。逆冲断层常常显示出强烈的挤压破碎现象,形成角砾岩、碎裂岩和超碎裂岩等断层岩,以及反映强烈挤压的揉褶、劈理化、菱形断块的堆叠等现象。

大逆冲断层的上盘,因从远处推移而来而称为外来岩块(体),下盘意味着相对未动而称为原地岩块(体)。推覆体就是一种外来岩块(体),因总体呈平板状又称逆冲岩席。逆冲断层与推覆体共同构成逆冲推覆构造或推覆构造。

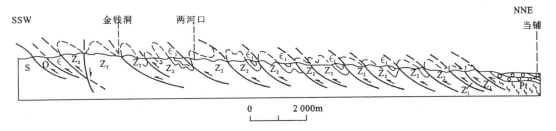

图11-3　湖北武当山区谷城当铺—两河口逆冲断裂系剖面

当逆冲断层和推覆构造发育地区遭受强烈侵蚀切割,将部分外来岩块剥掉而露出下伏原地岩块,表现为在一片外来岩块中露出一小片由断层圈闭的原地岩块,常常是较老地层中出现一小片由断层圈闭的较年轻地层,这种现象称为构造窗(图11-4)。如果剥蚀强烈,外来岩块被大片剥蚀,只在大片被剥露出来的原地岩块上残留小片孤零零的外来岩体,称为飞来峰(图11-4)。飞来峰表现为原地岩块中残留一小片由断层圈闭的外来岩块,常常是较年轻的地层中残留一小片由断层圈闭的较老地层。飞来峰常常成为陡立的山峰。构造窗常位于地形低凹处。

3. 平移断层　平移断层是断层两盘顺断层面走向相对位移的断层。规模巨大的平移断层常称为走向滑动断层。根据两盘的相对滑动方向,又可进一步命名为右行平移断层和左行平移断层,所谓右行或左行是指沿垂直断层走向观察断层时,对盘向右滑动或向左滑动。

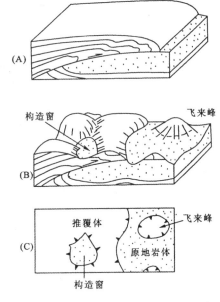

图11-4　飞来峰和构造窗发育过程示意图
(据Mattauer,1980)

平移断层面一般陡峻以至直立。

断层两盘往往不是完全顺断层面倾斜滑动或顺走向滑动,而是斜交走向滑动,于是断层常兼具倾向滑动(正或逆滑动)和平移滑动。这类断层一般采用组合命名,称之为平移-逆断层、逆-平移断层、平移-正断层和正-平移断层(图11-2)。根据习惯,组合命名中的后者表示主要运动分量(图11-2)。

正、逆、平移断层的两盘相对运动都是直移运动。事实上，有许多断层常常有一定程度的旋转运动。断盘的旋转有两种情况：①旋转轴位于断层的一端，表现为横过断层走向的各个剖面上的位移量不等；②旋转轴位于断层的中部一点，表现为旋转轴两侧的相对位移的方位相反，如一侧为上盘上升，而另一侧为上盘下降。

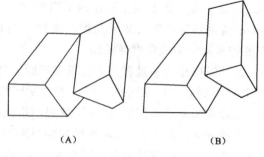

图 11-5 两种旋转的枢纽断层

两种旋转均使两盘中岩层原来一致的产状不再平行一致。旋转量比较大的断层，可称为枢纽断层(图 11-5)。

第三节 断层形成机制

断层形成机制是一个复杂的课题，涉及破裂的发生和断层的形成、断层作用与应力状态、岩石力学性质，以及断层作用与断层形成环境的物理状态等问题。下面对这些问题作一概括分析。

当岩石受力超过其强度，即应力差超过其强度便开始破裂。破裂之初，出现微裂隙，微裂隙逐渐发展，相互联合，形成一条明显的破裂面，即断层两盘借以相对滑动的断裂面。

断层形成之初发生的微裂隙一般呈羽状散布，对其性质，通过扫描电子显微镜的观察，发现大多数微裂隙是张性的。

当断裂面一旦形成且应力差超过摩擦阻力时，两盘就开始相对滑动，形成断层。随着应力释放，应力差($\sigma_1-\sigma_3$)趋向于零或小于滑动摩擦阻力，一次断层作用即告终止。

安德森(Anderson,1951)等学者分析了形成断层的应力状态。他认为因为地面与空气间无剪应力作用，所以形成断层的三轴应力状态中的一个主应力轴趋于垂直地平面。以此为依据提出了形成正断层、逆(冲)断层和平移断层的三种应力状态(图 11-6)。

安德森模式为地质学家所接受，作为分析解释地表或近地表脆性断层的依据。现在一般认为，断层面是一个剪裂面，σ_1 与两剪裂面的锐角平分线一致，σ_3 与两剪裂面的钝角平分线一致。σ_1 所在盘向锐角顶方向滑动，就是说断层两盘垂直于 σ_2 方向滑动。

形成正断层的应力状态是：最大主应力(σ_1)直立、中间主应力(σ_2)和最小主应力(σ_3)水平，σ_2 与断层走向一致，上盘顺断层倾斜向下滑动。根据形成正断层的应力状态和莫尔圆表明，引起正断层作用的有利条件是：最大主应力(σ_1)在铅直方向上逐渐增大，或者是最小主应力(σ_3)在水平方向上减小(图 11-7)。因此，水平拉伸和铅直上隆是最适合于发生正断层作用的应力状态。

形成逆(冲)断层的应力状态是：最大主应力轴(σ_1)和中间主应力轴(σ_2)是水平的，最小主应力轴(σ_3)是直立的，σ_2 平行于断层面走向。根据逆冲断层的应力状态和莫尔圆表明，适于逆冲断层形成作用的可能情况是：σ_1 在水平方向逐渐增大，或者是最小主应力(σ_3)在垂向上逐渐减小(图 11-8)。因此，水平挤压有利于逆冲断层的发育。

形成平移断层的应力状态是：最大主应力轴(σ_1)和最小主应力轴(σ_3)是水平的，中间主应力轴(σ_2)是直立的，断层面走向垂直于 σ_2，滑动方向也垂直于 σ_2，两盘顺断层走向滑动。

安德森模式虽然常常作为地质学家分析断层作用的应力状态的基本依据，但是自然界的

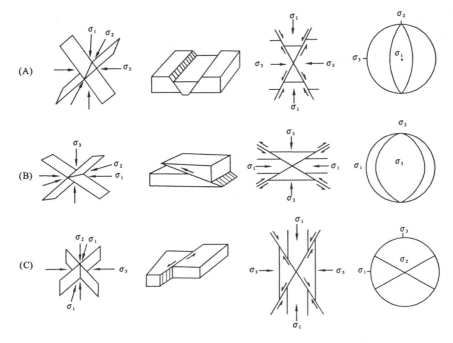

图 11-6 形成三类断层的三种应力状态及其表现型式
（据 Anderson，1951，予以补充）
(A)正断层；(B)逆冲断层；(C)平移断层

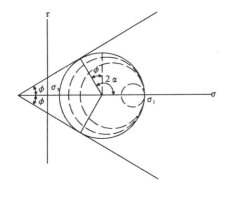

图 11-7 正断层作用的应力状态莫尔圆
（据 Hubbert,1951,稍修改）

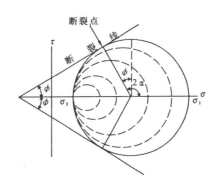

图 11-8 逆冲断层作用的应力状态莫尔圆
（据 Hubbert,1951,稍修改）

情况是复杂的,一些学者对复杂的地质条件进行了分析,企图在分析断层作用时加以考虑。为此,哈弗奈(Hafner,1951)分析了地球内部可能存在的各种边界条件所引起的应力系统。他假定一个标准应力状态并附加以类似实际构造状况的边界条件,从而推算出各种边界应力场下势断层的可能产状和性质。

哈弗奈提出的标准状态的边界条件是：①岩块表面为地表,没有剪应力作用,仅受一个大气压的压力；②岩块底部,应力指向上方,等于上覆岩块的重量；③边界上没有剪应力作用。

任何处在标准状态下的岩石,如受水平挤压,最简单的情况就是两侧均匀受压[图 11-9(A)]。在这种受力情况下,可能出现两组共轭的逆冲断层[图 11-9(B)],它们的产状在浅层次相对稳定。但是，两侧均匀受压毕竟不是地质环境中常见的情况，最常见的是不均匀的侧向挤压。因此，哈弗奈讨论了三种附加应力状态。以下介绍其中两种附加应力状态。两种附加应力状态均假设中间主应力轴水平，共轭剪裂角约60°，以最大主应力轴等分之。

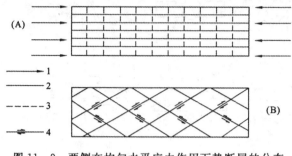

图 11-9　两侧在均匀水平应力作用下势断层的分布
(据 Hafner,1951)
1. 应力；2. 最大主应力迹线；3. 最小主应力迹线；4. 势断层；
(B)图各箭头代表势断层的相对移动方向

第一种附加应力状态(图 11-10)。

水平挤压力来自左侧自上而下逐渐增大，图 11-10 表示区域边界的应力(其大小以矢量的长短表示)及计算出的最大与最小主应力迹线。(B)图显示了由附加应力形成的势断层分布区与应力太小不足以产生断层的稳定区。这种状态下形成的势断层为两组逆冲断层，倾角约 30°，倾向相反。由于最大主应力轴的倾角各点不等，并且有向右增大趋势，所以倾向稳定区的一组逆冲断层的倾角自地表向下逐渐增大，但断层性质不变。

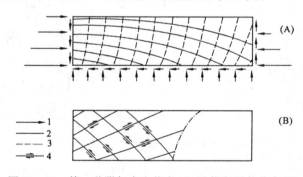

图 11-10　第一种附加应力状态(A)及势断层的分布(B)
(据 Hafner,1951)
1. 应力；2. 最大主应力迹线；3. 最小主应力迹线；4. 势断层；
(B)图的空白区为应力不足以产生断裂的稳定区

第二种附加应力状态(图 11-11)。

附加应力包括两种：①作用在岩块底面上呈正弦曲线状的垂向力[图 11-11(A)下图箭头所示]；②沿岩块底面作用的水平剪切力[图 11-11(A)上图底面箭头所示]。这种应力状态下形成的势断层的产状比较复杂。在中央稳定区的上部形成两组高角度的正断层，每组断层的倾角都向深部变陡。自中央稳定区趋向边缘，断层倾角变缓，一组变成低角度正断层，另一组变成逆冲断层。

以上安德森和哈弗奈的断层发生模式，表示出各类断层的产状、方位与主应力轴的关系。

模式假定介质是均匀的。事实上,地壳浅层是非均质的,不论是一定区域、一定地段,还是局部露头,总是存在各种尺度的软弱面或软弱层。这些软弱面或软弱层的方位、产状与上述模式中的断裂方位并无固定关系。构造作用力的方向、大小和作用速度也不一定是持续稳定的,地质边界条件的选择也有一定困难。但是,另一方面,大地质体或一定地质空间,虽然其中存在许多软弱面或软弱层,如果方位紊乱且规模不大,仍表现出相对均匀性,便有可能应用上述模式对断层发生与区域应力场的关系进行分析。这种分析在以下方面是比较有意义的:①如果已知一定地区内断层的性质和方位,这种分析有助于查明断层发生的应力场;②如果只知部分断层的性质和方位,在结合有关资料初步确定区域应力场的基础上,有助于分析尚未显露或隐伏的断层。

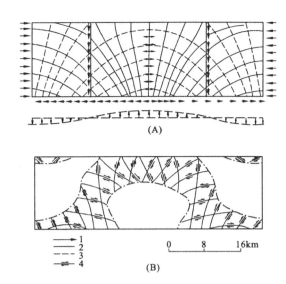

图 11-11 第二种附加应力状态(A)及势断层的分布(B)
(据 Hafner,1951)
图例说明同图 11-9

第四节 断层位移-长度关系及断层联结

许多统计研究显示,断层的最大位移量(D)与断层的延伸长度(L)具有线性比例关系。可以用以下关系式表达:

$$\log D = K + c \log L$$

式中:K——常数,其大小取决于发生断层的围岩的剪切强度(Cowie & Scholz,1992);

c——普通系数。不同学者统计分析获得的 c 值不尽相同,分别获得有 $c=1.0$(Cowie & Scholz,1992)、$c=1.5$(Marrett & Allmendinger,1991)和 $c=2.0$(Watterson,1986;Walsh & Watterson,1988)。Clark & Cox(1996)通过更细致的分析技术对前人的统计数据集进行重新评估和计算分析后发现,尽管不同围岩地质条件下 K 值各不相同,但都具有大体统一的 c 值,其获得的 c 值为 0.946(图 11-12)。

断层最大位移与断层延伸长度之间的这种线性关系使我们能够通过简单的分析测量断层规模来估算断层区的总应变。然而,这一关系应用的前提是断层的发育过程是断层从一点开始向两端不断扩展。实际断层的发育过程存在更为复杂的情况。Crider 和 Peacock(2004)通过大量的野外实践观察研究,认为断层的形成往往是通过不同形式先成或先导构造的连接而发展起来的,他们提出三种不同形式的联结方式。

(1)先成构造的联结:如图 11-13,在应力作用下沿先期形成的一组雁列节理构造逐渐联结形成断层破碎带。

(2)先导构造的联结:如图 11-14,在一期变形中,先形成的节理逐渐发展联合形成贯通性断层破碎带。

(3)先导剪切变形带应变局部化:如图 11-15,通过变形带形成—应变加工硬化—新的变形

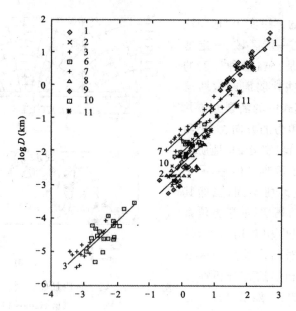

图 11-12 断层最大位移与断层延伸长度之间的对数线性关系
(据 Clark & Cox,1996)

原始数据来源:1.Elliott(1976);2.Krantz(1988);3.Muraoka & Kamata(1983);4.Opheim & Gudmundsson(1989);
5.Peacock(1991);6.Peacock & Sanderson(1991);7.Villemient, *et al.*(1995);8.Walsh & Watterson(1987);
9.North Derby(Watterson,1986);10.Barnsley(Watterson,1986);11.Mid-ocean(Watterson,1986)

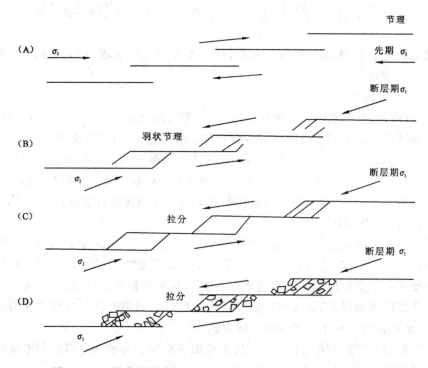

图 11-13 沿先期形成的一组雁列节理构造逐渐联结形成断层
(据 Crider & Peacock,2004)

(A)先期应力状态形成左阶雁列节理;(B)应力系统发生改变,沿节理发生左旋走滑,在翼部伸展区发生破裂;
(C)随着走滑量增大,翼部伸展区进一步伸展破裂形成拉分构造;(D)贯通性断层形成,拉分区发育断层角砾岩带形成—新的应变带加工硬化等系列过程,最终在变形带边部形成不连续断层滑动面。

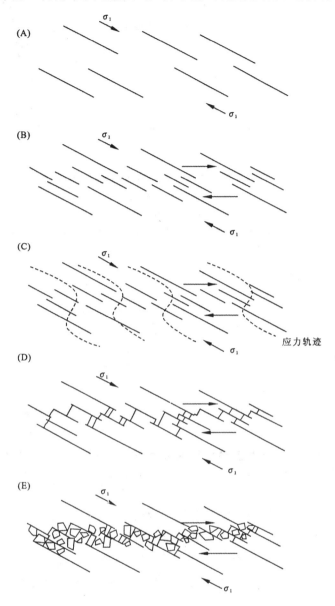

图 11-14 一期变形中,初始形成的节理逐渐发展联合形成贯通性断层破碎带
(据 Crider & Peacock,2004)
(A)初始节理形成;(B)节理密度带状加大;(C)密集节理带中应力失稳,其应力轨迹发生偏转,
并发展成与第一阶段节理垂直;(D)在应力失稳带中,形成与第一阶段节理直交的交叉节理;
(E)贯通性断层形成,伴随节理围限块体的旋转和破坏

前两种形式断层的发展一般经历三个阶段。第一阶段首先沿着先成构造(早期构造)或先导构造(同一变形期的较早阶段的构造)通过剪切作用开始孕育断层;第二阶段是先成构造或先导构造彼此之间通过不同的优选构造开始相互联结,此时,应力在初始断层带内失稳,相互联结的过程可以有位移的不断积累;第三阶段即贯通性断层的形成。岩石结构及岩层产状相对主应力的方向对断层孕育形式也具有重要影响。显然,通过这些方式连接形成的断层,就不

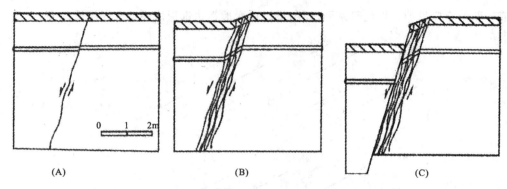

图 11-15　沿先导剪切带应变局部化演化形成的断层变形带
(据 Crider & Peacock,2004)

(A)单一变形带使水平标志层发生偏移,变形带中应变硬化阻止沿变形带的进一步滑动;(B)在老的单一变形带旁侧依次发育系列新的变形带,并不断应变硬化,形成宽的由多条单一变形带组成的变形带,水平标志层呈连续状偏移;(C)当变形带足够宽时,应力在变形带中集中,导致变形带的边界形成不连续断层滑动面

能简单适用上述的位移-长度线性关系。

另外,对于多期活动断层或断层通过不同型式构造转换而调节其位移的断层,其位移-长度关系也不能简单用上述线性关系来描述,因此,在实际运用时还应具体问题具体分析。

第五节　断层岩

断层岩是断层两盘岩石在断层作用中被改造形成的具有特征性结构、构造和矿物成分的岩石。

断层从产出的构造层次上分为脆性断层和韧性断层(韧性剪切带),断层岩也相应地分为与脆性断层伴生的碎裂岩系列和与韧性剪切带伴生的糜棱岩系列。本节只讨论与脆性断层伴生的碎裂岩系。

断层岩的研究是研究断层的一个重要方面:①断层岩是断层存在的良好标志;②断层岩的属性,是碎裂岩系还是糜棱岩系,可以指示断层是脆性断层还是韧性断层;③利用断层岩可以测定或分析断层形成时的温度和压力,为分析断层形成深度和形成环境的温压状态提供信息;④断层岩的结构可以为分析确定断层两盘运动方向提供依据;有时也有助于分析断层形成时的应力状态。

碎裂岩系一般包括断层角砾岩、碎裂岩、超碎裂岩、玻化岩(假玄武玻璃)和断层泥等。

1. **断层角砾岩**　断层角砾岩是由仍保持原岩特点的岩石碎块组成。角砾胶结物为磨碎的岩屑、岩粉及岩石压溶物质和外源物质。这类角砾岩中的角砾形状多不规则,大小不一,杂乱无定向。角砾岩中的角砾一般在 2mm 以上。断层角砾岩中角砾的棱角也可以被磨蚀成透镜状、椭圆状,角砾可以呈雁列式等定向排列。胶结物有时也显示定向,围绕角砾甚至发育劈理。

2. **碎裂岩**　碎裂岩是断层两盘研磨得更细的断层岩,组成碎裂岩的是原岩的岩粉或细粒,或是原岩的矿物碎粒。在偏光显微镜下观察,岩石具有压碎结构。碎裂岩中,如果残留一些较大的矿物颗粒,则构成碎斑结构。碎裂岩的颗粒一般为 0.01~2mm。

3. **超碎裂岩**　超碎裂岩是岩石研磨得极细、粒度较均匀的岩石,一般颗粒在 0.01mm 以下。

4. **玻化岩** 如果岩石在强烈研磨和错动过程中局部熔融,尔后又迅速冷却,会形成外貌似黑色玻璃状的岩石,称为玻化岩或假玄武玻璃。玻化岩往往呈细脉分布于其他断层岩中。

5. **断层泥** 如果岩石在强烈研磨中成为泥状,单个颗粒一般不易分辨,而且较大碎粒(块)含量有限,这种未固结的断层岩可称为断层泥。将原岩成分与断层泥成分对比发现,两者成分不尽相同,这说明断层泥的细粒化,不仅有研磨作用,而且有压溶作用,一些难溶成分残存下来作为断层泥的主要成分。

在一条大断裂带中产出的断层岩并不只限于一类,有时还呈现几种断层岩的分带性和有序排列。

断层岩的分类尚无统一标准,本书根据其成因和实用性,引用一个包括碎裂岩系和糜棱岩系的断层岩分类表,详见第十五章。

第六节 断层效应

断层效应是指断层作用引起的各种现象。本节讨论的断层效应只限于单斜岩层中断层引起地层关系的变化和岩层的视错动,以及切过褶皱的横断层引起的褶皱核部宽度变化和轴迹的视错动。

一、走向断层引起的效应

走向断层常常造成两盘地层的缺失和重复。缺失是指一套顺序排列的地层中的一层或数层在夷平地面上断失的现象(图 11-16)。重复是原来顺序排列的地层中的一层或数层在夷平地面上重复出现的现象(图 11-16)。由于断层性质(即正断层或逆断层)不同,断层与岩层倾向一致或相反,当两者一致时,又有倾角相对大小不同及侵蚀夷平等的各种不同条件,会造成六种基本类型的重复和缺失,如表 11-1 所列。但在自然界中,经常看到的是断层倾角大于岩层倾角的四种情况[图 11-16(A)、(B)、(D)、(E)]。

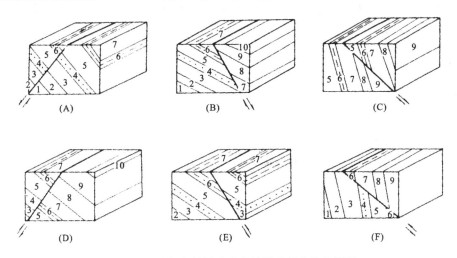

图 11-16 走向断层造成的地层重复和缺失图示

上述说明断层性质、断层倾斜与地层倾斜的关系及地层重复或缺失三个变量呈一定关系。

如果已知三者中的两个变量,可从表 11-1 中确定另一变量。例如,已发现地层重复,并已确定断层产状与岩层产状相反,则可判断该断层性质应为正断层。

表 11-1 走向断层造成的地层重复和缺失

断层性质	断层倾斜与地层倾斜的关系		
	二者倾向相反	二者倾向相同	
		断层倾角大于地层倾角	断层倾角小于地层倾角
正断层	地层重复(A)	地层缺失(B)	地层重复(C)
逆断层	地层缺失(D)	地层重复(E)	地层缺失(F)
断层两盘相对动向	下降盘出现新地层	下降盘出现新地层	上升盘出现新地层

以上讨论的地层重复和缺失,是剥蚀夷平作用使两盘处于同一水平地面上表现的结果。但两盘地面处于同一水平地面的情况是相当少见的;此外,断层走向与岩层走向完全一致及两盘岩层产状稳定不变的情况也不多见,所以在应用上述规律时,要综合考虑各种可变因素。

二、倾向断层引起的效应

单斜岩层被倾向断层横切时,由于岩层与断层间各种不同的交切和滑动关系,常常

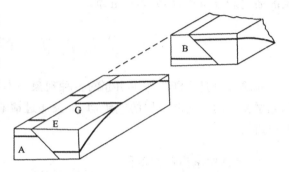

图 11-17 倾向平移断层在背斜两翼剖面上分别显示正断层和逆断层的假象示意图
(据 Gill,1935,稍修改)

引起标志层在平面或剖面上的视错动,即错动层间表现的错动关系与真实错动关系不完全一致。例如,横向正断层切断的单斜岩层,在平面上可能造成平移滑动的错觉。产生错觉的主要原因在于未能从立体上和实际位移上全面分析两盘的错动。如图 11-17 是一个被横向平移断层切断的背斜,而在两翼的剖面上分别显示正断层和逆断层的错觉,下面从几个方面对这个问题加以讨论。

(一)平移断层引起的效应

倾向断层顺断层面走向滑动时,剖面上会表现为正、逆断层(图 11-18)的假象。顺错断岩层倾向滑动的一盘剖面上表现为上升盘假象。

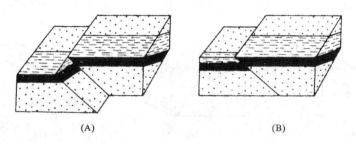

(A)　　　　　　　　　　(B)

图 11-18 倾向平移断层引起的效应
(据 Billings,1956)

倾向平移断层中,顺岩层倾向滑动的一盘在剖面上表现为上升盘,呈逆断层假象

(二) 正（逆）断层引起的效应

当倾向断层的两盘顺断层面倾斜滑动时，侵蚀夷平后的两盘岩层表现为水平错移，给人以平移断层的假象（图 11-19）。

从图 11-19 的水平面上可以看到，上升盘岩层向岩层倾向错动，其水平地层断距的大小决定于总滑距和岩层倾角。总滑距愈大，岩层倾角愈小，水平地层断距也愈大。

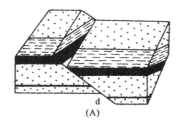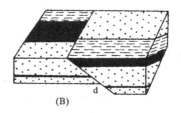

图 11-19 倾向正（逆）断层引起的效应
（据 Billings，1956）
倾向正断层引起的平移断层的假象

上述情况说明，倾向-平移断层与倾向-正（逆）断层引起的平面露头上的效应是相似的，所以在野外观察断层时，不能仅从水平面上岩层的错移来判断断层性质。

(三) 平移-正（逆）断层或正（逆）-平移断层引起的效应

当倾向断层的上盘在断层面上斜向下滑时，会出现三种效应：①如果滑移线与岩层在断层面上的迹线平行，平面上或剖面上岩层好像没有错移（图 11-20）；②如果滑移线位于岩层在断层面上迹线的下侧，剖面上表现为正断层，平面上表现为平移错开；③如果滑移线位于岩层在断层面上迹线的上侧，剖面上表现为逆断层，平面上表现为平移错开。

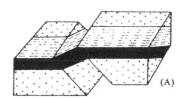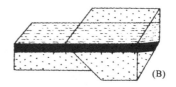

图 11-20 顺岩层在断层面上迹线滑移的效应
（据 Billings，1956）
滑移线与岩层在断层面上的迹线平行，剖面上或平面上岩层好像未被错移

三、横断层错断褶皱引起的效应

褶皱被横断层切断后，平面上有两种表现：①断层两盘中褶皱核部宽度的变化；②褶皱轴迹的错移。

如果横断层完全顺断层走向滑动，则核部在两盘的宽度相等，但核部错开；如果两盘顺断层倾斜滑动，则两盘中褶皱核部宽度不等，背斜上升盘中核部变宽，向斜上升盘中核部变窄。如果顺断层面斜向滑动，褶皱核部宽度发生变化，而且轴迹被错开。

褶皱轴迹在两盘中错移距离的大小决定于三个因素：①两盘平移分量的大小和方向；②两盘倾斜滑动分量的大小；③褶皱轴面的倾角。这三个变量及其相互关系，决定了褶皱轴迹是否错移、错移方向和距离。

以上讨论了断层活动可能造成的错动假象。由于岩层和断层都不是几何平面,还要受地形起伏的影响,因此,自然界的实际现象要比上述分析的情况更加复杂。在分析断层位移时,不能只观察一个平面或一个剖面,一定要考虑到三维空间的立体形象和地形的影响。

第七节 断层的识别

断层广泛发育于不同的构造环境中,类型很多,形成机制各异,大小差别极大,因此,研究的内容、方法和手段各不相同,但是断层研究的首要环节是要识别断层和确定断层的存在。断层虽然可以通过分析和解译航空照片与卫星照片、物探图、地质图和有关资料予以确定或推定,但识别和确定断层存在的主要方式是进行野外观测。

断层活动总会在产出地段的有关地层、构造、岩石或地貌等方面反映出来,即形成断层存在的标志,这些标志则是识别断层的主要依据。

一、地貌标志

断层活动及其存在,常常在地貌上有明显的表现,这些由断层引起的地貌现象就成为识别断层的直接标志。

1. 断层崖 由于断层两盘的相对滑动,断层的上升盘常常形成陡崖,这种陡崖通常称为断层崖。如晋西南高峻险拔的西中条山与山前平原之间就是一条高角度正断层所造成的陡崖。太行山山前断裂带使太行山于河北平原西缘拔地而起,成为华北平原的西部屏障。盆地与山脉间列的盆岭地貌更是断层造成一系列陡崖的良好例证。

2. 断层三角面 断层崖受到与崖面垂直方向的水流的侵蚀切割,乃形成沿断层走向分布的一系列三角形陡崖,即断层三角面(图11-21)。

图 11-21 河南偃师五佛山断层三角面
(据马杏垣等,1981,宋姚生素描)

3. 错断的山脊 错断的山脊也往往是断层两盘相对平移运动的结果。

4. 串珠状湖泊洼地 如我国云南东部顺南北向小江断裂带分布的一串湖泊和盆地,自北至南有杨林海、阳宗海、滇池、抚仙湖、杞麓湖及昆明盆地、宜良盆地、嵩明盆地、玉溪盆地等。

5. 泉水的带状分布 泉水呈带状分布往往也是断层存在的标志。湖北京山县宋河地堑盆地两侧顺着边缘断层出露了两串泉水。西藏念青唐古拉南麓从黑河至当雄是一条现代活动断层,顺着这条断层散布着一串高温温泉。

6. 水系特点　断层的存在常常影响水系的发育,引起河流的急剧转向,甚至错断河谷。

二、构造标志

断层活动总是形成或留下许多构造现象,这些现象也是判别断层可能存在的重要依据。

任何线状或面状地质体,如地层和矿层等均顺其走向延伸。如果这些线状或面状地质体在平面上或剖面上突然中断、错开,不再连续,说明有断层存在。断层造成的构造线不连续现象,可在平面上或在剖面上显示出构造的中断。为了确定断层的存在和错开的距离,应尽可能查明错断的对应部分。

断层活动引起的构造强化是断层可能存在的重要依据,构造强化有：①岩层产状的急变和变陡；②节理化、劈理化窄带的突然出现；③小褶皱剧增,以及挤压破碎和各种擦痕等现象。

构造透镜体是断层作用引起构造强化的一种现象。断层带内或断层面两侧岩石碎裂成大小不一的透镜状角砾块体,长一般为十数厘米至一二米。构造透镜体常成组、成带或叠置产出。构造透镜体一般是挤压作用产出的两组共轭剪节理把岩石切割成菱形块体且菱块棱角又被磨去而形成的(图 11 - 22)。包含透镜长轴和中间轴的平面(即最大扁平面),或与断层面平行,或与断层面成小角度相交。

图 11 - 22　西藏雅鲁藏布江断裂带内的构造透镜体和片理化岩石
(宋鸿林摄,范崇彦素描,1978)
1. 石英绿泥石片岩；2. 绿泥石片岩；
3. 透镜体化石英脉

在断层带中或断层两侧,有时见到一系列复杂紧闭的等斜小褶皱组成的揉褶带。揉褶带一般产于较弱薄层中,小褶皱轴面有时向一方倾斜,有时陡立,但轴面总的产状常与断层面斜交,与断层面所交锐角一般指示对盘运动方向。

断层岩的发育和较广泛产出也是断层存在的良好直接判断依据。

三、地层标志

地层的重复和缺失是识别断层的重要依据,如表 11 - 1 所列。

四、岩浆活动和矿化作用标志

大断层尤其是切割很深的大断裂常常是岩浆和热液运移的通道和储聚场所,因此,如果岩体、矿化或硅化等热液蚀变带沿一条线断续分布,常常指示有大断层或断裂带的存在。一些放射状或环状岩墙也指示放射状断裂或环状断裂的存在。

五、岩相和厚度标志

如果一地区的沉积岩相和厚度沿一条线两侧发生急剧变化,可能是断层活动的结果。断层引起岩相和厚度的急变有两种情况:①控制沉积盆地和沉积作用的同沉积断层的活动,引起断层两侧沉积环境的明显变化,岩相和厚度因而发生显著差异;②断层的推移,使相隔甚远的岩相带直接接触。

查明和确定断层是研究断层的基础和前提,在地质调查中,应注意观察、发现和收集指示断层存在的各种标志和迹象,结合其他地质条件和背景,加以综合分析,以便做出确切而又适当的结论。

第八节 断层的观测

在识别和确定断层后,应测定断层面产状和判定两盘相对运动,以便确定断层性质(正、逆或平移断层),进而测定或分析断层规模和组合关系,分析断层在区域构造中的地位和形成机制。

一、断层面产状的测定

断层面有时显示于地表,可以直接测定,有时隐蔽,只能间接测定。如果断层规模不大,断层面比较平直,地形切割强烈且断层线出露良好,可以根据断层线的"V"字形来判定断层面的产状。

隐伏断层的产状,主要根据钻孔资料,如果断层面比较平直,可用三点法予以测定;利用物探资料也可判定断层面产状。

断层伴生和派生的小构造也有助于判定断层产状。断层派生的同斜紧闭揉褶带、劈理化带,以及定向排列的构造透镜体带等,常与断层面成小角度相交。这些小构造变形愈强烈,愈压紧,与断层面也愈接近。需要指出的是,这些小构造的产状常常是易变且急变的,应大量测量并进行统计分析以确定代表性的产状,然后加以利用。

在确定断层面产状时,要充分考虑到断层产状沿走向和倾向可能发生的变化。许多大断层尤其是逆冲断层的断层面,常呈波状起伏或台阶式。对于这种波状性的原因有多种不同解释:①大断层形成前的初始子断裂是各自分散而后逐渐联合的,由于联合的方式不同,可以有折线状、正弦曲线状或花冠状等。②格佐夫斯基(Гзовский,1975)认为,在断裂形成后原应力场的正应力和剪应力轨迹将发生偏转,引起断裂线向另一方向偏转,最后形成弧形面。③至于台阶式,主要是逆冲断层中断坪与断坡交替变化的结果。④各套岩系的岩性差异、不同深度物理条件对断裂的影响及多期变形等,也都影响断层产状及其产状的变化。总之,不要简单地把局部产状作为一条较大断裂的总的产状,也不能认为某类断层一定具有某种固定形态。至于切割很深的大断裂,产状总是要变化的,例如隆起边缘的大断层,地表常为低角度逆冲断层,向深处倾角可以逐渐变大,甚至直立。伸展区大型正断层,也常呈上陡下缓的犁式。

二、断层两盘相对运动方向的确定

断层运动是复杂的,一定规模的断层常常经历了多次脉冲式滑动。如一条正断层,在各次微量滑动中,虽然上盘以沿倾斜下滑为主,但也包含多次斜向滑动。对一些现代活动断层的观测已可初步绘出两盘相对滑动的曲线。因此,在分析并确定两盘相对运动时,应充分考虑其多变性。不过一条断层的活动性质或一定阶段的活动性质常常又具有相对稳定性。这种运动总会在断层面上或其两盘留下一定的痕迹,如擦痕等。这些痕迹或伴生现象又成为分析判断断层两盘相对运动的主要依据。

（一）根据两盘地层的新老关系

分析两盘中地层的相对新老,有助于判断两盘的相对运动。对于走向断层,上升盘一般出露老岩层,或老岩层出露盘为上升盘[图 11-16(A)、(B)、(D)、(E)]。但是,如果地层倒转,或断层倾角小于岩层倾角,则老岩层出露盘是下降盘[图 11-16(C)、(F)]。如果两盘中地层变形复杂,为一套强烈压紧的褶皱,那么就不能简单地根据两盘直接接触的地层新老而判定相对运动。如果横断层切过褶皱,对于背斜,上升盘核部变宽,下降盘核部变窄,对于向斜,情况相反。

（二）牵引构造

断层两盘紧邻断层的岩层,常常发生明显的弧形弯曲,这种弯曲叫作牵引褶皱。一般认为这是两盘相对错动对岩层拖曳的结果,并且以褶皱的弧形弯曲的突出方向指示本盘的运动方向(图 11-23)。可是近年来许多学者对牵引褶皱详细研究后提出,如果"牵引"褶皱是两盘相对运动引起的,则意味着断层发生时的脆性变形过程在先而塑性弯曲在后,这与一般变形发育的过程是矛盾的。所以,有人提出可能是先挠曲而后发生断层的论点。牵引褶皱的弯曲方位,不仅决定于两盘相对运动,还决定于断层产状与两盘标志层的产状及在不同剖面或平面上的表现。一般说来,变形越强烈,牵引褶皱愈紧闭。为了准确利用牵引褶皱,应该在平面上和剖面上同时进行观察,还要结合断层两盘相对运动的其他特征,以作出断层两盘相对滑动的较准确结论。

图 11-23 断层带中的牵引及其指示的两盘滑动方向

除正常牵引构造外,还有一种逆牵引构造(或称为反牵引构造)。这种逆牵引的弯曲形态与正常牵引构造的弯曲形态相反,即弧形弯曲突出方向指示对盘运动方向。关于逆牵引构造,下面还将进一步讨论。

（三）擦痕和阶步

擦痕和阶步是断层两盘相对错动在断层面上因磨擦等作用而留下的痕迹。擦痕为一组比较均匀的平行细纹。在硬而脆的岩石中,擦面常被磨光和重结晶,有时附以铁质、硅质或碳酸盐质等薄膜,以至光滑如镜而称为磨擦镜面。

1. 擦痕　是两盘岩石被磨碎的岩屑和岩粉在断层面上刻划的结果。擦痕有时表现为一端粗而深,一端细而浅。由粗而深端向细而浅端一般指示对盘运动方向。如用手指顺擦痕轻轻抚摸,可以感觉到顺一个方向比较光滑,相反方向比较粗糙,感觉光滑的方向指示对盘运动方向。

2. 阶步　在断层滑动面上常有与擦痕直交的微细陡坎,这种微细陡坎称为阶步[图 11-24(A)]。阶步的陡坎一般面向对盘的运动方向。在断层滑动面上有时可以看到一片片纤维状矿物晶体,如纤维状石英、纤维状方解石及绿帘石、叶腊石等。它们是在两盘错动过程,在相邻两盘逐渐分开时生长的纤维状晶体,这类纤维状晶体称为擦抹晶体,许多擦痕实质上就是十分细微的擦抹晶体。断层滑动过程中,各纤维状晶体常被横向张裂隙拉断而形成一系列微小阶梯状断口和微细陡坎（阶步），陡坎指示对盘运动方向[图 11-24(A)、图 11-25]。

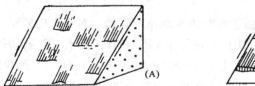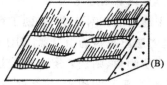

图 11-24　断层面上的阶步和反阶步
(A)由磨擦形成的正阶步；(B)由羽列剪裂隙形成的反阶步

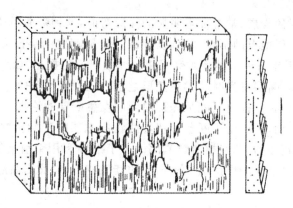

图 11-25　北京西山奥陶系石灰岩断层面上的擦痕和阶步
(宋鸿林摄，杨光荣素描，1978)
擦痕和阶步由方解石纤维状晶体构成，陡坎面向对盘滑动方向

多年来阶步一直作为判断断层两盘运动的标志，并在实际运用中取得了良好的效果。可是 1958 年帕特森（Paterson）对这一问题提出了异议，他根据一系列实验证明，某些断层面上的小陡坎并不面向对盘运动方向，而是指示本盘运动方向，即与上述阶步指示的位移方向相反。这样的小陡坎称之为反阶步。反阶步是次级剪切羽列横断结果[图 11-24(B)、图 11-26]。可是，为什么野外观察的阶步大都是正阶步，而实验做出的断层面上的小陡坎却是反阶步呢？进一步研究确认，在断层面形成初期生成的小陡坎都属于反阶步，随着断层两盘的相对运动，初始形成的反阶步大都被磨失了，保留在断层面上的陡坎主要是断层发育晚期形成的正阶步。一般来说，正阶步的眉峰常常稍成弧形弯转，而反阶步的眉峰常常成棱角直切；要准确判断是正阶步还是反阶步，还要结合其他标志分析。

必须指出，断层运动常常是长期多次活动的，即使在同一次活动中，两盘运动方向也不一定保持稳定。而晚期运动的擦痕常将早期擦痕抹去或掩盖，保留在断层面上的往往是最后一次运动造成的擦痕。因此，不能仅仅以擦痕指示的方向代表总的运动方向，也不能根据断层面上有不同方向的擦痕，就轻易作出发生了两次或多次运动的结论。

(四)羽状节理

在断层两盘相对运动的过程中，断层一盘或两盘的岩石中常常产生羽状排列的张节理和剪节理。这些派生节理与主断层斜交，交角的大小因派生节理的力学性质不同而有差异。羽状张节理与主断层常成 45°角相交，羽状张节理与主断层所交锐角指示节理所在盘的运动方向（图 11-27）。

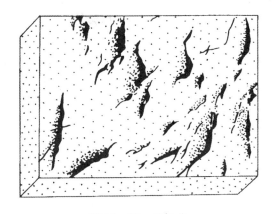

图 11-26 反阶步
(李东旭摄,杨光荣素描,1978)
河北遵化震旦系白云质灰岩断层面上的小陡坎,陡坎为横断的次级剪切羽列,
陡坎面向本盘滑动方向,为反阶步

断层派生的节理除羽状张节理外,还可能有两组剪节理(图 11-27 中的 S_1、S_2),一组与断层面成小角度相交,交角一般在 15° 以下,即为内摩擦角的一半;另一组与断层成大角度相交或直交。小角度相交的一组节理,与断层所交锐角指示本盘运动方向。断层派生的两组剪节理特别是大角度相交的一组产状较不稳定,发育不好,不易用来判断断层两盘的相对运动。

(五)断层两侧小褶皱

由于断层两盘的相对错动,断层两侧岩层有时形成复杂紧闭的小褶皱。这些小褶皱轴面与主断层常成小角度相交,所交锐角指示对盘运动方向(图 11-27)。

(六)断层角砾岩

如果断层切割并锉碎某一标志性岩层或矿层,根据该层角砾在断层带内的分布可以推断断层两盘相对位移方向,如图 11-28 指示上盘上升。

有时断层角砾成规律性排列,这些角砾的 XY 面与断层所夹锐角指示对盘运动方向。

以上讨论了断层两盘相对运动的各种标志。需要指出的是,断层运动是复杂多变的,常常是多期次的,先期活动留下的各种现象,常被后期活动所磨失、破坏、叠加、改造,最后留下的只是改造过的或最后一次活动的遗迹。因此利用上述标志时,要进行统计分析并互相印证。

根据断层面产状和两盘相对滑动,可以确定断层的类型,是正断层、逆断层或是平移断层。

三、断层规模的分析和测定

在研究断层时,应注意查明和测定断层的规模,一方面要追索断层延展的长度,另一方面要尽可能查明或分析其顺倾向延伸的深度。

测定断距是研究和观察断层中一个重要而复杂的问题。对于中、小型断层,如果断层和两盘岩层产状比较稳定,可以根据标志层测定其断距。有时也可以通过作图测定。对于大断层,只有通过被错断标志层进行对比分析,往往还要进行剖面复原编制平衡剖面以查明其位移距

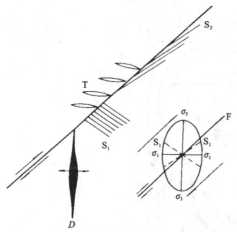
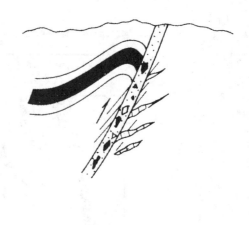

图 11-27 断层及其派生节理和小褶皱示意图
F. 主断层；σ_1. 派生应力场主压应力轴；
σ_3. 派生应力场主张应力轴；S_1、S_2 剪节理；
T. 张节理；D. 小褶皱轴面

图 11-28 根据断层带中标志层角砾的分布推断断层两盘相对运动示意图

离。

断层顺走向向两端延伸终将消失，这意味着引起断层的应力消减或应力应变场性质的转变。中、小型断层可以表现为位移逐渐减小而消失，也可以表现为断层自然分散，转变为一系列小微断层或破裂面。对于逆冲断层，可能出现揉褶带、密集节理-劈理带等构造强化现象。对于走滑断层，可能出现与主断层成小角度相交的张剪性或压剪性雁列式或马尾丝状小断裂集合带。至于区域性大断裂，往往因区域应力场的转变而形成另一套构造将断裂截断或自然转换成另一套构造。

第九节 断层作用的时间性

断层一旦形成，两盘将相对持续滑移。根据对现代地震的断层滑移的观测，以及对断层派生现象的时空分析，可以认为断层是以十分不均匀的方式活动的，表现为复杂的脉冲式，每次脉冲的速率、位移量甚至方位都不是稳定一致的。根据对大断层位移的研究和统计分析，在断层持续活动阶段，平均速度每年约 1cm 至数厘米。从地质时标看，速度是很高的。以下再对几个问题进行讨论。

一、断层活动时间的确定

一般规模的断层多是在一定构造骤变阶段中形成的。对于这些基本上在一次构造骤变期形成的断层，可以利用与断层同期变形的地层和褶皱等的相互关系来确定其形成时期。如果一条断层切断一套较老的地层，而被另一套较新的地层以角度不整合所覆盖，可以确定这条断层形成于角度不整合下伏地层中最新地层形成以后和上覆地层中最老地层形成以前，即在下伏地层强烈变形时期。

如果断层被岩墙、岩脉充填，而且岩墙、岩脉有错断迹象，则岩体侵入与断层形成或活动时期大体相当。利用放射性同位素定年测定的岩体时代，基本代表断层的形成时代或活动时代。如果断层被岩体切断，断层形成显然早于岩体时代。如果断层切割岩体，则断层活动应晚于岩

如果断层与被其切断的褶皱成有规律的几何关系,很可能是在同一次构造运动中形成的,查明这次构造作用的时期,也就确定了断层形成时期。

此外,由重力作用引起的重力滑动断层,可以在沉积时期、成岩时期、构造运动时期或其以后的任一时期发生。这类断层的形成时期可以根据卷入断层的最新地层和未被切断的上覆最老地层来确定。

总之,断层一般形成于某一构造骤变时期,也可以与某一沉积盆地的沉积作用同时活动。而重力滑动断层可以在地质发展的任一阶段形成和发育。因此,对断层的形成和发育时期,应依具体断层进行具体分析,并且与断层产出地区的构造发展演化史联系起来进行对比。

二、断层长期活动的分析

地壳上,一些区域性大断裂是长期活动的。这些断裂常常经历了一个以上的构造活动期。即使在一个多阶段的构造活动过程中,不仅在构造骤变时期活动,在相对宁静时期也在活动,也可以在活动一定时期后静止,以后又再活动。大断裂的长期多次活动主要根据断裂控制下发育的地层及其厚度和岩相的变化来确定。表现在断层两盘几个时期的地层的岩相和厚度有显著差异,从而说明这类大断裂有过长期多次活动的历史。还要指出,经历长期多阶段活动的断层,各阶段活动的强度及断层活动的性质都可能有很大变化,如前期的逆冲断层在后期会转变为正断层等。

大型走向滑动断层会引起两侧地层对应性水平错开,时代愈老的地层错移距离愈远。控制沉积盆地边缘的大型正断层,往往与盆地沉降同时活动,即同沉积断层。

岩浆活动也是分析确定断层是否长期活动的一个依据。长期多次活动的大断裂往往成为多期岩浆活动带。由此所形成的构造岩浆岩带为分析断裂的长期多次活动提供了重要依据,其岩性也在一定程度上反映切割深度的变化。伴随长期多次的岩浆活动,会发生长期多次的成矿作用,从而形成复杂多金属成矿带。

三、同沉积断层

同沉积断层又称生长断层,主要发育于沉积盆地边缘。在沉积盆地形成发育的过程中,盆地不断沉降,沉积不断进行,盆地外侧不断隆起,这些作用都是在控制盆地边缘的断层不断活动过程中发生的。在大型盆地内部也常有次级同沉积断层出现。

同沉积断层规模以大、中型为主。我国这类断层主要发生在中、新生代,很可能与我国中、新生代断陷盆地的广泛发育有着密切的关系,也可能是由于中、新生代断层保留的同沉积特点更多更全些。

同沉积断层有以下主要特点:①同沉积断层一般为走向正断层,剖面上常呈上陡下缓的凹面向上的铲状;②上盘即下降盘地层明显增厚,这是同沉积断层最基本的特征和识别标志(图11-29)。同一地层在下降盘与上升盘的厚度比称为生长指数,生长指数反映了同沉积断层的活动强度;③断距随深度增大,地层时代愈老,断距愈大,因为断距是累积的,所以任一标志层的断距都反映了这层形成以前断层活动引起的断距之和;④上盘常发育逆牵引构造,逆牵引构造一般构成背斜,与断层走向一致延伸,背斜顶点向深部逐渐偏移,偏移的轨迹与断层面大致平行。

逆牵引构造在美国科罗拉多州首先发现,以后又在墨西哥湾沿岸发现。近年来,在我国

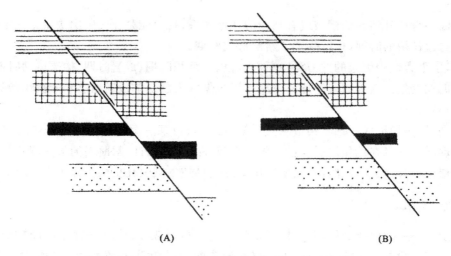

图 11-29　同沉积断层(A)与一般断层(B)两盘地层厚度变化的对比图示

中、新生代含油盆地中也发现了这类构造。逆牵引构造发育于变形轻微地区的正断层上盘,与正牵引构造比较,倾角十分平缓,规模比正牵引构造大得多,宽度达数百米至 1 000m 以上。对逆牵引构造的成因有不同看法。一般学者较同意汉布林(Hamblin)根据在科罗拉多高原西部的观察所作的解释。他指出,这里的断层实际是一个凹向上的曲面,断层上盘沿断层面下滑时,由于向下倾角变小而在上部出现裂口。当出现裂口时,为了弥合这个空间,上盘下降的拖力将使上盘地层下弯,以至形成逆牵引构造(图 11-30)。如果地层脆性较高而未能塑性弯曲时,则可能形成次级反向断层(图 11-30)。

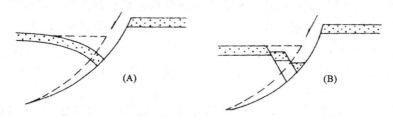

图 11-30　逆牵引构造(A)与反向断层(B)
(据 Hamblin,转引自马杏垣,1982,改绘)

同沉积断层一般发育于伸张断陷盆地的边缘,往往继承基底断层,重力滑动和差异压实在一定程度上促进了同沉积断层的活动。

同沉积断层与成油盆地的形成和演化、逆牵引背斜与储油具有密切的关系,因此引起了人们的广泛关注和兴趣。

主要参考文献

徐开礼,朱志澄．构造地质学．北京:地质出版社,1989
俞鸿年,卢华复．构造地质学原理(第二版)．南京:南京大学出版社,1998
庄培仁,常志忠．断裂构造研究．北京:地震出版社,1996

Billings M P. 构造地质学. 张炳熹等译. 北京:地质出版社,1959

Clark R M, Cox S J D. A modern regression approach to determining fault displacement - length scaling relationships. J. Struc. Geol. ,1996,18:147~152

Cowie P A, Scholz C H. Physical explanation for the displacement - length relationship of faults using a post - yield fracture mechanics model. J. Struc. Geol. ,1992a,14:1133~1148

Cowie P A, Scholz C H. Displacement - length scaling relationship for faults:data synthesis and discussion. J. Struc. Geol. ,1992b, 14:1149~1156

Crider J G, Peacock D C P. Initiation of brittle faults in the upper crust: a review of field observations. J. Struc. Geol. , 2004,26:691~707

Davis A F, et al. Extensional layer - parallel shear and normal faulting. J. Struc. Geol. ,1998,20(4)

Davis G H. 区域和岩石构造地质学. 张樵英等译. 北京:地质出版社,1988

Hatcher,Robert D Jr. Structural geology — principles,concepts,and Problems. 2nd ed. , New Jersey:Prentice Hall,Englewood Cliffs,1995

Hobbs B E, et al. 构造地质学纲要. 刘和甫等译. 北京:石油工业出版社,1982

Mandl G. Mechanics of tectonic faulting developments in structural geology. Elsevier. 1988

Marrett R, Allmendinger R W. Estimates of strain due to brittle faulting: sampling of fault populations. J. Struc. Geol. ,1991,13:735~738

Mattauer M. 地壳变形. 孙坦等译. 北京:地质出版社,1984

Park R G. 构造地质学基础. 李东旭等译. 北京:地质出版社,1988

Spencer E W. 地球构造导论. 朱志澄等译. 北京:地质出版社,1981

Twiss R J, Moores E M. Structural geology. New York: W. H. Freeman and Company. 1992

Walsh J J, Watterson J. Analysis of the relationship between displacements and dimensions of faults. J. Struc. Geol. ,1988,10:239~247

Watterson J. Fault dimensions, displacements and growth. Pure & Appl. Geophys. 1986,124:366~373

第十二章

伸展构造

伸展构造是在岩石圈水平方向拉伸及垂向薄化作用下形成的构造组合系统。伸展构造与挤压作用形成的构造是全球构造中最为醒目的两种构造类型,在时间和空间上有密切关系,而且尚有与剪切作用联合形成的压剪及张剪构造型式。重力及重力不稳定性是形成伸展构造的驱动机制之一。伸展作用又可导致形成不同规模和样式的重力滑动及伸展坍陷构造。伸展构造作用与某些固体矿产、有机矿产、地震等有成因上的关系,与资源、地质灾害和国民经济可持续性发展息息相关。

第一节 伸展构造型式

在大陆伸展地区,伸展构造多表现为正向滑动为主的断层、剪切带和拆离带(detachment belt)组合型式,发育在岩石圈不同的层次、尺度、区域构造背景和构造演化阶段。主要构造型式如下。

一、地堑和地垒

1. **地堑** 主要由两组走向近平行且相向倾斜的正断层构成。单个小型地堑在露头尺度上即可看到由两条相向倾斜正断层组成,两条断层之间的共同上盘下降,两条断层的下盘上升[图 12-1(A)]。

2. **地垒** 与地堑恰好相反,由两组走向平行反向倾斜的正断层构成[图 12-1(B)],在简单情况下,由两条正断层组成的地垒,中间共同的下盘上升,两侧的断层上盘下降。

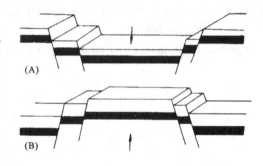

图 12-1 地堑(A)与地垒(B)

通常情况下,地堑和地垒相伴发育,正断层多呈阶梯状,形成盆岭型构造-地貌单元。

盆岭构造 盆岭构造一词源自美国西部科迪勒拉山系的盆岭区,是指由不对称的纵列单面山、山岭及其间列的盆地组成的构造-地貌单元。盆岭构造是在区域性的地堑、地垒、掀斜式阶梯断层控制下形成发育的,是岩石圈伸展区具有典型性的构造-地貌形式,我国南方许多地区的中、新生代构造,常具有这种构造特色。

二、断陷盆地

在伸展背景条件下受基底及盆缘正断层控制发育的沉积盆地,称为断陷盆地,这些盆地规模大小不一,如我国中东部的华北盆地、松辽盆地和江汉盆地等大型盆地,秦岭造山带内的徽成盆地、西峡盆地和南阳盆地等中、小型盆地。如果断陷盆地一侧断层发育,形成一侧由主干弧形或铲形正断层控制的不对称盆地,则称为箕状断陷或半地堑盆地(图12-2)。箕状断陷盆地可呈单个产出,也可以由多个箕状断陷盆地构成一个系列。一般说来,断陷盆地规模越大,盆缘及盆内构造越复杂,控制其发育的因素也越多,往往是多次(正或负)构造反转甚至与大型走滑作用联合形成的复合盆地。

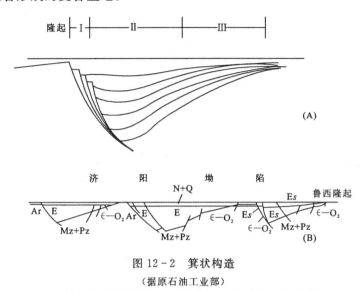

图12-2 箕状构造
(据原石油工业部)
(A)箕状断陷构造结构:Ⅰ.断阶带;Ⅱ.深凹带;Ⅲ.斜坡带;
(B)山东济阳坳陷中的箕状断陷构造

三、裂谷

裂谷是区域性伸展隆起背景上形成的巨大窄长断陷,切割深,发育演化期长,常具有地堑型式。

按照裂谷发育的区域构造部位及其地质构造特征,可分为大洋裂谷、大陆裂谷和陆间裂谷。大西洋中央海岭上的裂谷是大洋裂谷的典型,东非裂谷是大陆裂谷的典型,红海裂谷是陆间裂谷的典型。许多学者认为,大洋裂谷、陆间裂谷和大陆裂谷共同构成了全球裂谷系。大陆裂谷→陆间裂谷→大洋裂谷是一演化系列,反映了大陆开裂、漂移、海底扩张的过程。不过,并非所有的大陆裂谷都能演化成大洋裂谷。

大陆裂谷的主要特征如下:

(1)裂谷是由一系列以正断层为主的地堑、半地堑组成的复杂地堑系,通常发育于区域性隆起的轴部,表现为断陷谷和断陷盆地等构造-地貌景观,反映岩石圈的伸展作用。

(2)裂谷中往往沉积一套巨厚的包括磨拉石之类的碎屑沉积,常伴有蒸发岩、火山熔岩和火山碎屑沉积。裂谷沉积中常包含重要的沉积矿产。

(3)裂谷往往是浅源地震带和火山带。裂谷带内的地球物理场一般表现为巨大的负布格重力异常和负磁异常,或者为负背景值上的正异常。裂谷的边界一般表现为明显的重力梯度带和磁力梯度带。大陆裂谷热流值一般较高,且变化幅度较大。

(4)大陆裂谷带发育的岩浆岩有两类共生组合:①大陆溢流玄武岩,主要为拉斑玄武岩,也包括碱性玄武岩及其深成侵入岩体;②双峰系列,可以是拉斑玄武岩-流纹岩套,也可以是碱性玄武岩-响岩或粗面岩套。

(5)深部结构上,裂谷下地幔升高,地壳变薄,玄武岩层下普遍存在着波速较低的壳-幔物质混合组成的裂谷垫。

自20世纪70年代以来,我国地质学家对裂谷进行了广泛的研究,提出了存在中、新生代时期以及更老时期的裂谷,如华北平原新生代裂谷、白垩纪沂沭裂谷及攀西裂谷等。

四、变质核杂岩

变质核杂岩(metamorphic core complex)是被构造上拆离及伸展的未变质沉积盖层所覆盖的、呈孤立的平缓穹形或拱形强烈变形的变质岩和侵入岩构成的隆起(Coney,1980)(图12-3)。

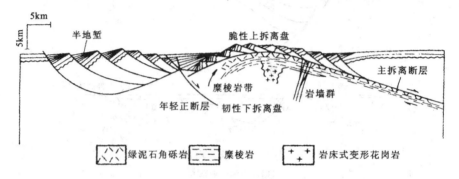

图12-3 拆离断层和变质核杂岩(体)结构示意图
(据 Lister,1984)

根据经典地区变质核杂岩和我国一些地区变质核杂岩的发育状况和结构,变质核杂岩通常具备以下基本特征。

(1)变质核杂岩由深层抽拉抬升的变质基底(下盘)和变质变形较弱的盖层(上盘)组成,外形近圆形或椭圆形,直径一般十余公里至数十公里,呈分散孤立的穹隆状和短轴背形状产出。

(2)基底与盖层间以规模巨大的低角度正向拆离断层分隔;基底岩石属塑性变形域,内部有岩体侵入,变形强烈;顶部总是发育一条厚达几十米甚至几百米厚的糜棱岩带,糜棱岩化随着与拆离断层距离的增加而减弱,向深部过渡为正常片麻岩。

(3)拆离断层原始产状近水平,在伸展拆离中变成犁式,其上盘以发育多米诺式断层为特征,亦有次级顺层断层并使地层拆离减薄和缺失,使得地层柱中的上部地层直接覆于基底变质杂岩之上,变形一般属脆性域。原始拆离断层可因穹隆作用而呈穹状。在长期发展中可形成不止一条拆离断层所组成的拆离断层系。

(4)拆离断层(带)内岩石强烈破碎,与其接触的糜棱岩带的顶部可卷入碎裂岩化而形成绿泥石微角砾岩(超碎裂岩);顺拆离断层倾斜向下,经脆-塑性过渡域而趋近塑性域,碎裂岩带逐渐转变为狭窄的网状韧性剪切带,进而汇入糜棱岩构成的韧性剪切带。通常,拆离带的上边界发育成统一的大型脆性破裂滑动面,即盖层的主底剪切面(带)。

变质核杂岩周缘常发育箕状断陷盆地,其中常常堆积了一套粗碎屑沉积。箕状断陷是与变质核杂岩同步或稍晚发育的,所以对其中沉积物的分析有助于确定变质核杂岩形成时期和发育过程。在以滑动摩擦作用为主导变形机制的拆离断层上盘底部,形成了沿拆离断层面向下运动的连续倒转褶皱、平卧褶皱、鞘状褶皱及伴生的低缓角度正断层组合,其构造样式类似于地壳浅层次的重力滑动构造样式(图12-4)。

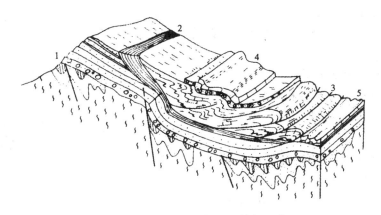

图 12-4 重力滑动构造的结构要素
（据马杏垣、索书田等，1981）
1. 下伏系统；2. 润滑层；3. 滑面；4. 滑动系统；5. 前缘推挤带

五、岩墙群

岩墙是横切围岩构造的板状侵入岩体，常成群出现，呈平行或放射状排列，是一种伸展构造的重要样式。我国大同、集宁地区古老变质岩系分布区的辉绿岩墙群、三峡地区黄陵花岗岩体内部的粗玄岩墙群，与加拿大、格陵兰等古老大陆上的基性岩墙群（1 000～600Ma）一样，均反映了中元古代—新元古代全球范围内大陆壳的相对稳定性、裂解（如罗迪尼亚超大陆破裂）及大规模的伸展运动（Windley，1977）。在裂谷带、变质核杂岩的深部及大型隆起和坳陷的过渡带，都是岩墙群发育的优选部位，因此，可以藉助于岩墙群计算伸展量，研究地壳在垂向和水平方向上不同部位的伸展变形之间的联系（图 12-5）。

需要指出的是，区域性岩浆活动，尤其是大规模的玄武岩流溢活动，如我国二叠纪峨眉山玄武岩流，也是区域性伸展作用的具体表现。

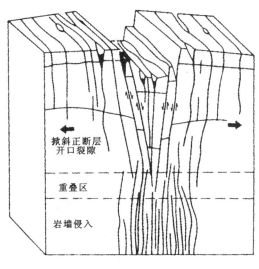

图 12-5 垂向上岩墙群发育伸展变形
（据 Helgason 等，1985）

第二节　伸展构造发育模式

目前已经提出了各种几何学的、运动学的、流变学的及动力学的模式，来解释岩石圈不同构造层次上伸展构造的发育规律及动力学过程。

沃尼克等（Wernicke & Burchfiel，1982）根据断层面几何形态及断块沿断层面位移特点，将正断层划分为两种类型，即非旋转（高角度）的和旋转的，其中旋转一类中又分出仅岩层旋转的铲状断层及断层和岩层均旋转的平面断层或铲状断层(图12-6),并分别讨论了计算它们伸展量的方法。

沃尼克等的正断层分类,适合于地壳浅层次及伸展盆地内断层的观察和解释。当然,它们的组合型式,也可能反映了深部更大规模的伸展构造特征。

利斯特等(Lister,1986)对被动大陆边缘的演化及拆离断层作用(detachment faulting)研究进行了综述,依据形成断层组合应力状态,概括出大陆伸展构造的三种模式(图12-7),即纯剪模式、单剪模式及分层剪切或滑动模式。不同模式造成的伸展构造型式也有明显区别。

无疑,不同构造层次的伸展构造所表现的几何型式和应力状态是不一致的,除此之外,不同构造层次的物质组成、相转换、力学行为、流变状态及物理化学环境也不相同,因而,在分析伸展构造建立模型时,应当从组成及变形

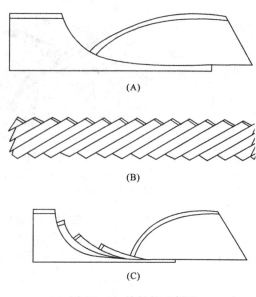

图12-6 旋转的正断层
(据 Wernicke 等,1982)
(A)岩层旋转而断层不旋转的铲状正断层;
(B)岩层和断层均旋转的平面状正断层;
(C)岩层和断层均旋转的叠瓦状铲形正断层

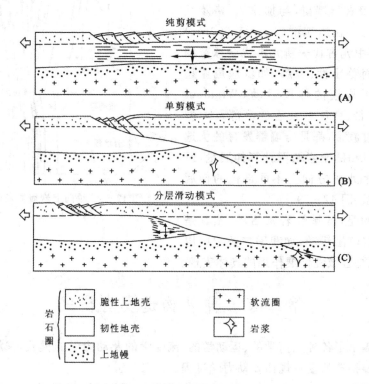

图12-7 大陆伸展模式
(据 Lister 等,1986)

两个方面全面考虑。马杏垣(1982)参考 Eaton(1980)对北美大盆地地壳剖面解释,提出一个伸展大陆壳结构模型(图12-8),具有代表性。从图12-8中可以看出,地壳浅层次以各种正断层及低缓角度拆离带组合为主,中层次以塑性变形为主,表现为塑性伸展流动,出现糜棱岩带和网结状韧性剪切带,地壳深部除塑性伸展流动变形外,尚发育大量基性岩墙(床)群。

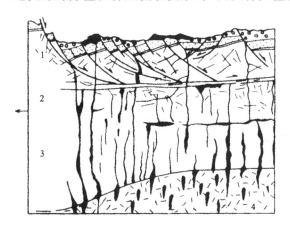

图12-8 伸展区地壳结构剖面
(马杏垣,1982,据 Eaton,1980,修改)
1.断块状地表岩层;2.韧性中间层;3.下地壳层;4.岩石圈地幔

关于变质核杂岩产出的区域构造背景,也是地质学家探讨的课题之一。北美科迪勒拉造山带内产出的变质核杂岩是孤立分散的,变质核杂岩间岩石的变形相对微弱,而且变形构造不同于变质核杂岩尤其是其上盘盖层的变形。但是这些孤立分散的变质核杂岩又位于一条与造山带走向一致的窄带内。该带岩浆活动强烈,区域显著伸展。表明变质核杂岩带、区域伸展带与强烈岩浆活动带密切相关。至于单个变质核杂岩,则十分可能是岩浆活动带内花岗岩侵入于中地壳引起的。从而构成了伸展背景上穹隆作用-岩浆侵入-变质核杂岩三位一体。区域伸展和岩浆活动带往往是造山作用期后热状态变化及伸展作用引起的。

文克(Vink,1984)等早已指出,大陆壳发育裂谷作用要比在洋壳上容易得多,这是因为大陆岩石圈比大洋岩石圈强度小。大量的地质科学研究实践证明,大陆裂谷一般产生在古老的逆冲构造带(Glazner et al,1985),变质核杂岩大多发育于先期造山带,是造山期后伸展作用的结果。例如,北美西部科迪勒拉变质核杂岩带,就是白垩纪晚期拉拉米造山运动之后形成的。马拉维莱(Malavieille,1993)通过对北美盆岭区及法国中央地块造山期后伸展构造的对比研究,强调造山作用使地壳缩短增厚,导致重力不稳定性(gravitational instability)和热状态的改变,驱动伸展构造过程,进而按照不同的动力学模式,产生大型低缓角度的拆离带、伸展坍陷(extensional orogenic collapse)及变质核杂岩(图12-9)。雷纳利(Ranalli,1997)认为,增厚的岩石圈拆沉作用是造山带构造演化的一个重要动力学过程,可以导致由挤压体制向伸展体制的反转。理论计算证明,岩石圈根带的拆沉作用(delamination)或去根作用,可产生水平方向的差异张应力 50~100MPa,足以驱动大规模伸展构造的发育。

拆沉作用的基本涵义是:大陆岩石圈地幔由于较软流圈温度低、密度较大,从而产生重力不稳定,如有合适的断裂或剪切带,岩石圈地幔将沉陷入软流圈中,并使岩石圈减薄。豪斯曼(Houseman)等认为岩石圈减薄是对流作用的结果,由于密度较大的岩石圈地幔覆于密度较小的软流圈地幔之上将造成对流,导致岩石圈地幔沉入软流圈中。目前人们对这两种机制造

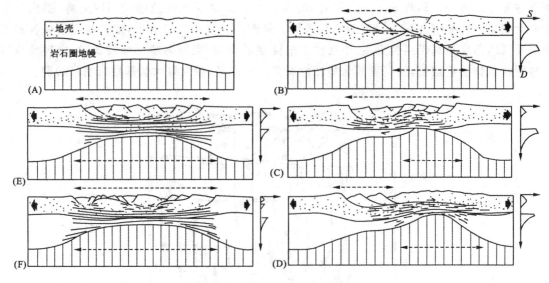

图 12-9 造山期后伸展构造模式
(据 Malavieille,1993)

(A)伸展前增厚的地壳;(B)岩石圈剪切带;(C) Moho 拆沉作用;(D)不对称非均匀的岩石圈伸展;(E)均匀的纯剪作用;(F)非均匀地壳变形和区域尺度流动。每个图右侧为岩石圈强度剖面;S.强度;D.深度

成的岩石圈地幔沉入软流圈中均被称为拆沉作用。

第三节 构造反转

近年来,构造反转受到煤田及石油地质学家的关注。他们讨论的构造反转,是狭义的多限于盆地内部的构造反转,是指早期一个张性或张扭性盆地后期转变为压性或压扭性构造盆地(正反转构造),盆地由伸展沉降转为挤压上隆,正断层转变为逆断层。或盆地内先存的挤压系统部分转变为伸展系统(负反转构造)。这种构造反转虽然构造体制上发生了重大的转化,但变形不一定强烈,所以在不同层次上某些构造仍保持反转前的某些构造特征。

一般说来,挤压作用与伸展作用是紧密相关的,在区域尺度上,伸展构造最发育的部位,可能也是先期挤压缩短作用最为强烈、地壳甚至岩石圈厚度最大的地区。伸展构造与整个岩石圈的组成、结构、强度、应力和热状态相关,如上述,岩石圈拆沉作用(delamination)可产生 50~100MPa 的水平张应力,足以导致地壳大规模的伸展构造发育。因此,在研究伸展构造变形时,更应当从不同构造层次的物理状况及岩石圈流变学观点进行分析,重视构造体制及应力状态反转的效应。

第四节 伸展构造的鉴别

拉伸和挤压两种主要的应力状态及构造体制,可铸造出两类构造变形组合样式。但是,因两种构造作用在一个地区(如一个造山带)的构造变质演化历史过程中,往往相互更替转换,故常常引起构造的叠加和再造。因此,在观察和研究伸展构造时,一方面要充分利用几何学、运动学、流变学和动力学标志,准确鉴别出伸展构造并与挤压构造相切割,另一方面,又要关注拉伸作用与挤压作用、伸展构造与挤压构造间的相辅相成和时空的有机关系。

一般说来,在中小尺度上识别伸展构造并不困难。例如,依据破裂面几何形态,充填破裂的脉体形状,脉体矿物组合及生长变形组构,断层岩特点,以及其他伴生构造等,可确定张性破裂的力学性质(如张节理)、展布,进而判断其在局部应力场及应变场中的位置。在大型及区域尺度上,更加强调的是从构造组合(structural association)原理出发,结合沉积作用、变质作用、岩石流变行为及热构造信息,鉴别和研究伸展构造,推断其发育的区域构造体制及地球动力学背景。

无疑,典型的伸展构造及其组合,主要是在岩石圈引张或拉伸作用下形成的。不过,在总的不均匀挤压和缩短体制下形成的碰撞型造山带,往往在前陆表现为叠瓦状褶皱-逆冲断裂带,后陆部分则多发育阶状正断层组合。挤压构造与伸展构造是共轭的,反映了造山带尺度的变形分解作用。近些年来,在研究地壳深部岩石及大陆深俯冲/碰撞形成的高压-超高压变质岩石抬升和折返机制时,楔状挤出(wedge extrusion)是颇受关注的模式之一(Michard, *et al*, 1993)[图12-10(A)]。Stephenson等(2001)运用该模式较好地解释了高喜马拉雅深地壳岩石楔状抬升与折返(21.0~19.5Ma)[图12-10(B)]。从图12-10(B)看到,以主中央逆冲断裂带(MCT)为代表的挤压构造组合与以正向Zanskar剪切带(ZSZ)为代表的伸展构造组合是共轭的、相互调整的。我国三叠纪大别-苏鲁超高压变质带岩石初期在地幔层次折返过程,也可能是这种形式。而中后期在地壳层次的折返和抬升,则主要是在碰撞期后伸展体制下进行的。

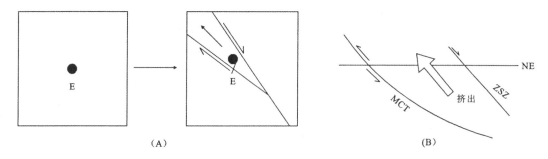

图12-10 楔状挤出模式(A)及实例(B)

(分别据 Michard *et al*, 1993 及 Stephenson *et al*, 2001 简化)

E. 榴辉岩;MCT. 主中央逆冲断裂带;ZSZ. Zanskar 正向剪切带

主要参考文献

马杏垣. 论伸展构造. 地球科学. 1982,7(3)

马杏垣,索书田. 论滑覆及岩石圈内多层次滑脱构造. 地质学报. 1984,58(3)

宋鸿林. 变质核杂岩研究进展、基本特征及成因探讨. 地学前缘. 1995,2(1~2)

宋鸿林,单文琅等. 剥离断层板块内近水平的剪切带与伸展构造. 地球科学. 1987,12(5)

宋鸿林等. 浅论伸展构造在基岩中的表现型式. 地球科学. 1989,14(1)

宋鸿林. 变质核杂岩研究进展、基本特征及成因探讨. 地学前缘,1995,2(1~2)

杨巍然,孙继源等. 大陆裂谷研究中的几个前沿课题. 地学前缘,1995,2(1)

张家声. 造山带后伸展构造研究的最新进展. 地学前缘. 1995,2(1~2)

张进江,郑亚东. 变质核杂岩与岩浆作用成因关系综述. 地质科技情报,1995,2(1)

朱志澄. 变质核杂岩和伸展构造研究述评. 地质科技情报. 1994,13(3)

Anderson T B. Extensional tectonics in the Caledonides of South Norway, an overview. 1998, 285(3~4)

Coney P J. Cordilleran metamorphic core complexes: an overview. In: Cordilleran metamorphic core complexes (Edited by Crittenden M C, Coney P J, Davis G H). Mem. Geol. Soc. Am., 1980, 153

Coward M P et al. Continental extensional tectonics. Geol. Soc. Special Publication. 1987,(28)

Davis G H. Shear-zone model for the origin of metamorphic core complexes. Geology. 1983,11

Glazner A F, Bartly J M. Evolution of lithospheric strength after thrusting. Geology. 1986, 13(1)

Jolivet L, Gepais D. Extensional tectonics and exhumation of metamorphic rocks in mountain belts. Tectonophysics. 1998, 285(3~4)

Lister G S et al. Detachment fault and evolution of Passive continental margins. Geology. 1986, 14(3)

Malavieille J. Late orogenic extension in mountain belts: insights from the basin and range and the late Paleozoic Variscan belt. Tectonics. 1993, 12(5)

Michard A, Chopin C, Henry C. Compression versus extension in the exhumation of the Dora-Maira coesite-bearing unit, western Alps, Italy. Tectonophysics. 1993, 221: 173~193

Ranalli G. Rheology of the lithosphere in space and time. In: Orogeny through time. (Edited by Burg J P, Ford M). Geological Soc. Special Publication. 1997, (121)

Spencer J E. Role of tectonic denudation in warping and uplifting of low-angle normal faults. Geology. 1984, 12(1)

Stephenson B J, Searle M P, Waters D J, Rex D C. Structure of the main thrust zone and extrusion of the high Himalay an deep crustal wedge, Kishtwar-Zanskar Himalaya. Journal of the Geological Society, London. 2001, 158:637~652

Wernicke B, Burchfiel B C. Model of extensional tectonics. J. Struc. Geol., 1982, 4(2)

第十三章

逆冲推覆构造

逆冲推覆构造或推覆构造是由逆冲断层及其上盘推覆体或逆冲岩席组合而成的大型挤压构造。逆冲推覆构造主要产于挤压构造背景下的大陆造山带与相邻沉积盆地的边界过渡带，主动大陆边缘弧前构造带也发育逆冲推覆构造。此外，压性沉积盆地内部也不同程度地发育逆冲推覆构造，它是挤压或压缩作用的结果。

盆山过渡带逆冲推覆构造常与油气密切相关，逆冲推覆体之下的盆地边缘坳陷带是油气赋存的理想场所。因而，研究逆冲推覆构造具有十分重要的理论意义和实用价值。

第一节 逆冲推覆构造的组合型式

逆冲断层虽然可以单条产出，但常见的是产状相近的若干条逆冲断层成束产出，一条条产状相近并向同一方向逆冲的断层，构成叠瓦状（图 13-1，图 11-3）。叠瓦式是逆冲断层系最具代表性的组合型式。一定构造单元中的逆冲推覆构造，除了表现为向一个方向逆冲的叠瓦式逆冲外，还常常表现出背冲式、对冲式和楔冲式。

图 13-1 叠瓦式逆冲断层系（扇）

1. **背冲式** 自一个构造单元的两侧分别向外缘逆冲的两套叠瓦式逆冲断层，为背冲式逆冲构造。背冲式组合中两套分别向相反方向逆冲的逆冲断层是在统一构造应力场中形成的，并且与所在褶皱同时形成（图 13-2）。如天山造山带南北两翼上

图 13-2 背冲式逆冲断层系

各产出一套逆冲断层系，分别向塔里木盆地和准噶尔盆地逆冲。华南武功山隆起带南北两侧也存在反向逆冲（图 13-3）。

2. **对冲式** 两套叠瓦式逆冲断层对着一个中心相对逆冲构成对冲式。对冲式逆冲断层常与盆地伴生，自盆地两侧山体向盆地中心逆冲。如江西萍乐坳陷带中西段的南北两侧，分别发育了一套逆冲断层，北缘的南昌-宜丰逆冲推覆构造自北向南逆冲；南缘的武功山北缘逆冲断层自南向北逆冲（图 13-3）。

3. **楔冲式** 产状相近的一套逆冲断层和一套正断层共同构成上宽下窄的楔状冲断体。

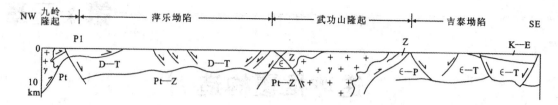

图 13-3 江西萍乐坳陷带中段的对冲式构造和武功山隆起的背冲式构造

这种型式的逆冲断层一般产于造山带与盆地之间和盆地内部。喜马拉雅造山带南侧叠瓦状逆冲断层系与北侧拆离断层系构成楔冲式构造(图 13-4)。湖南衡阳盆地中这类楔状冲断体构成三条 NE—NNE 向构造带(图 13-5)。楔冲式逆冲断层或楔状冲断体是挤压作用与伸展作用转换的结果。

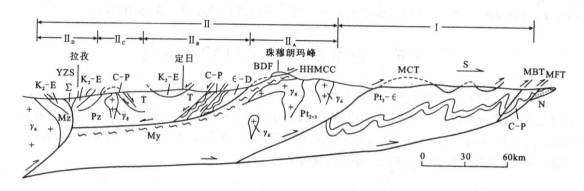

图 13-4 喜马拉雅造山带楔冲式构造(李德威,1992)

N. 上第三系;K_2—E. 上白垩统—下第三系;T. 三叠系;Mz. 中生界;C—P. 石炭系—二叠系;
∈—D. 寒武系—泥盆系;Pz. 古生界;Pt_3—∈. 上元古界—寒武系;Pt_{2+3}. 中、上元古界;
r_6. 喜山期花岗岩;My. 糜棱岩;∑. 基性、超基性岩;YZS. 雅鲁藏布江缝合带;BDF. 基底剥离断层;
HHMCC. 高喜马拉雅变质核杂岩;MCT. 主中央逆冲层;MBT. 主边界逆冲层;MFT. 主前锋逆冲层;
Ⅰ. 南喜马拉雅逆冲堆叠带;Ⅱ. 北喜马拉雅伸展剥离带;Ⅱ$_A$. 高喜马拉雅变质核杂岩;
Ⅱ$_B$. 普兰—亚东剥离断层亚带;Ⅱ$_C$. 萨迦—康马链状隆伸亚带;Ⅱ$_D$. 雅鲁藏布江堑-垒构造亚带

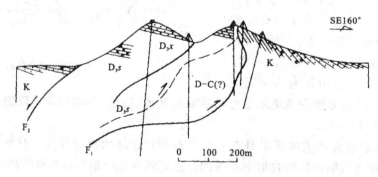

图 13-5 湖南衡阳坛子山楔状冲断体
(据湖南地质局 417 队)

第二节 逆冲推覆构造的几何结构

近年来,对逆冲推覆构造的单体形式到排列组合,从内部变形到各种构造之间的内在关系,提出了各种模式。现从以下几个方面进行概括。

一、逆冲推覆构造的台阶式

台阶式是逆冲推覆构造的基本格架。由长而平的断坪(flat)与连接其间的短而陡的断坡(ramp)交替构成(图3-6)。断坪顺层发育,产出于岩性软弱的岩层之中或岩性差异显著的界面上。断坡切层发育,产出于较强硬岩层中。总体上构成下缓上陡、凹面向上的铲状。

南阿巴拉契亚造山带前陆的松树山断层是建立台阶式结构的经典地区(图13-7)。研究表明,台阶式是逆冲断层的常见结构型式。

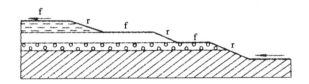

图13-6 逆冲断层的台阶式结构图示
f.断坪;r.断坡;断层面上盘已揭去

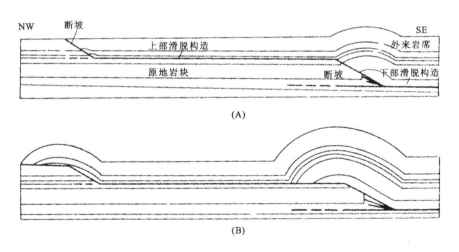

图13-7 南阿巴拉契亚松树山断层及其发展形成过程示意图
(据 Horris,1977)
注意断层的台阶式结构和相关背斜的发育

台阶式是逆冲断层发育之初岩层处于水平产状时表现的型式。在递进变形和持续变形中,其初始台阶式会发生变化。断坪、断坡的确定主要是根据上、下盘岩层产状与逆冲断层产状之间的关系。上、下盘岩层产状与逆冲断层产状一致的部位,为断坪;上、下盘岩层产状与逆冲断层产状交切,即断层切层部位,为断坡。

根据断坡与上、下两盘岩层产状的关系,断坡可分为上盘断坡和下盘断坡(图13-8)。在断坡部位,断层面与下盘岩层产状一致而斜切上盘岩层处,为上盘断坡;与上盘岩层产状一致而斜切下盘岩层处,为下盘断坡。

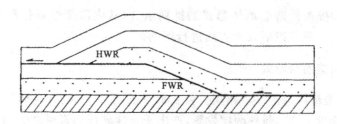

图 13-8　上盘断坡(HWR)和下盘断坡(FWR)图示

根据断坡走向与逆冲断层位移方向的方位关系,断坡可分为前断坡、侧断坡和斜断坡(图 13-9)。前断坡位于逆冲岩席前侧,是断坡走向与逆冲方向直交的断坡,表现为逆倾向滑动,处于挤压应力状态。侧断坡是断坡走向与逆冲方向一致的断坡,表现为走向滑动,处于剪切应力状态。斜断坡是断坡走向与逆冲方向斜交的断坡,兼具走向滑动和倾向滑动,处于压剪性应力状态。在确定前断坡、侧断坡和斜断坡时,应观测断坡产状与逆冲方向的关系以及反映构造运动学的伴生构造。

许多逆冲断层,常常表现为顺两套岩性差异显著的地层界面或软弱层顺层产出,虽然逆冲使地层关系复杂,但是如果予以复原和概括,则一般呈图 13-10 所示的台阶式。

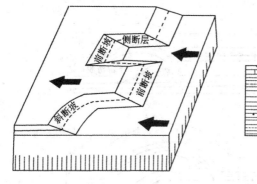

图 13-9　逆冲断层下盘的形态结构图示　　图 13-10　逆冲断层的顺层发育和复原后的台阶式示意图

二、双重逆冲构造

双重逆冲构造又简称双冲构造(thrust duplex)。1970 年由达尔斯特罗姆(Dalstrom)提出,是逆冲推覆构造中具有普遍性的重要结构型式。双重逆冲构造是由顶板逆冲断层与底板逆冲断层及夹于其中的一套叠瓦式逆冲断层和断夹块组合而成(图 13-11)。双重逆冲构造中的次级叠瓦式逆冲断层向上相互趋近并且相互连接,共同构成顶板逆冲断层;各次级逆冲断层向下相互连接,构成底板逆冲断层。各次级逆冲断层围限的断块叫断夹块(horse)。双重逆冲构造中的顶板逆冲断层和底板逆冲断层在前锋和后缘汇合,构成一个封闭的断块。双重逆冲构造的横剖面形态决定于组成它的断夹块形态、间距、分支断层与底板逆冲断层间的夹角。

双重逆冲构造中断夹块内岩层可以形成褶皱变形,更常常形成拉长的背斜-向斜对(图13-11)。图13-12是双重逆冲构造的两个实例。

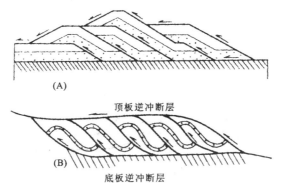

图 13-11 双重逆冲构造基本结构
(A)断夹块中岩层成膝折弯曲;(B)断夹块中岩层成拉长的背斜-向斜对

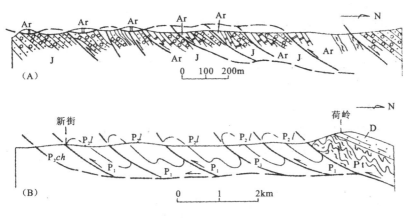

图 13-12 双重逆冲构造实例
(A)呼和浩特市西大青山南缘一水库旁侧剖面;(B)江西高安新街剖面

如果一套叠瓦式逆冲断层向上没有连接成顶板逆冲断层,这套叠瓦式逆冲断层可称之为叠瓦扇。博耶(Boyer,1982)等将叠瓦扇和双重逆冲构造并列为逆冲体系的两大类构造。如果确定一条双重逆冲构造,必须鉴别和确定出顶板逆冲断层和底板逆冲断层。

双重逆冲构造和叠瓦扇的次级逆冲断层自主干逆冲断层或底板逆冲断层分叉产出。主干逆冲断层与分支逆冲断层的交线称断叉线或分叉线(branch line)(图13-13)。分支逆冲断层的前缘称断端线或断尖线(tip line)(图13-13)。断叉线是自主干逆冲断层分出分支断层的起始线,断端线是分支断层向上逆冲伸展的锋缘。断端线并不是断层的出露线。断端线常被蚀去,所以在野外确定断端线时应对周缘构造进行分析,将断层复原后才能确定。

三、反冲断层

在向一定方向逆冲的逆冲断层系中,往往出现与总体逆冲方向相反的逆冲断层,这种反向逆冲断层称为反冲断层(backthrust)(图13-14)。反冲断层主要发生于逆冲断层的前锋部位

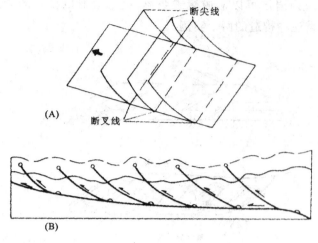

图 13-13 叠瓦扇剖面
(A)立体图;(B)剖面图

和断坡后侧;在应变较弱的断坪上也可发育反冲断层。反冲断层是因断块逆冲滑动中受断坡或锋缘前侧阻抗而反向逆冲形成的。图 13-15 是台湾中央褶皱带前陆逆冲断层与前锋部位产出的反冲断层。图 13-16 是鄂尔多斯西缘逆冲断层系前锋部位发育的反冲断层、构造三角带和冲起构造。在这些部位逆冲断层反复穿插,构造复杂;前锋带上反冲断层产出部位常形成储油构造。

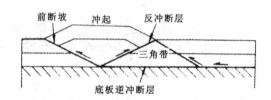

图 13-14 逆冲断层系中反冲断层、冲起构造和构造三角带图示

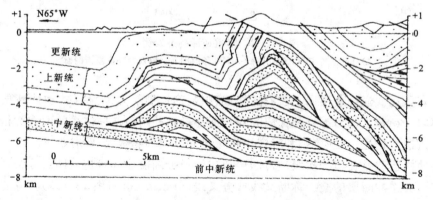

图 13-15 台湾中央褶皱带前陆逆冲断层系前锋的反冲断层
(据 Suppe,1985)

冲起构造 在逆冲过程中,反冲断层与同时形成的逆冲断层围限部位,因强烈挤压而上冲,形成变形强烈的隆起构造,即为冲起构造(pop up)(图 13-14)。冲起构造与底辟或刺穿构造相似。冲起构造常表现为断层切割岩层挤出成背斜形式。

构造三角带 在反向逆冲断层与其后侧的逆冲断层汇聚部位,形成以反冲断层、分支逆冲

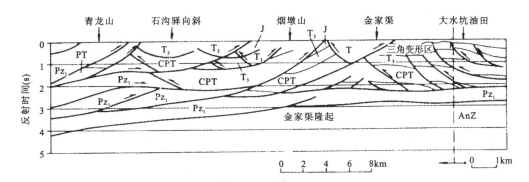

图 13-16 鄂尔多斯盆地西缘大水坑—金家渠地震剖面构造解释
（据甘克文，1990，稍简缩）
注意叠瓦式逆冲断层中反冲断层、构造三角带及冲起构造

断层和底板逆冲断层三向限定的三角带，即为构造三角带（图 13-14），其构造变形十分强烈。

四、逆冲推覆构造的分带、分层和分段

逆冲推覆构造是产出于一定构造部位的挤压构造。由于应力状态、运动学状态和流变学状态的差异，逆冲推覆构造显示出变形的分带、分层和分段。

1. 逆冲推覆系的分带　逆冲推覆构造的分带主要表现在自根带至锋带的变形特征。在逆冲方向上可分为根带、中带和锋带三个主变形带，以及相关的后缘带和外缘带。后缘带位于根带后侧，外缘带位于锋带前侧，这两带也受逆冲推覆作用的影响，留下逆冲作用的变形烙印。

根带是逆冲作用起始发育部位。根带的研究对确定逆冲推覆构造在区域构造中的地位、活动和运移规律、变形性状及形成作用上具有重要意义。可是，由于大型逆冲推覆构造的根带常被隐蔽，或位于一条宽阔的多期变形带中，具体位置常不明显。因此，应结合构造总体特征认真观测，予以确定。例如，位于江西萍乐坳陷带与九岭隆起交界处的南昌-宜丰逆冲推覆构造，虽然已知其根带位于九岭隆起南缘，但因这里是一条宽达 10km 以上的韧性剪切带，韧性剪切带由不同类型的糜棱岩组成，具有分带性，向九岭核部方向，糜棱岩面理产状明显变陡，各种剪切标志指示该韧性剪切带具有逆冲性质，其变形特点和流变状态与推覆构造其他区段显著不同（李德威，1987）。该糜棱岩带是逆冲推覆体的根带部位。

根据对我国一些逆冲推覆构造的观察得知，根带一般表现为强烈挤压，面理、小褶皱轴面和小断层等构造产状陡峻以至直立；变形性状上塑性增高，有时出现韧性剪切带；劈理尤其是流劈理和褶劈理相对发育；结构上常出现菱形体与挤压面构成的网结式结构。自根带向中带断层开始出现分叉，且产状变缓。

自根带进入中带，断层常常分叉构成叠瓦扇和双冲构造；应力状态以单剪为主；次级断裂和褶皱产状相对稳定，倾向根带。在整个中带内，近根带变形强，中部变形稍弱，趋向锋带脆性变形增强，其中中带的断坡处变形又较断坪处变形复杂。根据南昌-宜丰逆冲推覆构造的观察，在变形性状上，自根带向锋带塑性降低而脆性提高，劈理化减弱，进而以密集节理为主，该带中定向性构造发育，如倒向与逆冲方向一致的中小型褶皱系、褶皱式窗棂构造、膝折、旋卷构造、构造透镜体和小型双冲构造等。

锋带上挤压作用再度增强，特别是脆性变形加强。岩层倾角增大，包括邻近断层面的下伏岩系常形成两翼紧闭、轴面陡立的小褶皱；岩石破裂，有时形成破碎带，发育碎裂岩，断层面附

近出现断层泥;构造定向性或高或低;次级断层发育。

影响锋带变形的因素很多,如作用力的大小、作用持续时间和作用力消散的快慢;组成逆冲岩席的岩石性质、强度差和组合结构;底板逆冲断层或底基逆冲断层的扩展速率;底板逆冲断层上的位移量与逆冲岩席内部变形缩短量;逆冲前陆或前侧的构造等。莫尔莱(Morley,1986)对造山带前陆逆冲断层系前锋的变形样式作了概括和分类,首先将前锋分为显露型和隐伏型。在研究逆冲推覆构造中,应特别注意尚未出露的隐伏前锋。

逆冲推覆构造各带变形特征概括于表 13-1 中。

表 13-1 逆冲推覆构造各带变形特征表

	后 缘	根 带	中 带	锋 带	外 缘
应力状态	拉伸为主	挤压为主	单剪为主	挤压为主	挤压、渐变弱
次级断裂	高角度正断层;张节理带	韧性逆断层或发辫状高角度断层;菱块式网结状构造	叠瓦扇和双重逆冲构造	叠瓦扇;反冲断层	中、高角度逆断层和少数正断层,反冲断层
次级褶皱	不发育	两翼紧闭轴面陡立的复杂多级褶皱	斜歪-倒转的背向斜对;膝折式褶皱;冲起构造和构造三角带	两翼紧闭,轴面陡立,产状常不稳定	由紧闭褶皱渐变为开阔褶皱,单斜和挠曲
构造定向性	不明显	显示定向性	定向明显	较明显	由构造定向明显渐变为不明显
劈(节)理发育状况	张节理	板劈理或褶劈理发育	劈理发育程度降低 →		节 理
变形性状	脆 性	塑性,弹塑性	→		脆 性

2. 逆冲推覆系的分层 逆冲推覆构造的分层表现在垂向上各推覆体叠层式的变化。推覆构造可以是由一个主推覆体组成,也可以由一个以上的推覆体组成(图 13-17)。区域性逆冲推覆构造一般是由长期多次活动形成的,在一次次逆冲作用中形成的推覆体互相叠置而构成推覆体垛或推覆体堆柱(nappe pile)。早期形成的推覆体一般位于上部。

兰姆赛(1981)对瑞士阿尔卑斯赫尔维推覆体的研究,为推覆体中构造的垂向变化及其差异提供了有意义的信息(图 13-17)。西赫尔维推覆体包括三个推覆体,自下而上是:莫尔克列推覆体、迪亚布勒莱推覆体和维尔德霍恩推覆体。莫尔克列褶皱推覆体的倒转下翼的各类岩石变形十分强烈,个别部位的应变 $X:Z$ 比值大于 100:1(应变椭球体 $X \geqslant Y \geqslant Z$)。而在远离根带的正常翼中,应变减弱,常见 X 与 Z 的比值只大于 4:1。从图 13-17 中可以看到,应变强度在接触面上最强,上盘底部变形又强于下盘顶部。

无论是单个推覆体,还是几个叠置的推覆体,自底部向顶部,各种伴生或派生构造,如劈理、节理、小褶皱、正断层和线理等,均显示明显变化。这反映出推覆体内部各部分和各推覆体之间变形强度、变形性状、应力状态、温压状态的变化和差异。

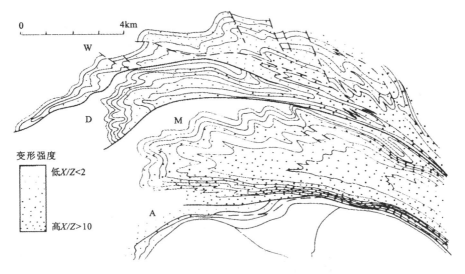

图 13-17 三个推覆体叠置的西赫尔维推覆体垛及各推覆体应变量变化图
(据 Ramsay,1981)
A. 原地岩体;M. 莫尔克列推覆体;D. 迪亚布勒莱推覆体;W. 维尔德霍恩推覆体

从西赫尔维推覆体中几个推覆体构造的对比表明,自下而上变形趋于复杂,这是因为最上部的推覆体比下部推覆体运动史更长,而早期的变形却不会在下部推覆体中发生。为了查明逆冲推覆体构造变形史和内部变形规律,垂向变化的研究和分析是不可忽视的重要环节。

3. 逆冲断层系的分段　逆冲断层系在走向上也表现出分段变化。在一定范围内一套叠瓦式逆冲断层顺走向延伸的各个区段,虽然各条逆冲断层的运移量或压缩量是变化的,但各个区段上各逆冲断层运移量或压缩量的总和基本一致。不过各段也可能出现明显的变化,表现在逆冲系的地层组成、变形强度、变形性状和变形结构等方面的显著差异。分隔各段的常常是横切逆冲断层系的平移断层或横向小构造组成的变形强化带。例如,喜马拉雅前陆逆冲断层系沿东西走向出现明显的分段性(Yin,2006)。

在逆冲断层系的终止部位,逆冲断层系或分散为一套次级小型断层,或转变为褶皱等压缩性构造。大型—巨型逆冲断层系也可能被横向大型转换性走滑断层截切,转变为另一类构造。

第三节　逆冲推覆构造的扩展

逆冲推覆构造一般呈叠瓦扇或双重逆冲构造。在一次构造作用中形成的各条逆冲断层和各个推覆体,都是有顺序发育的。大陆造山带前陆中的逆冲推覆构造,总是自造山带腹陆向前陆运移,其中各条逆冲断层或各个推覆体的扩展,有两种可能的方式:①自腹陆向前陆扩展,称为前展式或背驮式(piggyback propagation);②自前陆向腹陆扩展,称为后展式或上叠式(overstep propagation)(图 13-18)。

前展式中每一新的逆冲断层发育在先存逆冲断层的下面,各逆冲岩席依次向逆冲方向或前陆扩展,并增生在前进中的逆冲岩席的前锋。后展式中每一新的逆冲断层发育在先存逆冲断层的上面,各逆冲岩席依次向逆冲来源方向或腹陆扩展,并增生在前进中的逆冲岩席的后缘。因此,前展式中位置最高或最后侧的逆冲席发生最早,后展式中位置最高的逆冲岩席发生

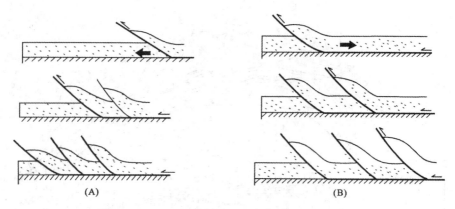

图 13-18 叠瓦式逆冲推覆构造扩展方式图示
(A)前展式;(B)后展式;箭头示扩展方向

最晚。根据野外观察及模拟实验和理论分析,表明绝大多数逆冲推覆构造以前展式扩展。

喜马拉雅造山带与恒河盆地之间的主中央逆冲断层,主边缘逆冲断层和主前锋逆冲断层就是典型实例(图13-4)。判断逆冲作用中扩展方式的主要依据是其总体变形特征、各级各类构造发育状况及各逆冲断层的形成时代及交切关系。

在前展式扩展形成的逆冲推覆构造中,越早形成的逆冲断层变形也越强烈。早先的台阶式结构被一次次的后期逆冲作用所变形或破坏。对比各条主要逆冲断层变形的强度或被切割的关系,能比较准确地确定逆冲顺序。一套多次逆冲形成的逆冲推覆构造,变形强度呈递进式变化,最晚形成的逆冲断层仍为台阶式,而早期逆冲断层已强烈扭曲。

博耶(Boyer)和艾利奥特(Elliott,1982)根据双重逆冲构造的规模、各种相关构造的实际统计数据,且假定应变是平面的、长度不变,褶皱为膝折式,设计了一个双重逆冲构造扩展模式(图13-19)。在起始阶段,主逆冲断层沿着 S_0 滑动,从低滑动层爬升至高滑动层,以陡角度斜切能干层,形成下盘断坡。从断坡底部发育一个新破裂面,并向前扩展一段距离,然后向上斜切至高滑动层,与先存主逆冲断层汇合。在次一阶段,即图13-19第一阶段,新断层 S_1 开始滑动,上覆断层 S_0 的一段停止活动,并在新生断夹块前 S_0 与 S_1 共同构成滑动面。换言之,随着滑动转至新而低的断层上,原来主逆冲断层停止活动的一段,被动地背驮在正在形成的逆冲岩席上。新形成的断夹块和主逆冲断层的不活动段在下盘断块上可能发生膝折式弯曲。运动继续进行,再度顺着一条新的分支断层滑动。

在几条分支断层形成后,则形成双重逆冲构造。在各个断夹块中形成了拉长的褶皱对,顶板逆冲断层以上展布了一层变形轻微的地层。错断地层在断块上加倍增厚。当加厚的地层运移到下一个断块之上时,背斜的前翼重新拉平,褶皱也部分展开。

博耶的模式形象地说明了前展式的演化进程。实际构造是复杂的,但是这个模式对于认识和分析逆冲断层系的扩展和双重逆冲构造的发育过程具有启发意义。

第四节 逆冲作用与褶皱作用

逆冲推覆构造总有褶皱伴生,褶皱具有不对称结构,两者在几何学上具有相关性,在成因上具有统一性。在许多逆冲推覆构造带中,这种关系明显地表现为褶皱的倒向与逆冲方向的

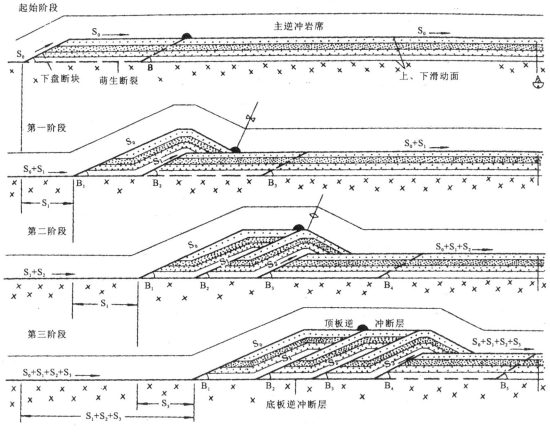

图 13-19 下盘断坡崩裂式的逆冲断层系扩展和双重逆冲构造的形成模式
（据 Boyer & Elliott, 1982）

一致，以及变形强度的共同衰减。

在阿巴拉契亚造山带的谷岭区，大滑脱逆冲断层带上的褶皱，以伴有逆冲断层的侏罗山式褶皱为特色。向东南造山带，褶皱加强，逆冲断层增多；向西北趋向锋带以至北美地台边缘，褶皱越来越平缓开阔以至消失。这种褶皱变形规律与湘鄂西至川东褶皱的样式十分相似，为两个地区的构造对比提供了依据，也为分析这里滑脱-逆冲构造提供了佐证。

上述说明，褶皱作用与逆冲作用的关系，长期以来一直为构造地质学家所关注，关键是逆冲推覆与褶皱形成中何者居主导作用。在这个关键问题上存在着两种观点：①褶皱作用导致逆冲推覆；②逆冲推覆引起褶皱作用。前者表现为先褶皱后逆冲，后者表现为先逆冲后褶皱。

一、逆冲推覆与褶皱形成中的主导性问题

关于是褶皱引起逆冲还是逆冲引起褶皱的问题，早在 1921 年海姆（Heim）研究阿尔卑斯推覆构造时就明确认为，是褶皱作用导致逆冲推覆。其基本论点是强烈的水平挤压引起岩层褶皱，褶皱变形由弱变强，在倒转翼的拐点处因拉伸变薄而断裂，进而在断裂面上逆冲并推覆，形成典型的褶皱推覆体。海姆的挤压引起褶皱并发展成逆冲推覆的观点，在 20 世纪 70 年代以前为构造地质学家所接受，成为有代表性的传统观点。但自 20 世纪 70 年代以来，随着对逆冲推覆构造研究的深入，人们对造山带前陆逆冲推覆构造与褶皱形成作用的关系有了较全面

的认识,认识到逆冲推覆引起了褶皱作用。

这个观点已得到众多构造地质学家的支持。但是问题并未彻底解决。关键是褶皱形成和变形时的动力学状态问题。在造山带内部,强烈变形时的温压较高,岩层处于较高的塑性以至流变状态而易于褶皱发育,有利于褶皱导致逆冲推覆。至于在前陆部位,如果变形时岩层因较高温压或变形缓慢而具有较高塑性,亦有可能褶皱导致逆冲推覆。

根据逆冲推覆引起褶皱的观点,在逆冲岩席推移过程中,从一个低层位断坪经断坡爬升到高层位断坪时,于断坡上形成了以背斜为主的褶皱(图13-7)。这种背斜一般是不对称的,与运移方向一致的前翼较陡,后翼较缓。随着构造运移,背斜不断扩大,成平顶式或箱状构造,进而会形成侏罗山式褶皱。图13-7是美国松树山逆冲断层外来岩席上褶皱形成演化示意图。从该图中得知:①逆冲推覆构造中的褶皱是逆冲作用引起的,逆冲作用早于褶皱发生;②箱状构造、侏罗山式褶皱都是盖层在基底上逆冲滑脱形成的,断坡在褶皱形成中具有重要作用;③逆冲推覆作用形成的褶皱,其几何形态和组合型式受断坡(倾角、长度、间距)、运移速度和规模、岩系组成、逆冲作用进程、滑脱层(性质、厚度和深度)诸因素的影响。

二、逆冲作用控制下褶皱的发育

一些构造地质学家对逆冲作用引起褶皱的问题进行了探讨,建立了相应模式。贾米森(Jamison,1987)对褶皱的发育过程和几何学作了较全面的分析和模拟。他根据逆冲推覆带中褶皱与断层的相互关系,将褶皱作用分为三类,即断弯褶皱作用(fault-bend folding)、断展褶皱作用(fault-propagating folding)和断滑褶皱作用(detachment folding)(图13-20)。

断弯褶皱作用是逆冲岩席在爬升断坡过程中引起的褶皱作用。这种褶皱作用与断坡密切相关,褶皱发生在断坡形成之后。

断展褶皱作用也与下伏逆冲的断坡密切相关,不过褶皱形成于逆冲断层终端,是在断坡形成同时或近于同时发生的。这种作用意味着逆冲断层沿着断坡的位移逐渐消失以至停止,褶皱实际上是塑性应变的地质表现。

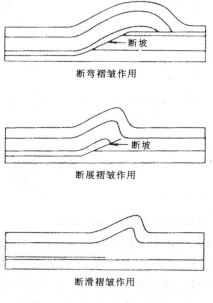

图13-20 褶皱与逆冲断层相互作用中
形成的三类褶皱作用
(据Jamison,1987)

断滑褶皱作用中发育的褶皱与断展褶皱作用中的相似,也产出于断层终端。所不同的是与下伏逆冲断层的断坡无关,而是顺层滑脱的结果。在褶皱之下顺层滑脱的位移也逐渐消减以至停止。

可见,位于隐伏逆冲断层之上的褶皱,不是断展褶皱就是断滑褶皱,决定褶皱与逆冲断层间两种作用的主导因素,可能是地层组成的力学性质。断滑褶皱可能发生于其下有能干层垫伏的柔性层之上;如果层状岩系中的韧性差适度而不显著,很可能发生断展褶皱。

这三种作用既可以是一种起主控作用,也可以是两种或三种共同作用,或因终止的阶段不同而只显示为某种作用。

莫尔莱(Morley,1986)在研究逆冲作用中褶皱形成规律上提出逆冲岩席中岩性差异引起的效应。在逆冲岩席中,如果能干层在上,非能干层在下,两组岩层将各自独立变形,构造样式各异;如果能干层在下,非能干层在上,两组岩层的变形样式基本上受能干层变形所控制。这种观点对认识我国南方逆冲推覆构造的褶皱形成具有一定的启示意义。

总之,在研究逆冲作用与褶皱的关系上,应全面考虑以下几点:①逆冲推覆构造产出的区域构造背景,是造山带,还是前陆;②褶皱在逆冲岩席中所处的部位,位于根带、中带或锋带;③主逆冲断层的几何构造,尤其是断坡的产状和长度;④逆冲推覆构造的应力场和应变速率;⑤岩石变形时的温压状况、变形性状、能干性,等等。总之,既要分析逆冲推覆作用对褶皱发生、发展的控制和影响,又要考虑褶皱作用自身的规律。

第五节 逆冲推覆构造的运动学和动力学

大陆盆地边界逆冲推覆构造规模宏大。一般来说,逆冲推覆构造宽以千米计,长达10km以上以至数百千米。喜马拉雅造山带南缘逆冲断层系,顺走向延伸千余千米以上,宽逾数百千米。对于其运动学一直是构造地质学家关注的探索课题。

一、逆冲推覆位移和速率

逆冲推覆的位移距离,在出露良好情况下可以根带至锋带的距离或以运移最远的飞来峰至主干逆冲断层的距离作为最小的位移值。

位移距离除根据地质观测推断外,还应通过平衡剖面和缩短率的计算进行对比分析。对于巨型构造,必须结合地球物理探测并估算隐伏位移量。

世界上一些著名的造山带及其前陆的推覆构造,位移均在数十至100km以上,如喜马拉雅主中央逆冲断层在尼泊尔东部的位移量为140~210km,尼泊尔西部的位移量高达500km(Yin,2006)。中蒙边界推覆构造的位移达150km(郑亚东,1994)。龙门山推覆构造的位移达190km(蔡学林,1995)。武当山推覆构造的位移约达160km(蔡学林,1995)。位于扬子地块上的九岭逆冲断层,推覆距离约达35km。需要指出的是,由于一些难以确定的困难和不同学者依据的标准不同,位移量常带有一定的估定分析性质。即使对同一逆冲推覆构造,位移量的估算结果也有较大差异。但是盆地边界逆冲推覆构造位移量巨大则是无须争议的事实。

关于位移速率,限于构造定年技术尚不完善和断层活动的复杂性,迄今尚无定论。根据对现代活动断层位移的测定,参考板块位移速率,一般认为大断层每年位移量达1~2cm或更高。可以肯定的是,断层位移过程是不均一的、多级脉冲式的和多期的。

关于推覆构造的逆冲方向,可采用以下几种方式确定:①利用弓箭式原则,逆冲带一般成"弓"式弧形,弧的两端联线为弦,自弦的中点向弧顶所引垂线,即代表逆冲方向。弧顶既是逆冲带的弯转部位,也往往是较老地层出露部位,成背斜式穹状隆起。②卷入逆冲推覆的地层变新方向代表逆冲方向。③编制前断坡走向线图或断叉线图,取其平均值并作其垂线,结合地层变新和伴生的主要运动标志,可确定逆冲方向。④主褶皱和次级褶皱的倒向一般代表逆冲方向。此外,根据总体结构并综合各种指向性伴生构造,亦可判定逆冲方向。一般来说,确定逆冲方向并非难题,问题在于必须充分占有实际材料,从总体到局部,从部分到整体进行全面认真的分析才能得出符合客观的结论。还要指出的是,对于大型以至巨型逆冲推覆构造,顺走向的不同段的逆冲方向也是有差异和变化的。

二、逆冲推覆构造的成因

逆冲推覆构造是一套强烈的挤压构造。关于逆冲推覆构造的驱动力,仍存在争议,曾提出过各种不同的成因观点。

逆冲推覆构造主要发生于造山带的前陆,盆山相间的双侧造山带常以造山带为轴对称展布。在板块学说提出前,一直将前陆褶皱逆冲带与造山带的变形统一归属区域性水平挤压。叠瓦式逆冲断裂带是造山带巨型复背斜两翼次级褶皱发展的结果,并以天山、祁连山等造山带两侧的叠瓦式逆冲断裂带作为例证。可是,另外一些造山带,如阿尔卑斯和喜马拉雅山等造山带,其前缘的逆冲推覆构造只限于一侧,而不是对称展布的,于是提出了后推力模式。

板块学说提出后,一些地质学家根据板块俯冲和碰撞重新探求区域逆冲推覆构造的驱动力。大洋板块向大陆板块之下俯冲,虽然向下斜插,但也产生水平方向的压应力分量。因此,在弧外盆地或海沟沉积中形成了向岛弧外侧逆冲的叠瓦式逆冲推覆构造。

水平挤压作为逆冲推覆构造的成因机制,虽然为许多地质学家所接受,但是在解释某些逆冲推覆构造中也遇到一定的困难。如某些逆冲构造带的变形没有强烈褶皱伴生,尤其是推覆体锋带挤压作用力与推覆体根带或后缘伸展作用之间存在伸缩转换。对于一个长、宽、厚以千米以至数十、数百千米计的大推覆体,如使其长距离运移,作用力是十分巨大的。这样巨大的作用力已大大超过岩石强度,岩席早在运移前就已碎裂了。而且一些强烈变形的推覆体在变动中处于一种弹塑性至塑性状态,很难将应力远距离传递。于是一些学者认为,重力是引起推覆构造的基本驱动力,于是重力说应运而生。盆山之间的重力势能是大陆盆山过渡带逆冲推覆构造的主导驱动力(李德威,1995)。

从大陆动力学角度探讨盆山边界逆冲推覆构造的成因是当代地学的前沿课题。隆升的山体在重力势能的作用下向沉陷的盆地侧向扩展,形成倾向腹陆的叠瓦状逆冲推覆构造,受地形的影响,随着逆冲断层面产状的变化,推覆可发展成滑覆(李德威,1995)。

逆冲推覆构造产出于各种不同的构造单元和构造环境,规模和变形性状亦千差万别。很可能驱动力来源各异,有的学者强调外动力(如剥蚀作用)制约逆冲作用(Wobus 等,2005),因而,一种观点很难解释复杂多样的构造现象。

三、孔隙压力在逆冲推覆作用中的意义

这里讨论的孔隙压力主要是指超出正常孔隙压力的异常孔隙压力。异常孔隙压力主要发生于快速沉积带和构造加压带。逆冲推覆加压均为逆冲推覆作用中发生的异常孔隙压力提供了良好条件;逆冲运移中的摩擦生热更会促进水热增压。因此,异常孔隙压力在逆冲推覆构造作用中是一个不可忽视的重要因素。

异常孔隙压力的存在降低了围压,抵消了部分负荷重力,起着浮力作用,从而降低了推覆体自重所引起的逆冲断层面上的压应力,也相应降低了沿断层面运动的摩擦阻力。从而以较小的动力将巨大的逆冲岩席推移前进而不破碎。

第六节 逆冲推覆构造的地质背景及其与滑覆和岩浆活动的关系

20 世纪 70 年代以前的传统观念认为,逆冲推覆构造基本上都产出于造山带及其前陆。

广泛的研究发现,逆冲推覆构造在活动性高的稳定构造单元,如地台上亦十分发育。自中生代我国东部进入滨太平洋构造域以来,逆冲推覆构造广泛产出,较稳定构造单元重新活动,板内逆冲构造和伸展构造均发育。以下从逆冲推覆构造产出的区域背景对逆冲推覆构造的产出状态作一概述。

一、各类构造单元中的逆冲推覆构造

(一)板块俯冲带的逆冲推覆构造

B 型俯冲(B-subduction)的大洋板块上盘岛弧外侧发育逆冲推覆构造。当两大板块相对移动并相互俯冲和仰冲时,海沟中不同性质、不同类型、不同时代的岩石和岛弧中的岩石及夹有洋壳组成的蛇绿岩类一起卷入强烈的构造变形。

(二)大陆盆山过渡带逆冲推覆构造

典型逆冲推覆构造分布在挤压构造背景下的盆山过渡带。中国西部盆山边界普遍发育逆冲断层,天山与准噶尔盆地和塔里木盆地之间,祁连山与酒西盆地、柴达木盆地之间,昆仑山与塔里木盆地、柴达木盆地之间,龙门山与四川盆地之间均发育倾向腹陆的叠瓦状逆冲断层系。喜马拉雅与恒河盆地之间的主中央逆冲断层、主边界逆冲断层、主前锋逆冲断层构成前展式叠瓦状组合。

(三)大陆碰撞带的逆冲推覆构造

印度板块与欧亚板块多次碰撞形成一系列的碰撞构造带,西金乌兰—金沙江、班公湖—怒江、雅鲁藏布江等蛇绿岩带均出现逆冲断层系,以地幔橄榄岩为中心,向两侧逆冲,逆冲构造带自北向南依次发展。

(四)挤压盆地内部的逆冲推覆构造

挤压盆地内部或次级构造单元分界带上常有逆冲断裂带发育,有时还比较强烈。盖层中的逆冲断层一般为脆性断裂,往往亦有基底韧性逆冲剪切带卷入,或是盖层逆冲断裂于根带下切与深部基底断裂带或韧性剪切滑脱带相连。

江西萍乐坳陷带两侧发育对冲式断裂。挤压盆地内常见有逆冲构造。塔里木盆地、四川盆地内部广泛发育与褶皱相关的逆冲断层,与油气关系密切。盆地内部逆冲断层有的成背冲式产出,如甘肃阿干盆地内的背冲式构造(图 13-21)。它们往往是基底中的老断裂在盆地形成后变形时再度活动冲断盖层而形成的。

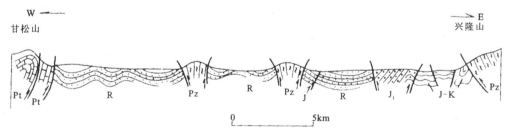

图 13-21 甘肃阿干盆地的对冲式构造及其内部的背冲式构造
(据王建章,1980,稍修改)

挤压盆地中的逆冲构造,与板块俯冲带的逆冲带和大陆盆山过渡带的逆冲推覆构造相比,规模一般较小,运移方向较不稳定。

二、推覆和滑覆的相关性

(一) 推覆与滑覆的时空关系

逆冲推覆是在挤压体制下形成的以逆冲断层及上盘推覆体为主体的构造。重力滑覆是在拉伸或重力体制下形成的以犁式正断层为主体的构造。研究发现,推覆与滑覆在一定构造单元或一定区域上常常共生,呈不同的时空组合和叠加关系。

1. **推覆与滑覆同向叠加** 即推覆的逆冲方向与滑覆的滑动方向一致,相互叠加的推覆与滑覆向同一方向运移。位于九岭隆起与武功山隆起之间的萍乐坳陷带,南、北两缘的两套逆冲推覆系以坳陷为中心对冲,在对冲系之上叠加着南、北隆起向坳陷为中心的对滑。对冲构造发生于印支期—燕山期运动,逆冲后的对滑发生于燕山期—喜马拉雅期。在鄂东南黄石一带推覆与滑覆关系表现得尤其明显。在黄石市南的黄荆山一带,走向东西的下古生界变形强烈,褶皱紧闭、倒转,并于倒转翼产出了与褶皱轴面一致的向南倾、向北冲的逆冲断层,这套褶皱逆冲系统充分表现出在挤压作用下自南向北的构造运移。而在古生界地层展布带以北的下三叠统中产出了一套向北的滑覆。平缓北倾的下三叠统中发育顺层的北倾正断层,顺层滑动使地层大大减薄,形成一些滑来峰。这两套构造均统一发生在印支燕山运动期间。印支运动改变了岩系的原始产状进而形成以幕阜山为核的区域性隆起及其向北的逆冲构造。虽然变形和滑动的时间尚难准确确定,但可以肯定的是,褶皱与逆冲应在印支运动中开始并持续发展。重力滑动应在易滑面达到滑动所需倾角、足够的重力势及适当容纳空间形成后才开始的。因此,重力滑动显然是在褶皱逆冲之后,且其滑动的时间远较褶皱逆冲的变形时间久长。其时空关系是下推上滑(下、上是指地层层序)和先推后滑。先推后滑是变形期的挤压继之以松驰伸展的表现,体现了压、张交替的构造旋回性。这种规律性既反映在一个构造幕过程,也反映在更高级的构造旋回中,具有一定的普遍意义。

2. **推覆与滑覆反向运移** 与地壳伸展拆离有关的滑动,是广义的滑覆。以喜马拉雅造山带为例,南翼产出了自核部向前陆,即自北向南的叠瓦状逆冲推覆,形成了主中央逆冲断裂、主边界逆冲断层和主前锋逆冲断层系。造山带北翼产出了自南向北运动的伸展拆离构造(李德威,1992)。从区域构造分析,喜马拉雅南侧逆冲与北侧伸展发生在 23~12Ma 的喜马拉雅造山带地壳加厚和构造隆升过程中,与其前陆盆地地壳减薄和构造沉降同步;但与 65~40Ma 欧亚板块与印度板块碰撞无关(李德威,1995)。

构造变形中挤压作用形成的逆冲断层,在后期的伸展中会发生与逆冲方向相反的正倾滑覆。这种现象在国外和国内均有报道。孙岩(1991)曾论述了湘中地区造山运动后的拉伸作用引起造山期挤压形成的逆冲断层转变为正倾滑动断层。奥尔索普(Alsop,1993)讨论了北爱尔兰加里东造山运动期后重力驱动的崩坍,认为这种重力崩坍与造山期挤压引起的地壳增厚有关。

综上所述,推覆与滑覆的关系在时间上表现为先推后滑,在空间上既表现为断面同向倾斜,伸缩转换。

(二) 挤压推覆与重力滑覆的鉴别

如何鉴别挤压推覆与重力滑覆,是一个探索中的课题。以下几点作为鉴别参考。

(1)挤压推覆整体处于挤压体制,自根带至锋带均表现为压缩变形,在一定程度上根带的挤压强度大于中带或锋带的挤压强度。而重力滑动作用引起的滑覆变形,由根带到锋带,由拉伸转化为挤压,挤压强度向锋带增大。

(2) 推覆中主、次逆冲断层面，一般倾向根带；推覆根带构造的产状倾向后缘，由缓变陡而下插。滑覆中的主滑面断层，一般成犁式倾向前缘；次滑面也以倾向前缘为主；主滑面于根带抬升。推覆构造中逆冲断层一般成弧形凸向前锋；而滑覆中根带主滑动断层均凹向前锋。

(3) 推覆中褶皱以倒转至平卧为主，倒转翼常变薄拉断，滑覆中褶皱除锋带中的以外，一般较平缓，以箱状褶皱为主，变形较强的下翼或倒转翼往往保存完整。

(4) 在推覆体中，往往是老地层推覆到年轻地层之上，地层柱总是加厚；而在滑覆中，可以是老地层盖在年轻地层之上，也可以且往往是年轻地层盖在老地层之上，地层柱常减薄。

(5) 滑覆中的滑动系统在一定程度上受重力影响，有不同类型的运动。最年轻地层先下滑，而后较老地层相继滑动，并盖在先滑岩层之上，形成倒序叠置。可是每一滑动岩席内部的地层仍保持正常顺序(图13-22)。因而，滑覆中的地层关系常十分混乱而不连续，规律难循。推覆体中的地层关系，有时也很混乱，但规律性或连续性相对较易恢复。

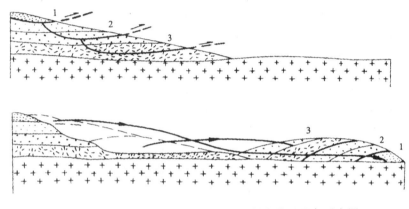

图13-22 重力滑动产生的滑动岩席倒序叠置现象示意图
(据Cooper，1981)
岩席内部地层层序正常，各岩席运移路线交叉

(6) 推覆体的变形组构，主要表现为水平挤压引起的垂向伸长。如果有一定程度的塑性变形，原始球状体变形后成为椭球体，其长轴(A轴)直立，短轴(C轴)水平并平行推移方向。反之，重力滑动尤其是重力扩展的滑覆中的变形结构，常表现为垂向压扁。刘瑞珣(1986)对阿尔卑斯推覆体中变扁砾石作的应变分析，为分析其形成力学提供了有意义的信息。

(7) 变形性状上，如果推覆体规模巨大，卷入地层多，自根带至锋带，变形性状会由韧性过渡为脆性；而在典型的滑覆体中，自根带至锋带变形以脆性为主。

三、推覆、滑覆与岩浆活动的关系

地质构造的发展表现为宁静期与激化期的交替。区域性逆冲-褶皱构造带一般是在构造激化期中形成的。盆山边界滑覆构造既发生于构造激化期，也发生在宁静期，往往晚于推覆构造，也就是在引起推覆的挤压状态开始转向或已经转变为伸展状态下形成的。至于侵入活动，总是在强烈变形高峰过后进行的。一般认为，区域构造活动包括深部过程既为构造变形提供动力，也为岩浆的发生和侵位创造了条件。我国东部燕山期是构造激化期，盖层中发生了广泛强烈的逆冲推覆作用和大规模酸性花岗岩类侵入。两者在空间上常表现为逆冲断层控制岩体产状，岩体切过褶皱、逆冲断层。在逆冲推覆和岩体侵入活动晚期或其后，才发生滑覆。所以三者的时间顺序是逆冲推覆→岩浆侵入→滑覆。这种关系不仅在鄂东南一带是如此，在长江中游的安庆、铜陵一带也表现出这种规律。郑亚东研究北京怀柔、云蒙山区及中蒙边界逆冲推覆、伸展滑覆与侵入活动之间的关系中提出的热隆说,也反映了这种观点。地质作用和现象是复杂的,上述这种认识是否充分符合客观规律,尚需进一步探讨。

主要参考文献

蔡学林,石绍清. 武当山推覆构造的形成与演化. 成都:成都科技大学出版社,1995
陈发景等. 鄂尔多斯西缘褶皱-逆冲断层带的构造特征和找气前景. 现代地质. 1987,1(1)
李德威. 江西九岭南缘逆冲推覆体根带糜棱岩研究. 地球科学. 1987,12(5):511～517
李德威. 喜马拉雅造山带的构造不对称演化. 地球科学. 1992,17(5):539～545
李德威. 再论大陆构造与动力学. 地球科学,1995,20(1)
王桂梁,曹代勇等. 华北南部的逆冲推覆伸展滑覆与重力滑动构造. 徐州:中国矿业大学出版社,1992
王文杰,王信. 中国东部煤田推覆、滑覆构造与找煤研究. 徐州:中国矿业大学出版社,1993
徐开礼,朱志澄. 构造地质学(第二版). 北京:地质出版社,1989
许志琴. 陆内舆论冲及滑脱构造——以我国几个山链的地壳变形研究为例. 地质论评. 1986,32(1)
朱志澄. 逆冲推覆构造(第二版). 武汉:中国地质大学出版社,1991
朱志澄. 逆冲推覆构造研究进展和今后探索趋向. 地学前缘. 1995,2(1)
庄培仁,常志忠. 断裂构造研究. 北京:地震出版社,1996
Boyer S E, Elliott D. Thrust systems, AAPG Bull.,1982,4(3)
Butler R W H. The terminology of structures in thrust belts. J. Struc. Geol.,1982,4(3)
Butler R W H. Thrust tectonics:a personal review. Geo. Mag.,1985,122(3)
Jamison W R. Geometric analysis of fold development in overthrust terranes. J. Struc. Geol.,1987,9(2)
Mc Clay K R. Thrust tectonics. Chapman and Hall. 1992
Morley C L. A classification of thrust, AAPG Bull.,1986,70(1)
Price N J, Mc Clay K R. 冲断推覆构造. 杨俊杰,张伯荣等译. 兰州:甘肃人民出版社,1984(上册)、1986(下册)
Robin J M. Evidence for synchronous thin skinned and basement deformation in the Cordilleran fold - thrust belt, the Tendoy mountains, SW Montana. J. Struc. Geol.,1997,19(1)
Shaw J H, Bilotti F, Brennan P A. Patterns of imbricate thrusting. Ged. Soc. Amer. Bull. 1999,111:1140～1154
William D M. Blind thrust systems. Geology. 1988,16(1)
Wobus C, Heimsath A, Whipple K, Hodges K. Active out - of - sequence thrust faulting in the central Nepalese Himalaya. Nature. 2005,434,1008～1011
Yin A, Cenozoic tectonic evolution of the Himalayan orogen as constiained by along - strike variation of structural geometry, exhumation history, and foreland sedimentation. Earth Science Reviews. 2006,76:1～131

第十四章

走向滑动断层

走向滑动断层简称走滑断层,一般是指大型平移断层,是两盘顺直立断层面相对水平剪切滑动的构造。

人们对走滑断层的认识和研究晚于对正断层和逆冲断层的认识和研究,大型走滑断层直到 20 世纪初才被确认。主要原因有:①作为研究断层位移的参考面(线)在走滑断层中相对较少;②走滑断层产状陡立,不易与正断层区分;③结构复杂,断裂带内常包含不同力学性质的构造,所以较难查明断层的性质。现在发现,走滑断层和兼具倾向滑动的大型走滑断层是相当普遍的,并在区域构造活动中具有重要的意义。

第一节 走向滑动断层的基本结构

一、走向滑动断层的基本特点

走滑断层常具有以下特点:①走滑断裂带包括一系列与主断裂带相平行或以微小角度相交的次级断层,单条断层延伸一般不远,各级断层分叉交织,常构成发辫式;②伴生有雁列式褶皱、断裂及断块隆起和断陷盆地等构造;③断层两侧地层-岩相带呈递进式依次错移,时代愈老,移距愈大;④断层带常呈直线延伸,甚至穿过起伏很大的地形仍保持直线性,在航空照片、卫星照片上显示良好的直线性。

二、走向滑动断层的伴生构造

走向滑动断层主要有以下四种类型的伴生构造(图 14-1)。

1. R 和 R′剪裂隙 走向滑动断层带可出现两组共轭的剪切破裂 R 和 R′,R 剪裂隙为低角度里德尔裂隙,与走滑断层的运动方向一致;R′剪裂隙为高角度里德尔裂隙,与走滑断层的运动方向相反。

2. 褶皱 在递进剪切作用过程中,走滑断层常伴生近 S 型或反

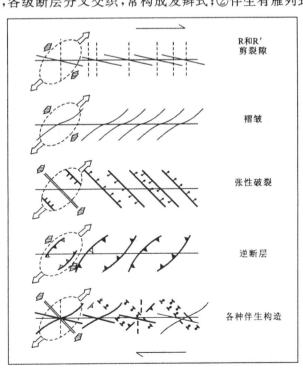

图 14-1 走向滑动断层的伴生构造
(据 Sylvestel,1988)

S型的牵引褶皱。此外,常构成雁行式褶皱组合。

3. 张性破裂　在走滑断层带中,一系列张性破裂沿着局部的挤压方向发育,与褶皱轴向近于直交。在走滑断层的局部伸展转换区,张性破裂进一步发展成正断层,可形成拉分盆地。

4. 逆断层　走滑断层带也可以出现逆断层,断层走向与其褶皱轴向展布方向一致。逆断层常发育在走滑断层的挤压转换区。

三、走向滑动断层的组合型式

在雁列式走滑断层系中,除根据两盘相对错动分为左行和右行外,还根据雁列断层的相互排列和部分叠置的关系,分为左阶式和右阶式。左阶式是指各次级断层顺走向依次向左错列；右阶式则指各次级断层顺走向依次向右错列(图14-2)。两条雁列断层之间的叠复部位称为重叠,相互垂距称为间隔(图14-3)。

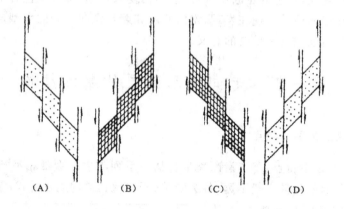

图14-2　左阶式和右阶式走滑断层系及其控制的拉伸带和挤压带图示
(A)左行左阶；(B)左行右阶；(C)右行左阶；(D)右行右阶；
细点区为拉伸带；交叉线区为挤压带

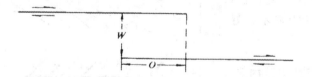

图14-3　雁列式走滑断层中的重叠(O)和间隔(W)

第二节　走向滑动断层的应力状态

走向滑动断裂是在单剪应力状态下形成和发育的,在剪切带内部的不同方位和区间则具有特定的次级应力-应变特点和相关的构造。

一、剪切断裂带的应力状态

在剪切作用下断裂中可形成两组里德尔剪裂(R 和 R')及张裂(T),还可形成压剪性破裂(P)。里德尔剪裂(R)与主走滑断层约成15°(内摩擦角的一半)相交,两者滑向一致(图14-

4)。压剪性破裂(P)与主走滑断层的交角小于17°,与里德尔剪裂 R 倾向相反,但滑向一致。由于压剪性断裂(P)与两组里德尔断裂(R、R′)的连接和贯通,常常将断裂带切割成一系列菱形或近菱形块体。因此,由菱形结块与环绕结块的剪切面带往往构成发辫式构造或隆、坳断块间列交织的海豚式构造。

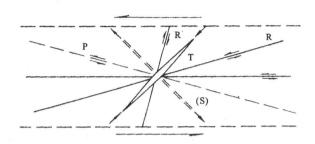

图 14-4 走滑剪切作用引起的各种破裂

二、走滑断裂带弯曲部和端部的应力状态

在平直走滑断层的终端,主断裂往往分叉为一套马尾丝状次级断裂,在一般滑动指向的终端,形成压性断裂扇;在滑动指向的另一端形成张性断裂扇(图 14-5)。从而使整个剪切带分成四个应力状态象限(图 14-6)。

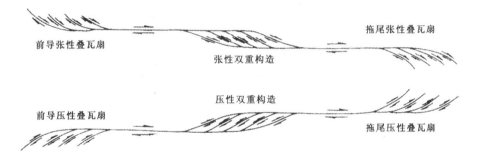

图 14-5 理想的右行走滑系平面图
(据 Woodcock & Fischer,1986)

走滑断层在走向上并非总是平直延伸的,往往发生弯曲。这种弯曲主要是在各初始平直段雁列式断裂控制下形成的,弯曲部位的应力状态也受走滑的左行、右行与平直段的左阶、右阶的组合关系所控制。因此可形成四种弯曲和相应的四种应力应变场:左行走滑断裂

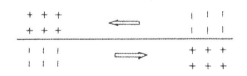

图 14-6 走滑断层四象限应力状态示意图

带的左向弯曲部和右行走滑断裂带的右向弯曲部引起拉伸和断陷;右行走滑断裂带的左向弯曲部和左行走滑断裂带的右向弯曲部,引起挤压和断隆。如图 14-7(A),在右行走滑和直线段的右阶状态下,弯曲部位处于拉伸状态;如图 14-7(B),在右行走滑和直线段的左阶状态下,弯曲部位处于挤压状态。

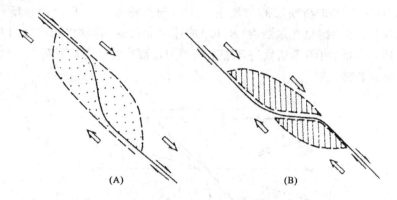

图 14-7 走滑断层阶式弯曲引起的不同受力状态
(A)右行走滑断层右阶式弯曲引起拉伸和断陷盆地;(B)右行走滑断层左阶式弯曲引起挤压和断块隆起

三、两条交切走滑断层引起的应力状态

如果两条走滑断层以小角度交切且滑向相反,会出现两种情况:①当两条走滑断层一致滑向楔尖而引起挤压隆升;②当两条走滑断层一致背离楔尖滑动,则引起拉伸断陷(图 14-8)。

如果两条交切走滑断层滑向相同,聚敛引起挤压,离散引起拉伸(图 14-9)。

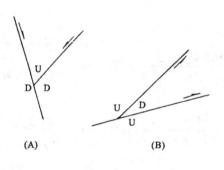

图 13-8 两条滑向相反的交切走滑断层
引起的挤压和拉伸
(据 Moody,1956)
(A)一致滑向楔尖而引起挤压;
(B)一致滑离楔尖而引起拉伸;
U. 挤压上升;D. 拉伸下降

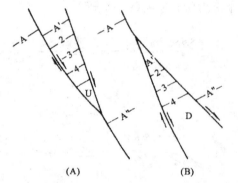

图 14-9 两条滑向一致的走滑断层相交
(聚敛和离散)引起的挤压和拉伸
(据 Crowell,1974)
(A)两条走滑断层聚敛引起挤压;
(B)两条走滑断层离散引起拉伸;
U. 挤压上升;D. 拉伸下降

四、离散性走向滑动和聚敛性走向滑动

受剪切作用控制下的走滑断层,往往叠加有拉张作用和挤压作用,其产出应力场则具双重力学性质。甚至同一走滑断层带的不同部位在以剪切为主中,又具有拉张或挤压,表现为张剪性或压剪性,即剪切拉张和剪切挤压。张剪性走滑为离散性走向滑动断层,压剪性走滑为收敛性走向滑动断层。相应形成张剪性和压剪性两类构造。

第三节 走向滑动断层的相关构造

在走滑断层作用中,往往形成一些特征性构造,如拉分盆地和花状构造,不仅具有重要的理论意义,而且有实际意义。

一、拉分盆地

拉分盆地(Pull-apart basin)是走滑断层系中拉伸形成的断陷盆地。它是伯奇菲尔(Burchfiel,1966)研究圣安德烈斯走滑断层控制的死谷盆地时首次提出的。此后在研究圣安德烈斯断层和亚喀巴湾-死海裂谷系中,对拉分盆地有了更深入的认识,初步建立了相应的模式(图14-10)。

(一)拉分盆地的几何特点

拉分盆地形似菱形,曾称为菱形断陷。盆地两侧长边为走滑断层,两短边为正断层。菱形断陷盆地从形态上分为"S"型和"Z"型,左行左阶雁列式走滑断层控制下形成的拉分盆地为"S"型,右行右阶雁列式走滑断层控制下形成的拉分盆地为"Z"型(图14-11)。

拉分盆地的规模变化很大,大者长逾百余千米,宽数十千米,小者长数百米宽仅数十米。根据世界上已查明的拉分盆地的长宽比统计,比值约为3:1,长边常与主干走滑断层一致。

(二)拉分盆地的演化

拉分盆地是在两条近平行雁列走滑断层或是在一组近平行雁列走滑断层控制下发育形成的(图14-12)。一组雁列走滑断层控制下发育的拉分盆地,各盆地先单独发育再相互连接组成复合拉分盆地。一个大型拉分盆地内部可能存在次级拉分盆地,形成盆中盆或垒中垒构造(图14-13)。

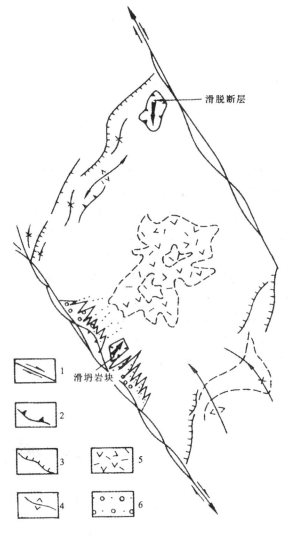

图14-10 拉分盆地理想化模式图
(据Crowell,1974,简化并修改)
1.走滑断层;2.逆冲断层;3.正断层;
4.褶皱轴;5.火山岩系;6.碎屑岩系

次级地垒中又会发生断块隆起,从而构成垒中垒构造。

拉分盆地一般窄而长,在形成演化过程中,宽度相对稳定,决定于两条边界走滑断层的间隔。初始长度决定于两条边界走滑断层的重叠距,但是随着走滑断层的持续滑动而不断增长。一般长宽比达3:1后停止发育。所以,决定拉分盆地发育的因素是雁列走滑断层的间隔和重叠、断层的长度、活动持续时间和切割深度。

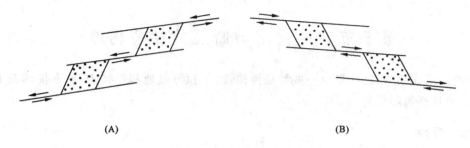

图 14-11 拉分盆地图示
(A)"S"型;(B)"Z"型

(三)拉分盆地的地质特点

拉分盆地与其他成因的盆地比较起来,发育快,沉降快,沉积厚度大,沉积相变化迅速。沉积物和沉积相因形成的自然地理环境而异。如果拉分盆地位于大陆边缘,早期为陆相沉积,后期因强烈下降海水侵入而转为海相。也有一些拉分盆地早期为海相,后期与海隔绝变成湖相沉积,最后以河流相沉积告终。如一直处于大陆环境,则全由陆相沉积充填。

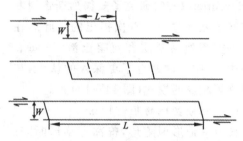

图 14-12 拉分盆地的演化图示
(据 Atilla Aydin et al,1982)

在长期处于伸展环境的大型拉分盆地中,地壳相对减薄,热流值一般较高,常发生火山活动。

大厚度的富含有机物的海相和湖相沉积,在快速沉降和埋藏及高热流作用下可形成良好的生油层。各种碎屑沉积为良好的储油层,走滑断层伴生的雁列褶皱提供了充分的储油构造圈闭。因此,拉分盆地是具有重要意义的油气远景区。拉分盆地也是盐类等沉积矿产的聚积

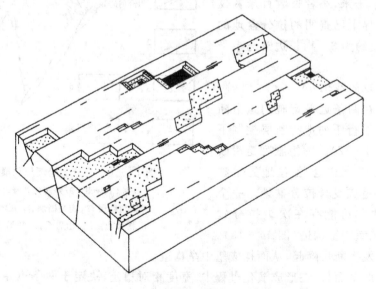

图 14-13 大型拉分盆地中包容的次级拉分盆地和断块隆起示意图
(据 Atilla Aydin et al,1982)
注意盆中盆和盆中垒构造

产出地。

拉分盆地也是地震多发场所。土耳其安纳托利亚断层系中的拉分盆地地震频率很高。据邓起东等(1987)的研究,认为甘肃海原、西华山走滑断层控制的拉分盆地与1920年海原地震的关系密切。吴大宁等(1985)根据对滇西北裂陷的基本特征及其形成机制的研究,强调指出红河北段第四纪断陷盆地的拉分性质及其与地震的关系(图14-14)。

二、花状构造

花状构造是走滑断层系中又一种特征性构造。剖面上一条走滑断层自下而上成花状撒开,故称为花状构造。根据花状构造的结构和力学性质可分为正花状构造和负花状构造。

<u>正花状构造</u> 是聚敛性走滑断层派生的在局部压扭性应力状态中形成的构造(图14-15)。一条陡立的走滑断层向上分叉撒开,以逆断层组成的背冲构造。断层下陡上缓,凸面向上,被切断的地层多呈背形,但不具弯滑褶皱性质。正花状构造像一个细管的倒立锥体。自然界也有一些非走滑断层引起的类似花状的构造。鉴别花状

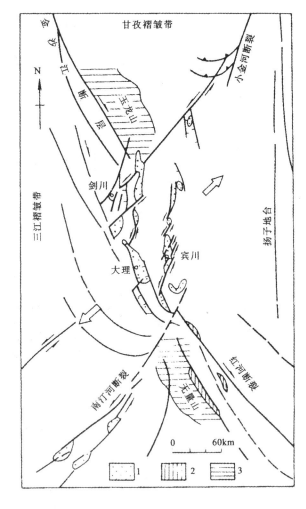

图14-14 滇西北裂陷拉分区构造略图和构造形成机制图
(据吴大宁、邓起东,1985)
1.第四纪盆地;2.前第四纪盆地;3.隆起

构造的准则是构造的平面和剖面的结构及区域应力场等。如果是花状构造,则剖面上背冲式断层向下汇合为一条陡立的走滑断层,区域上显示走滑断层特点。

<u>负花状构造</u> 是离散性走滑断层派生的在局部张扭性应力场中形成的构造(图14-16)。一套凹面向上的正断层构成了似地堑式构造。地堑内地层平缓,浅部形成被正断层破坏的向斜,向斜也不具弯滑褶皱性质。

走滑断层带正花状构造。索书田等(1995)通过1:5万地质填图,在雪峰山马底驿地区识别出一个大型的正花状构造(图14-17),其轴部主干走滑断裂带走向为25°~30°,断裂面产状陡倾或近直立,并向深处插入中元古界冷家溪群浅变质岩系基底之中。由主干走滑断裂向上和向外,分别形成向北西逆冲的喜眉山大型逆冲-推覆构造及向南东逆冲的宜家湾叠瓦状逆冲断裂组合,均具薄皮构造性质。我国一些学者认为,我国中、新生代含油气盆地中也产出了花状构造(图14-17)。王燮培(1989)认为,我国中、西部中、新生代盆地中多发育正花状构造,而东部盆地中,则以负花状构造为主,分别代表压扭和张扭两种不同的构造背景。在油气勘探中认识花状构造,对正确分析盆地构造、岩相带发育和圈闭特征,具有实质性意义。

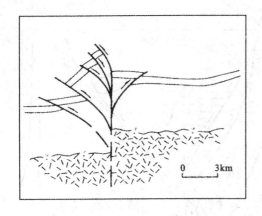
图 14-15 正花状构造示意图

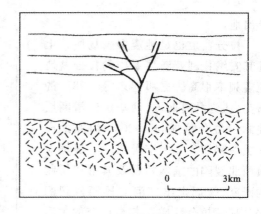
图 14-16 负花状构造示意图

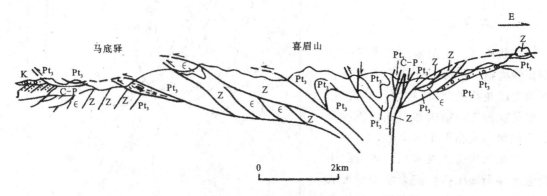
图 14-17 雪峰山花状构造横剖面图
(据索书田等,1995,稍简化)

三、雁列式褶皱和牵引式弯曲

(一)雁列式褶皱

雁列式褶皱是走滑断层派生的特征性构造。褶皱以背斜为主,褶皱轴与主干走滑断层成小角度相交,所交锐角指示对盘滑动方向。褶皱是在走滑剪切作用派生的次级压应力作用下形成的。褶皱一般产出于断层一侧,并且随着远离主断层而逐渐减弱或倾伏而消失。著名的圣安德烈斯走滑断层具有典型的雁列褶皱,其褶皱轴与主干走滑断层所交锐角指示圣安德烈斯断层为右行式(图14-18)。

(二)牵引式弯曲

在走滑断层两侧的岩层常发生牵引褶皱。著名的新西兰阿尔卑斯走滑断层的东南段发育了巨大的弧形弯曲,弯曲中包含了陡倾褶皱(图14-19)。我国郯(城)-庐(江)断裂南端大别山构造的弧形弯曲可能也是这种牵引式弯曲。

四、双重构造

走滑断裂带中有时亦有双重构造产出,表现为两条走滑断层围限的断块中产出的一套与主断层斜交的次级雁列式走滑断层。圣安德烈斯走滑断裂带有这类构造产出(图14-20)。需要指出,逆冲断裂带的双重构造展现于剖面上,而走滑断裂带中的双重构造则展现于平面上。

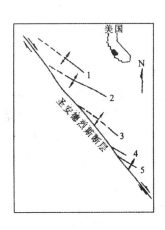
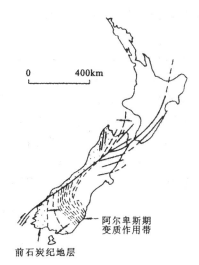

图 14-18 圣安德烈斯断层一侧的雁列式褶皱示意图
(据 Moody 等,1956)
1. 谢尔沃背斜;2. 科林加背斜;3. 奥尔查德背斜;
4. 麦克唐纳背斜;5. 赛里克背斜

图 14-19 新西兰阿尔卑斯走滑断层及其
东南盘的牵引弯曲图
(据 Wellman,1952)

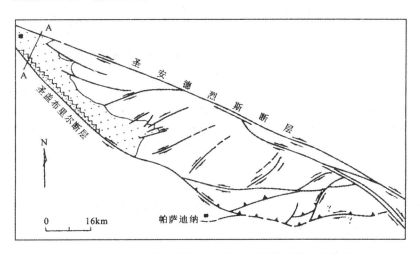

图 14-20 圣安德烈斯断层与次级断层构成的双重构造
(据 Dibblee & Thomas,1968)

第四节 走向滑动断层的发育背景及成因分析

走向滑动断层的延伸长度、切割深度和位移量有显著的差别,与其发育的大地构造背景和形成的动力学机制有关。

一、走向滑动断层发育的构造背景

走向滑动断层主要发育在如下三种大地构造环境。

(一)大陆与大洋的转换带

太平洋板块与欧亚板块、美洲板块之间差异运动,分别以左行的郯庐断裂和右行的圣安德烈斯断裂转换调节,两条走滑断裂带的活动影响到整个地壳,走滑位移量数百千米至上千千米。

（二）大陆造山带与沉积盆地的转换带

陆(板)内构造环境常形成走向滑动断层(钟大赉等,1989;Storti et al,2003)。在区域性挤压构造背景的大陆盆山系统中广泛发育共轭的走向滑动断层系(李德威,1995;2003)。例如,青藏高原北部西昆仑造山带与塔里木盆地之间出现阿尔金左行走滑断层和西昆仑-喀喇昆仑右行走滑断层;青藏高原东部东昆仑、龙门山、横断山与四川盆地之间发育东昆仑走滑断层、鲜水河-红河走滑断层等;青藏高原南部喜马拉雅造山带与恒河盆地之间发育Chaman左行走滑断层和Sagaing右行走滑断层(图14-21)。这些走滑断层的位移量常达数百千米。

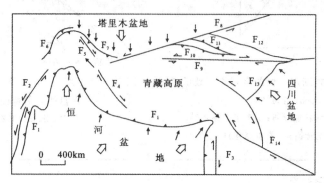

图14-21 青藏高原与周边沉积盆地之间的共轭走滑断层系
(据李德威,2003)

F_1.主边缘逆冲断层;F_2.Chaman走滑断层;F_3.Sagaing走滑断层;F_4.喀喇昆仑走滑断层;F_5.西昆仑走滑断层;F_6.帕米尔逆冲断层;F_7.西昆仑北缘逆冲断层;F_8.阿尔金走滑断层;F_9.东昆仑走滑断层;F_{10}.柴南缘逆冲断层;F_{11}.柴北缘逆冲断层;F_{12}.祁连山北缘逆冲断层;F_{13}.龙门山前逆冲断层;F_{14}.鲜水河-红河走滑断层

（三）大陆造山带或高原的内部

青藏高原是一个复合造山带,内部广泛发育新生代走向滑动断层,常以共轭的形式出现。这类走滑断层的位移量一般为数十千米。

二、走向滑动断层的形成机制

一般而言,走向滑动断层与平移断层一样,符合安德森断层模式。但是,在青藏高原及其他一些地区,共轭走滑断层的钝角平分线对应挤压方向,不符合安德森模式。此外,恒河盆地与青藏高原耦合调节的Chaman走滑断层和Sagaing走滑断层近于平行,近南北走向展布,可能与盆地向高原的楔入作用有关(图14-21)。因而,探讨非安德森断层形成机制具有十分重要的理论意义。

Molnar和Tapponnier(1975)认为印度板块的楔入引起青藏高原东部走滑断层活动和地壳物质向东蠕散,曾经受到广泛的支持。近年来,由于该模式限于平面应变,不能合理地解释青藏高原同期的隆升作用,并与青藏高原地壳分层流变、连续变形不相符合,因而受到质疑与挑战。从洋陆耦合和大陆盆山耦合的思路探索非安德森式共轭走滑断层的成因,是当代构造地质学的一个前沿课题。

主要参考文献

国家地震局"阿尔金活动断裂带"课题组. 阿尔金活动断裂带. 北京:地震出版社,1992

李德威. 青藏高原隆升机制新模式. 地球科学——中国地质大学学报,2003,28(6):593~600

吴大宁等. 滇西北断陷区的基本特征及其形成机制. 见:现代地壳运动(1). 北京:地震出版社,1985:118~138

徐嘉炜. 论走滑断层作用的几个主要问题. 地学前缘,1990,2(2)

钟大赉,Tapponnier P,吴海威等. 大型走滑断层——碰撞后陆内变形的重要方式. 科学通报. 1989,34(7):526~529

Atilla Aydin A N. Evolution of pull apart basins and their scale independence. Tectonics. 1982,81(1)

Crowell J C. Displacement along the San Andreas fault, Califonia. Geol. Soc. Am. Spec. Paper. 1962,71

Freund R. Rotation of strike-slip faults in Sistan, southeast Iran. J. Geol., 1970,78(2)

Molnar P, Tapponnier P. Cenzoic tectonics of Asia:effects of a continental collision. Seience. 1975,189:419~426

Moody T D, Hill M J. Wrench fault tectonics. Geo. Am. Bull. 1956,67

Storti F, Holdsworth R E, Salvini F. Intraplate strike-slip deformation belts. Geological Society, London, Special Publications. 2003,210:1~14

Sylvester A G. Strike-slip faults. Geol. Soc. Am. Bull. 1988,100:1666~1703

第十五章

韧性剪切带

第一节 剪切带的基本类型

剪切带是平面状或曲面状的高剪切应变带,也是地壳和岩石圈中广泛发育的主要构造类型之一。剪切带可以在不同构造层次和不同构造背景下发育,其尺度可从超显微的晶格位错到造山带或变质基底内几十千米宽和上千千米长的韧性剪切带。剪切带的研究不仅在整个岩石圈构造及全球构造动力学方面具有重要意义,而且在应用构造研究方面也具有重要的实际意义。

根据剪切带发育的物理环境、变形行为和变形机制的不同,可将剪切带划分为下列三种基本类型(图 15-1)。

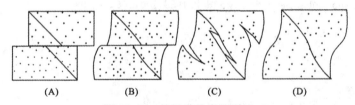

图 15-1 剪切带的类型图示

(据 Ramsay,1980)

(A)脆性剪切带;(B)脆-韧性剪切带;(C)韧-脆性剪切带;(D)韧性剪切带

1. **脆性剪切带(断层或断裂带)** 脆性剪切带是在地壳浅层次发生的脆性变形的产物,即通常所说的断层。其特点是具有一个或多个清楚的不连续界面[图 15-1(A)],两盘位移明显,变形集中在个别不连续面上,伴生有各种碎裂岩系列的断层岩,其两侧岩石几乎未受变形。

2. **脆-韧性过渡型剪切带** 脆-韧性剪切带有多种类型,主要型式有两种:①似断层牵引现象的脆-韧性剪切带[图 15-1(B)],在韧性变形的岩石内部发育不连续面,沿不连续面可能产生摩擦滑动,而其两侧一定范围内的岩层或其他标志层则发生一定程度的塑性变形;②韧-脆性剪切带由张裂脉的雁行状阵列表现出来[图 15-1(C)],雁列张裂隙反映岩石的脆性变形,而张裂隙之间的岩石一般受到一定程度的塑性变形。

3. **韧性剪切带** 韧性剪切带是岩石在塑性状态下发生连续变形的狭窄高剪切应变带[图 15-1(D)和图 15-2]。典型的韧性剪切带内变形状态从一壁穿过剪切带到另一壁是连续的,不出现破裂或不连续

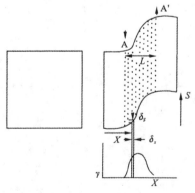

图 15-2 韧性剪切带示意图

(据 Ramsay,1980)

面,带内变形和两盘的位移完全由岩石的塑性流动或晶内变形来完成,并遵循不同的塑性或粘性蠕变律。因此,韧性剪切带具有"断而未破,错而似连"的特点[图 15-1(D)]。

以上三种剪切带反映了它们形成时岩石的力学性质的差异,也反映了地壳和岩石圈不同层次、不同物理环境和不同流变机制条件下岩石的应变局部化特征。在空间和时间上,它们有着紧密的联系,且可以相互转换或过渡。在 Sibson(1977)提出的断层双结构模式中,对于长英质岩石中的断层而言,从脆性到韧性转变的深度大约在 10~15km(图 15-3)。由于地壳和岩石圈具有流变学的分层性,故地壳或岩石圈尺度上的剪切带流变模式也是很复杂的。简单说来,由浅层至深部,剪切带的性质和产状变化是多重的(图 15-4)。

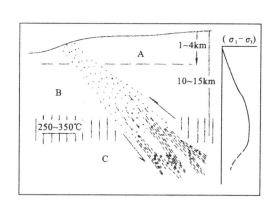

图 15-3　一条大型断裂带的双层结构模式图
（据 Sibson,1977）
A. 未固结断层泥及角砾发育区;B. 固结的组构紊乱的压碎角砾岩、碎裂岩系发育区;C. 固结的面理化糜棱岩系列及变余糜棱岩发育区;250~350℃地温区域为脆性断裂与韧性剪切带过渡区;右侧为变形深度及应力差值大小曲线

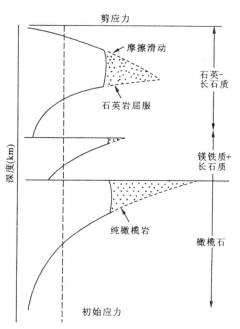

图 15-4　大陆岩石圈剪应力-深度剖面示意图
（据 Rutter & Brodie,1988）

第二节　韧性剪切带的几何特征

韧性剪切带有两个基本结构要素,即剪切带的两盘(壁)和两盘所限制的强塑性变形带。剪切带的两盘可以是平行的,也可以是弯曲的。前者的几何边界条件是:①具有相互平行的两盘或边界;②沿每个横断面的位移情况是一样的,这表明岩石的有限应变方向和性质在横过剪切带的各剖面上是一致的。后者沿剪切带走向两盘可能收敛、汇合或分散,不同位置上剪切带横剖面的变形情况是变化的。根据剪切带的边界条件和位移情况,韧性剪切带可作如下划分。

一、韧性剪切带的几何类型

（一）剪切带外的岩石未受变形的韧性剪切带
(1)不均匀的简单剪切[图 15-5(A)];
(2)不均匀的体积变化[图 15-5(B)];
(3)不均匀的简单剪切和不均匀的体积变化之联合[图 15-5(C)]。

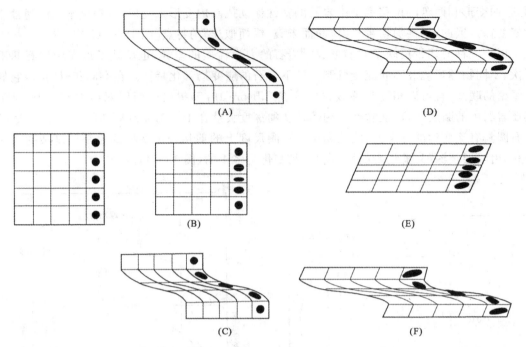

图 15-5 韧性剪切带的几何类型

(据 Ramsay,1980)

左图为原始状态;(A)~(F)各种类型的韧性剪切带

(二)剪切带外的岩石受到均匀应变的韧性剪切带

(1)均匀应变与不均匀的简单剪切之联合[图 15-5(D)];

(2)均匀应变与不均匀的体积变化之联合[图 15-5(E)];

(3)均匀应变、不均匀的简单剪切和不均匀的体积变化之联合[图 15-5(F)]。

二、简单剪切带的基本几何关系

各类剪切带的变形都是非均匀简单剪切。一个非均匀简单剪切可看作是若干个无限小的均匀剪切带的组合。因此,一个小的均匀简单剪切单元的应变特征是分析所有剪切带变形的基础。在分析均匀简单剪切单元的基本几何关系时,一般作如下假设(图 15-6)。

(1)坐标的选择。设平行剪切方向为 X 轴,剪切面为 XY 面,Y 轴垂直于 X 轴,Z 轴垂直于 XY 面[图 15-6(A)]。

(2)设应变椭球的三个主应变轴为 X_f、Y_f 和 Z_f,并且 $X_f \geqslant Y_f \geqslant Z_f$,同时还假设 Y_f 不变,即 $e_2=0$,作为平面应变分析,中间应变轴 Y_f 包含在平行剪切带两边界的平面中。在 XZ 面上测得主应变轴 X_f 与 X 轴的夹角为 θ'。

(3)设原先存在的平面标志层在 XZ 面上的迹线与 X 轴在变形前的夹角为 α,变形后的夹角为 α'。原单位半径的圆变为应变椭圆,其主轴沿 X_f 长度为 $1+e_1$,而沿 Z_f 的长度为 $1+e_3$。X_f 的旋转角度 $\omega=\theta-\theta'$,γ 为剪应变,ψ 为角剪切,d 为平行 X 轴的位移距离。

在上述假设条件下,剪切带的基本几何关系可表示为:

(1) $\gamma = \tan\psi$ (15-1)

(2) $d = \gamma \cdot z$(此外 z 是小单元剪切带的宽度) (15-2)

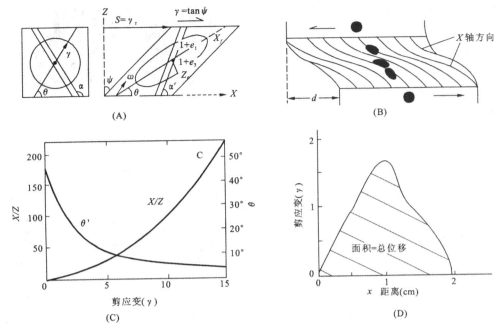

图 15-6 剪切带内的剪应变图示
(据 Ramsay,1980)
(A)简单剪切系统中应变椭圆与剪切的关系;(B)横过剪切带应变的连续变化;
(C)剪应变与轴率的关系曲线;(D)γ-x 曲线图(x 为距离)

(3) $\tan 2\theta' = \dfrac{2}{\gamma}$ (15-3)

(4) $\cot\alpha' = \cot\alpha + \gamma$ (15-4)

以上表达式反映了剪切带内一些基本物理量间的关系。这是基于假设小均匀剪切应变单元。对于天然剪切带来说,剪切应变值 γ 是变化的。它在带的中心最高,边界处最低。因此,剪切带中各物理量的计算较复杂。

第三节 韧性剪切带内的岩石变形

从力学观点来看,韧性剪切带就是地壳和岩石圈中不同尺度的缺陷,是应变软化带和应变局部化带,其变形过程中的应力、应变速率和温度等环境条件之间的关系,受不同的流动律控制。从而形成了特征性的岩石、构造和其他微观变形现象。

一、韧性剪切带内的褶皱发育特征

在各向异性的地质体内产出的韧性剪切带内,经常出现复杂的褶皱变形,其主要的褶皱变形类型有:

1. **被动相似褶皱** 由于剪切带内差异性剪切作用,改变了先存面状构造的方位,导致标志层出现被动褶皱,一般形成相似褶皱。褶皱轴平行于原始标志层与剪切带的 XY 面的交线。轴面平行于剪切带(图 15-7)。

2. **主动纵弯褶皱** 是先存标志体或面状构造受挤压失稳形成的(图 15-8)。褶皱形成的先决条件是：标志体与围岩之间存在能干性差。

如果标志层与基质之间韧性差不大，则标志层的厚度由于被剪切而发生改变。同时，这种变化还决定于标志层的产状及标志层与剪切带的夹角(α)。其关系式为

$$t' = \frac{\sin\alpha'}{\sin\alpha} t \qquad (15-5)$$

式中：t——原始厚度；

t'——改变后的厚度。

当 $\alpha > 90°$ 时（图 15-8A_1）则递进剪切应变将首先使标志层缩短加厚，然后褶皱（图 15-8A_2）。当 $\alpha < 90°$ 时（图 15-8B_1）则递进剪切应变总是使标志层逐渐变薄（图 15-8B_2）。

如果标志层与基质之间韧性差显著，标志层在变形中并不是被动的，在递进剪切应变中，起初相当于被动层的缩短时，标志层将发生纵弯褶皱（图 15-8C_2、A_3），其褶皱的幅度取决于层的厚度及标志层与基质的韧性差的大小。在强硬的标志层被拉伸时变薄，可能形成香肠构造（图 15-8B_3），或在强硬层受递进应变先缩短后再拉伸的情况下，则可在一个剖面上出现褶皱，后又被展平变成了石香肠构造（图 15-8C_3）。

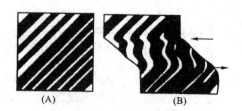

图 15-7 由岩层的被动剪切作用而形成的相似褶皱示意图
（据 Ramsay，1967）
(A)变形前；(B)变形后

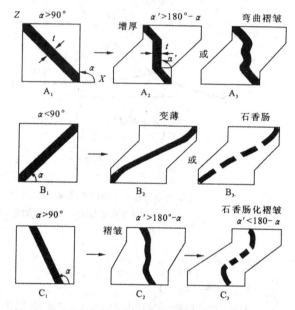

图 15-8 韧性剪切带对标志层影响的图示
（据 Ramsay，1980）

3. **鞘褶皱** 韧性剪切带中的褶皱与地壳浅层次常见的褶皱的几何形态不同。其褶皱的褶轴往往与拉伸线理方向大致平行，这种褶皱称为 A 型褶皱[图 15-9(B)、(D)和(E)]；而浅层次褶皱的褶轴与拉伸线理相垂直，这种褶皱称为 B 型褶皱[图 15-9(C)]。A 型褶皱一般发育在剪切带的强烈剪切部位，可以是受剪切作用直接形成，或由较开阔的 B 型褶皱随着剪切变形的加剧，使褶皱平行拉伸线理而形成。

鞘褶皱是韧性剪切带中一种特殊的 A 型褶皱。因形似刀鞘故名鞘褶皱。鞘褶皱常成群出现。大小不一，以中、小型为主。鞘褶皱大多呈扁圆状、舌状或圆筒状。多数为不对称褶皱，沿剪切方向拉得很长。为了研究方便将鞘褶皱的长轴（平行运动方向）确定为 X 轴；Y 轴与 X 轴垂直，并平行于剪切面；Z 轴垂直于 XY 面[图 15-9(E)]。

鞘褶皱在不同断面上的形态变化很大。在垂直 X 轴的 YZ 面上以封闭的圆形、眼球形、豆荚状为典型特征[图 15-10(A)]。在 XZ 断面上多为不对称及不协调的褶皱，其轴面的倒向为剪切方向[图 15-9(D)、(E)，图 15-10(B)]；在 XY 断面上褶皱不明显，但显示出长条形或舌形等，其上发育有明显的拉伸线理。拉伸线理指示剪切运动的方向。

鞘褶皱的形成有多种方式。有的是先期褶皱在剪切过程中枢纽被弯曲，甚至可以变得很

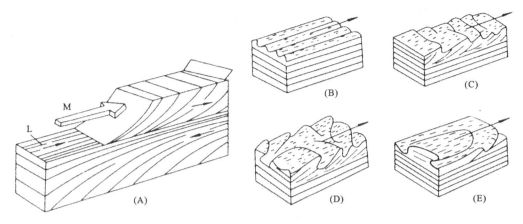

图 15-9 韧性剪切带中的褶皱示意图
(据 Mattauer，1980)
(A)韧性剪切带的拉伸线理；(B)、(D)、(E)褶轴平行拉伸线理的 A 型褶皱；
(C)褶轴垂直拉伸线理的 B 型褶皱；M. 运动方向；L. 拉伸线理

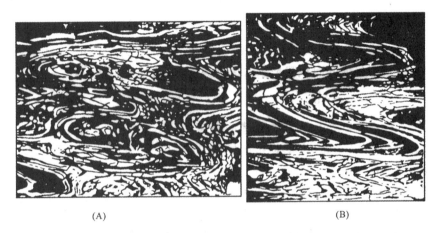

图 15-10 北京西山孤山口雾迷山组韧性剪切带中鞘褶皱素描图
(A)YZ 面；(B)XZ 面；底长 30cm

尖,形成翼间角较小的鞘状褶皱,是叠加变形的结果。多数鞘褶皱是由被动层中存在着原始偏斜,如原始厚度不等的局部原始偏斜,或层面斜交于剪切方向及其他的局部不均一性,在递进剪切作用下发育成枢纽弯曲或形态复杂的褶皱。当应变值很大时（$\gamma > 10$）才形成典型的鞘褶皱。

二、新生面理和线理

许多天然韧性剪切带的变形岩石中,常发育有由矿物或矿物集合体的优选方位平行于剪切带的应变椭球体的 $X_f Y_f$ 面而形成的面理,即剪切带内面理(S)。它在剪切带内的方位变化受应变主拉伸轴(X_f)方位的控制[图 15-6(B)、图 15-11]。因此,剪切带内面理(S)的方位随着从剪切带的边缘到中心的应变加强而相应改变。在简单剪切带边部,"S"型面理与剪切带的边界夹角成 45°,在中部随着主应变量的增加,则夹角变小趋近于 0°,穿过剪切带形成"S"型面理[图 15-6(B)]。

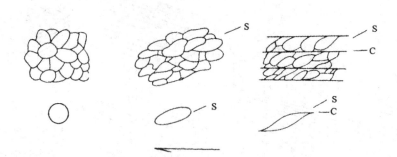

图 15-11　剪切带内面理(S)和糜棱岩面理(C)形成模式图
(据 Berthe 等,1979)

据剪切带内面理(S)与剪切带边界的夹角及其变化可以测量平行于剪切带的剪应变,从而计算出横过剪切带的总位移,具体的计算方法是:在垂直于 Y 轴的剪切带的剖面(XZ 面)上,横穿剪切带,从剪切带的边界直至中心,依次测量各点的剪切带内面理(S)与剪切带壁(即 X 方向)的夹角 θ',据公式 $\tan 2\theta' = \dfrac{2}{\gamma}$,利用 θ' 求出剪应变量 γ[图 15-6(C)]。以剪应变(γ)为纵坐标,以测点到剪切带一边的距离(x)为横坐标,作剪应变(γ)与距离(x)的曲线图[图 15-6(D)]。曲线与横坐标包围的面积就是总的横过剪切带的位移距离(d)。

$$d = \int_0^x \gamma \cdot \mathrm{d}x \qquad (15-6)$$

据比奇(Beach,1974)对苏格兰西北部的前寒武纪 Caxfordin 造山带前缘的许多剪切带作的计算,总位移量达 25km 以上。

在剪切带面理上,还经常发育有平行最大拉伸方向的矿物拉伸线理(图 15-12),其发育程度随变形的增强而显著。拉伸线理与剪切带边界的锐夹角所指的方向反映了剪切运动的方向。

由于剪切带内发育"S"型面理和矿物拉伸线理,使剪切带内的岩石具有良好的面状构造(S)和线状构造(L)。此类岩石称为 SL 构造岩,它是韧性剪切带的标志之一。

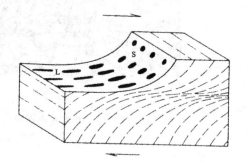

图 15-12　剪切带内面理(S)面上的拉伸线理(L)示意图

三、糜棱岩

(一)糜棱岩的基本特征

糜棱岩这一术语是 Lapworth 于 1885 年提出的,用以描述苏格兰沿莫因断层发育的一种细粒的、具强烈面理化的断层岩。他认为,这些岩石是错动面上岩石受到压碎、拖曳和强烈研磨而产生的。因而,长期以来人们都认为糜棱岩是脆性变形的产物。20 世纪 70 年代以来,随着岩石变形实验研究的发展,金属物理学理论的引入及透射电子显微技术的兴起与运用,人们对糜棱岩的显微构造、组构特征都有了崭新的认识。1981 年在加利福尼亚彭罗斯国际糜棱岩研讨会上,较普遍地认为糜棱岩的三个基本特征是:①与原岩相比,粒度显著减小;②具增强的面理和(或)线理;③发育于狭窄的强应变带内。多年的研究表明,糜棱岩还有一个非常重要的特征,即岩石中至少有一种主要的造岩矿物发生了明显的塑性变形。其显微构造,如丝带构造及核幔构造等都表现出塑性变形、动态恢复及动态重结晶的特点。这就是现代糜棱岩概念的四个基本要素。

(二)糜棱岩的类型

根据糜棱岩中细粒化基质的含量可将糜棱岩系列的岩石划分为初糜棱岩、眼球状糜棱岩[图15-13(B)]、糜棱岩[图15-13(A)]和超糜棱岩及准塑性糜棱岩(表15-1)。准塑性糜棱岩既具有塑性变形特征

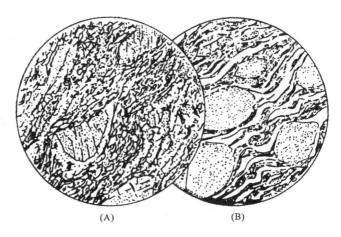

图 15-13 糜棱岩
(据 Williams,1982)

(A)长英质糜棱岩,d=5mm,碎斑为长石,基质为长石与石英,石英拉长成丝带状围绕着碎斑;(B)眼球状糜棱岩,d=6mm,长石呈眼球状,基质由白云母、绿泥石组成,围绕碎斑分布

又有脆性变形行为,所谓的S-C糜棱岩和部分眼球状糜棱岩,大都属于这一类。它们反映了脆-韧性过渡区域内岩石的流变学性状。

随着变形后重结晶的增高,糜棱岩的细小颗粒或多晶集合体将重新结晶而长大,使糜棱岩转变成各种结晶片岩。根据其结晶程度和结晶颗粒的大小,分为千糜岩、变余糜棱岩、构造片岩和构造片麻岩。

千糜岩是糜棱岩的一个变种,具有千枚岩的外貌,其中有大量的含水的片状或纤维状矿物,如绢云母、绿泥石、透闪石、阳起石等(图15-14)。构造片岩具有明显的面理构造和新生的矿物。颗粒一般较大(大于0.5mm),有时可见到变余的糜棱结构。其中的石英在平行的云母类矿物的限制下常形成矩形晶体,其长边平行面理(图15-15)。如残存有长石斑晶,则形成眼球状片麻岩。

表 15-1 石英-长石质岩石圈断层岩分类简表

固结程度		未固结的	固 结 的			
			无新生重结晶作用	基质中普遍发生新生重结晶作用		基质比例(%)
碎片或矿物晶粒粒径(mm)	>5	断层角砾(可见角砾占松散破碎物总量大于30%)	碎裂岩系列	糜棱岩系列		0～10
			初角砾岩	准塑性糜棱岩	初糜棱岩	
	2～5		角砾岩			变余糜棱岩(颗粒生长明显) 10～50
	0.1～2		初碎裂岩		眼球状糜棱岩	50～90
	0.01～0.1	断层泥(可见角砾占松散破碎物总量小于30%)	碎裂岩		糜棱岩	
	<0.01		超碎裂岩		超糜棱岩	90～100
	<0.005	假玄武玻璃		超塑性糜棱岩		
变质级别		未变质	很低	低	中	高
深度(km)		0 ────────────────→ 25				
温度、压力		P、T增加方向 ────────────────→				

注:据 Marshak & Mitra(1988)的分类方案修改。

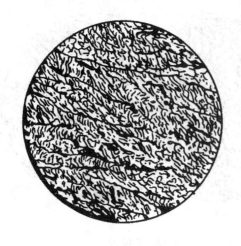

图 15-14　千糜岩
（据 Williams，1982）
显微照片，$d=3mm$，千糜岩由石英和白云母组成

图 15-15　江西大余构造片岩
（据孙岩、韩克从，1986）
显微照片素描，正交×170，石英呈矩形晶体，
白云母为细长条、片状，岩石片状构造明显

变余糜棱岩是介于构造片岩和糜棱岩间的一个过渡类型，它虽然具有广泛的重结晶作用，但糜棱岩的结构构造仍明显可辨。变余糜棱岩与糜棱岩的区别在于后期重结晶的强弱。在典型的变余糜棱岩中，不仅基质，甚至碎斑也发生重结晶，而且是由动态重结晶转为静态重结晶，以矩形多晶石英条带与白云母等矿物成分条带的发育为特征。

四、变质作用和流体作用

韧性剪切带不仅是强烈的线状应变带，而且也是线状的变质作用带。伴随着变形作用，剪切带内岩石和矿物中形成一定的应力梯度和化学浓度梯度，为流体及组分的运动提供了驱动力，开辟了通道。流体和组分的运动，导致流体与岩石、矿物之间或岩石、矿物的组分与组分之间的不平衡，从而发生变质反应，使岩石间的差异变小，并使岩石发生软化。变质反应的结果，改变了岩石的矿物组合，使原来已变质的岩石发生退变质，或使原来未变质的岩石发生变质作用，形成新的岩石类型，即构造岩。其典型的代表是糜棱岩。

剪切带既是流体运移的主要通道，也是流体-岩石发生相互作用的主要场所。在剪切带的变质、变形作用过程中，流体-岩石相互作用主要表现为：剪切带中的变质作用、钾交代作用、脱硅作用、碳酸盐化作用，以及长英质条带、硅质条带的生成等。同时，通过对野外天然变形岩石和室内高温、高压蠕变实验研究表明，流体对剪切带内岩石变形的影响主要包括：①流体的水解弱化作用与压溶作用，这极大地降低了岩石的剪切强度，并促进位错蠕变、扩散蠕变和颗粒边界滑移，导致岩石的应变软化，有利于岩石发生塑性变形；②流体的存在不仅有效地促进矿物变质反应的速率，而且作为一种载体有利于物质的扩散迁移，使得易溶物质能够迅速地从高应变区迁移到低应变区，并在有利部位（应变分解作用产生的应变屏蔽区）沉淀，促进新生矿物的成核、生长和重结晶；③由于流体的存在所造成的孔隙液压的增加，将会降低岩石变形所需的有效应力，从而促进剪切带的不断成核和扩展。所有这些将最终影响剪切带岩石的剪切强度、矿物晶格优选方位、脆-塑性转变及其他流变学参数，进而控制韧性剪切带的变形机制。

第四节 韧性剪切带运动方向的确定

韧性剪切带的剪切运动方向,可根据以下几个方面来确定。

(一)错开的岩脉或标志层

穿过剪切带的标志层往往呈"S"形弯曲,造成标志层在剪切带两盘明显位移,根据互相错开的方向可确定剪切方向[图15-16(A)]。但应用这一方法时,要注意先存标志层与剪切带之间的方位关系,否则会得出错误的结论。

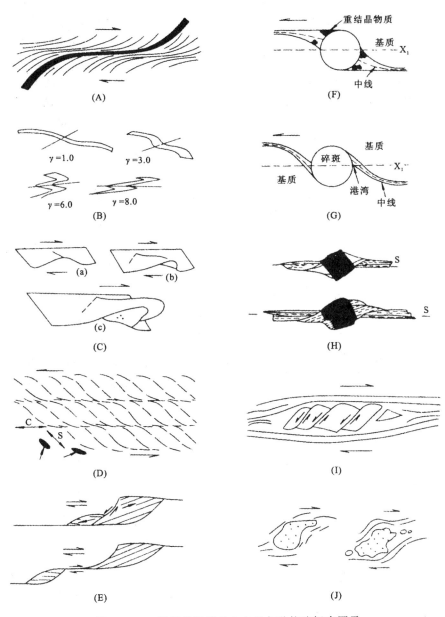

图15-16 指示剪切运动方向的各种构造标志图示

（二）不对称褶皱

当岩层受到近平行层面方向的剪切作用时，由于层面的原始不平整或剪切速率的变化，导致岩层弯曲旋转。随着剪应变的递进发展，褶皱幅度被动增大，形成缓倾斜的长翼和倒转短翼的不对称褶皱，由长翼至短翼的方向即是褶皱倒向，代表剪切方向[图15-16(B)]。但要特别注意：在剪应变很高时，褶皱形态将变化，变形初期与剪切作用方向协调的不对称褶皱的倒向可发生反转，如原为"S"型褶皱转为"Z"型褶皱，上述法则就不再适用了。

（三）鞘褶皱

鞘褶皱枢纽的方向或垂直Y轴剖面上的褶皱倒向指示剪切方向[图15-16(C)]。

（四）S-C面理

韧性剪切带内常发育两种面理：①平行于剪切带内的应变椭球的X_fY_f面的剪切带内面理(S)，在剪切带内呈"S"型展布。②糜棱岩面理(C)。糜棱岩面理(C)实际上是一系列平行于剪切带边界的间隔排列的小型强剪切应变带。常由更细小的颗粒或云母等矿物所组成（图15-17）。"S"型面理和"C"面理所交的锐夹角，指示剪切带的剪切方向[图15-16(D)]。随着剪应变加大，剪切带内面理(S)逐渐接近以致平行于糜棱岩面理(C)。

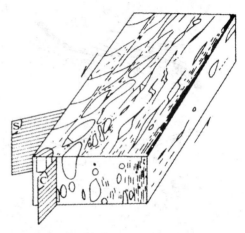

图15-17 S-C面理图示
（据Nicolas，1987）

（五）"云母鱼"构造

"云母鱼"构造多发育于石英云母片岩中，先存的云母碎片，其中的(001)解理处于不易滑动的情况下，在剪切作用过程中，在与(001)解理斜交的方向上形成与剪切方向相反的微型犁式正断层。随着变形的持续，上、下云母碎块发生滑移、分离和旋转，形成不对称的"云母鱼"[图15-16(E)]。"云母鱼"两端发育有细碎屑的层状硅酸盐类矿物和长石等组成的尾部。细碎屑的尾部将相邻的"云母鱼"连接起来，形成一种台阶状结构，是良好的运动学标志。这种细碎屑的尾部代表强剪切应变的微剪切带，它组成了C面理。与S-C面理一样，其锐夹角指示剪切方向。此外，利用不对称的"云母鱼"及其上的反向微型犁式正断层也可确定剪切方向[图15-16(E)]。

（六）旋转碎斑系

在糜棱岩中韧性基质剪切流动的影响下，碎斑及其周缘较弱的动态重结晶的集合体或细碎粒发生旋转，并改变其形状，形成不对称的楔形尾部的碎斑系。根据结晶拖尾的形状，分为"σ"型和"δ"型两类。

"σ"型碎斑系[图15-16(F)]的楔状结晶尾的中线分别位于结晶参考面[图15-16(F)中的X_1]的两侧。"δ"型碎斑系的结晶尾细长，根部弯曲，在与碎斑连接部位使基质呈港湾状，两侧结晶尾的发育都是沿中线由参考面的一侧转向另一侧[图15-16(G)]。

碎斑系的拖尾的尖端延伸方向指示剪切带的剪切方向。如果结晶尾太短，则不能用来确定剪切方向。

（七）不对称的压力影

韧性剪切带内压力影构造呈不对称状，坚硬单体两侧的纤维状的结晶尾呈单斜对称。据此可以确定剪切方向[图 15-16(H)]。

（八）"多米诺骨牌"构造

糜棱岩中的较强硬的碎斑（如长英质糜棱岩中的长石碎斑）。在递进剪切作用下，产生破裂并旋转，使每个碎片向剪切方向倾斜，尤如一叠书被推倒，形成类似多米诺骨牌。其裂面与剪切带的锐夹角指示剪切带的剪切指向[图 15-16(I)]。

（九）曲颈状构造

糜棱岩中的碎斑或矿物集合体、侵入岩体中的捕虏体等，在递进剪切作用下，使其一侧被拉长（或拉断），形成曲颈瓶状。曲颈弯曲方向表示剪切带的剪切方向[图 15-16(J)]。

实践表明，鉴定一些小型剪切带的运动和剪切方向并不难，难的是如何准确鉴定大型尺度的、结构和变形历史复杂的剪切带的剪切方向。因此，从不同尺度，全面地收集剪切带内和带外变形特征，对比各种运动学标志（图 15-18）和应变状态，在时间和空间上进行变形或应变分解，并与温度、流应力、围压、流体作用等物理条件紧密地结合起来进行分析，是鉴定大型剪切带复杂运动图像的最根本的方法。

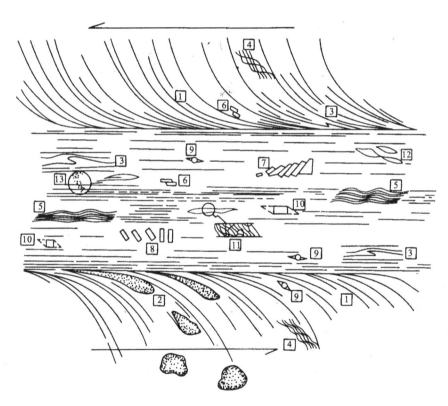

图 15-18 韧性剪切带的剪切方向运动学标志图示

（据 White，1986）

1. 先期面理韧性牵引和旋转；2. 变形标志体旋转；3. 片内褶皱的不对称和降向；4. 微型剪切或 C 条带；
5. 小型剪切带和伸展褶劈理；6. 剪切的残斑；7. 剪切破裂造成的碎块旋转；8. 张性破裂造成的碎块旋转；
9. 旋转的碎屑周围的不对称拖尾；10. 非旋转的碎屑周围的不对称拖尾；11. 动态重结晶的石英形组构；
12. 云母鱼；13. 石英 C 轴组构的不对称性

第五节　区域韧性剪切带及其构造型式

一、韧性剪切带的规模及产状

韧性剪切带的规模大小不一，小型韧性剪切带宽仅数厘米，大型和巨型的韧性剪切带长达几十千米，甚至达几百以至上千千米，宽度可达数百米至数十千米。如美国兰岭-南山基底韧性剪切带长400km，宽度达40km。我国江西武功山东段松山-汤家桥韧性剪切带长数十千米，共有8条次级韧性剪切带组成，宽度8km。而小型韧性剪切带就宽度而言仅有几厘米至几十厘米，如在北京西山地区房山侵入体北西缘发育的韧性剪切带小者宽仅有5～10cm。虽然韧性剪切带的规模大小差异很大，但其几何特征、产状及组合都几乎相同。

大型韧性剪切带的产状与其形成的构造背景有关。马托埃（Mattauer，1980）等根据大型韧性剪切带的产状将其划分为：产状较陡的大型韧性平移剪切带[图15-19(A)]和产状较缓的大型推覆型韧性剪切带[图15-19(B)]。

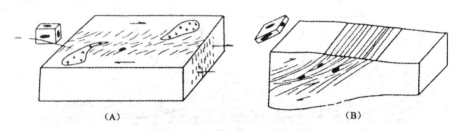

图15-19　两种类型韧性剪切带示意图
（据 Mattauer，1980）
(A)大型韧性平移剪切带；(B)大型韧性逆冲剪切带

如果考虑韧性剪切带的产状和运动方式的话，大型韧性剪切带应分为三种类型，即走滑（平移）型韧性剪切带、推覆（逆冲）型韧性剪切带和滑覆（正滑）型韧性剪切带。这样既表现出韧性剪切带的产状特征，也反映了它们的运动学特点，更符合自然界的实际情况。

如红河-哀牢山大型左行走滑韧性剪切带，我国郯庐断裂系沂沭断裂带中段基底的左行韧性剪切带，法国的布列塔尼大型右行韧性剪切带。逆冲型韧性剪切带如美国阿巴拉契推覆构造中的韧性剪切带，高喜马拉雅主中央逆冲断层中的韧性剪切带。滑覆型韧性剪切带如与变质核杂岩有关的韧性带（Lister，1984）等。

二、韧性剪切带的组合形式

韧性剪切带通常以平行带状和共轭的组合型式产出，后者常常在区域构造样式上呈网结状或菱网状结构。

（一）平行带状韧性剪切带

这种组合形式的韧性剪切带不管是在平面上，还是在剖面上都呈平行排列，具有大致相同的空间方位。这种分布形式的韧性剪切带反映一个地区的地质体可能经历了大致相同的构造运动方式。方位大致相同的一组平行韧性剪切应变带，一般不会使岩体的总体形状发生很大的改变。

(二) 共轭韧性剪切带

在基底变质岩系及侵入岩体中,韧性剪切带常常呈共轭出现,其中一组为右行剪切,而另一组为左行剪切。共轭剪切带导致区域岩块在一个方向缩短,而在另一个方向拉伸,使岩块的总体形状发生改变。与脆性剪裂不同的是,共轭韧性剪切带之间对着压缩方向(最大主应力轴 σ_1)的夹角大于 $90°$,即其钝角对着最大主应力方向。韧性剪切带的彼此相交和联合,常形成网状或菱网状区域构造样式,通常中间是未变形或变形很弱的地块(或岩块),也称弱变形(应变)域,而周围围绕着强烈面理化的韧性剪切带,即强应变带。

三、共轭韧性剪切带的力学分析

共轭脆性剪裂的锐夹角为什么面对最大压缩方向,摩尔-库伦准则作出了合理的解释。与脆性剪裂不同的是,共轭韧性剪切带的钝角对着最大压缩方向,即包含 σ_1 的夹角大于 $90°$。对此 Knill 曾提出假设,其初始角小于 $90°$,以后随着缩短应变的加大,通过物质向伸展方向的流动而变成钝角。然而这种假设并不符合实际。近年来,郑亚东等人研究提出的最大有效力矩准则为此疑难问题提供了合理解释。

韧性剪切带中新生的糜棱面理在变形带内发生偏转,这一偏转势必与力矩有关。为证实是如何受最大力矩方向的控制,从未变形的岩石中取一单位方块作应力分析[图 15-20(A)]。

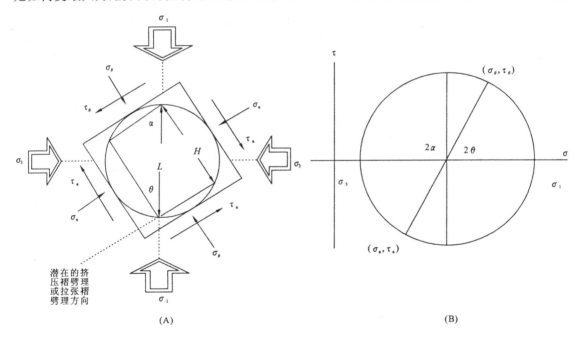

图 15-20 单位受力方块边界的应力状态(A)及其应力摩尔圆(B)

(据郑亚东等,2004)

σ_1 和 σ_3 分别为最大和最小主压应力;θ 为 σ_1 与潜在褶劈理法线间的夹角;
α 为 σ_1 与潜在褶劈理本身间的夹角;H. 力臂;L. 单位方块的边长或 σ_1 方向的最大力臂

根据相关应力摩尔圆[图 15-20(B)]可以看出,作用于方块边界的主应力和剪应力分别为

$$\sigma_\theta = \frac{1}{2}(\sigma_1 + \sigma_3) + \frac{1}{2}(\sigma_1 - \sigma_3)\cos 2\theta$$

$$\tau_\theta = \frac{1}{2}(\sigma_1 - \sigma_3)\sin 2\theta \tag{15-7}$$

$$= -\frac{1}{2}(\sigma_1 - \sigma_3)\sin 2\alpha \tag{15-8}$$

式中：σ_1、σ_3——最大和最小主应力（取压应力为正值，$\sigma_1 > \sigma_2 > \sigma_3$）；

θ、α——某平面法线和面本身与σ_1间的夹角。

(15-7)式和(15-8)式表明系统处于平衡状态，即力和力矩的总和为零，作用在方块正交两边的剪应力大小相等，指向相反。要产生一变形带，必须有一有效力矩(M_{eff})驱动带内物质线旋转。该有效力矩等于作用在单位长度变形带边界的切向力(F)及其力臂(H)的乘积

$$M_{eff} = FH$$

作用在单位方块上产生变形带的切向力数值上等于有效剪切应力 τ_{eff}，因而

$$M_{eff} = \tau_{eff} H = \tau_\theta L \sin\alpha \tag{15-9}$$

式中：L——沿σ_1方向的单位长度或最大力臂H_{max}。将(15-8)式代入(15-9)式得

$$M_{eff} = -\frac{1}{2}(\sigma_1 - \sigma_3)L\sin 2\alpha \sin\alpha \tag{15-10}$$

该式表明有效力矩只是差应力和变形带相对最大主应力轴的取向函数，其图形见图15-21。给定单位长度和某岩石的变形所需的差应力值，最大有效力矩出现在最大主应力轴左右54.7°方向。郑亚东等(2004)称之为最大有效力矩准则。由此可知，共轭韧性剪切带包含最大主应力(σ_1)的夹角应大约为110°，大量的野外现象也证实了这一准则。这就较合理地解释了为什么共轭韧性剪切带钝夹角面对最大主压应力方向，而且对共轭褶劈理、低角度正断层、高角度逆断层和鳄鱼嘴构造等也给出了合理解释。

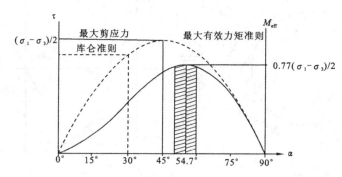

图15-21　差应力($\sigma_1 - \sigma_3$)，剪应力(τ)与有效力矩(M_{eff})间的关系

(据郑亚东等，2004)

表明最大有效力矩出现在σ_1轴±54.7°方向，阴影区为褶劈理形成的有利区间

第六节　韧性剪切带的观察与研究

韧性剪切带一般产于变形变质岩区或岩浆岩体内，在这些地区工作时，应注意可能存在的韧性剪切带。

(1)韧性剪切带以强烈密集的面理发育带为特色。在变质岩区，如果发现与区域面理产状不一致的高应变带，或者在块状均匀的岩体内出现狭窄的高应变面理带，尤其是其中主要岩石已糜棱岩化，可以肯定是一条韧性剪切带。在初步确定韧性剪切带后，应对其进行追索和观察，测量其总体方位、产状及其变化。追索中还要测量韧性剪切带的宽度和延伸长度，观察与

围岩的接触面是相对截然的,还是递进变化的,尤其要注意围岩中的片理或板状体(如岩墙等)在伸进剪切带时产状和结构的变化。

(2)韧性剪切带内主要有两组面理,剪切带内面理(S)和糜棱岩面理(C),形成 S-C 结构。剪切带内面理与剪切带边界或糜棱岩面理成一定的交角(θ),而且交角随趋向剪切带中心变小,甚至为 0°,从而与糜棱岩面理和剪切带界面平行一致。可选择几条横过剪切带有代表性的剖面,系统测量 θ 角的变化,这样,不但可以了解剪切带内部结构的变化和消亡,而且也为计算剪切位移量提供数据。

(3)注意观察剪切指向的各种依据并相互印证,以查明剪切方向及其变化。

(4)韧性剪切带内常发育鞘褶皱,应注意查明其几何形态、规模大小、伴生的 A 线理、三个剖面(XY 面、YZ 面和 XZ 面)的构造特征、与韧性剪切带的关系。对卷入剪切带的标志层,应测量其方位和厚度等的变化。

(5)观察岩石的多种变形变质现象。带内糜棱岩是典型的 SL 构造岩,应注意观测。由于糜棱岩形成过程中普遍发生塑性流变、重结晶和流体的加入,使长石等不含水或少含水矿物转变成富水矿物绢云母等,导致退化变质。

(6)在野外研究中,应系统采集构造和岩石标本,以便在偏光显微镜下和透射电子显微镜下进行显微构造和位错等的研究。

(7)韧性剪切带阵列的综合分析。由于地壳和岩石圈结构的不均一性和各种变形物理条件的影响,剪切带的组合型式和阵列是因地而异的,各种阵列都反映了应变的不均一性。例如,强应变带与弱应变域相间阵列或叠置的网结状剪切带阵列,这是一种在不同尺度上都可观察到的组合型式,反映了地壳结构和应变的不均一性,是变形分解和应变局部化的必然结果。而平行带状韧性剪切带阵列,反映了地壳某一部分地质体经受了相同的应变方式;共轭韧性剪切带则一般发育在相对均一的或面状组构不发育的构造域内。但楔形韧性剪切带和拆离型韧性剪切带的发育,说明了无论在平面上还是在剖面上,地壳和岩石圈结构都是不均一的,具有流变学的分带性和分层性。因此,韧性剪切带阵列研究,是造山带及其地壳岩石圈流变学研究的一个重要方面。

地质制图,尤其是大比例尺的地质制图是野外研究韧性剪切带的主要手段。在观察研究中,应注意查明所处的构造环境,以便为探讨其运动学、流变学和动力学及其发展演化过程提供背景依据。

主要参考文献

单文琅,宋鸿林,傅昭仁等. 构造变形分析的理论、方法和实践. 武汉:中国地质大学出版社,1991

傅昭仁,蔡学林. 变质岩区构造地质学. 北京:地质出版社,1996

刘德良,杨晓勇,杨海涛等. 郯-庐断裂带南段桴槎山韧性剪切带糜棱岩的变形条件和组分迁移系,岩石学报,1996,12(4)

任建业. 变形岩石中的运动学标志. 地质科技情报. 1988,7(1)

宋鸿林. 动力变质岩分类述评. 地质科技情报. 1986,7(4)

孙岩等. 两类糜棱岩的特征、成因及其地质意义. 地震地质. 1986,8(4)

韦必则. 剪切带研究的某些进展. 地质科技情况. 1996,15(4)

许志琴,崔军文. 大陆山链变形构造动力学. 北京:冶金工业出版社,1996

许志琴. 地壳变形与显微构造. 北京:地质出版社,1984

游振东,索书田等.造山带核部杂岩变质过程与构造解析——以东秦岭为例.武汉:中国地质大学出版社,1991

游振东.剪切带的变质作用.地质科技情报.1985,4(1)

郑亚东,常志忠.岩石有限应变测量及韧性剪切带.北京:地质出版社,1985

Handy M R. Deformation regimes and the rheological evolution of fault zones in the lithosphere: the effects of pressure, temperature, grainsize and time. Tectonophysics. 1989, 163(1)

Hatcher R D Jr. Structural geology—principles, concepts, and problems. 2nd ed. Prentice Hall, Englewood Cliffs, New Jersey. 1995

Mccaig A M. Fluid-rock interaction in some shear zones from the Pyrenees. J. metamorphic Geol. , 1984, 2(1)

Ramsay J G, Huber N I. 现代构造地质学方法.徐树桐主译.北京:地质出版社,1991

Shimamoto T. The origin of S-C mylonites and a new fault-zone model. J. Struc. Geol. , 1989, 11(1)

Sibson R H. Fault rocks and faults mechanisms. J. Geol. Soc. London, 1977, 133(1)

Sibson R H. Structural permeability of fluid-driven fault-fracture meshes. J. Struc. Geol. , 1996, 18(8)

Zheng Y D, Wang T, Ma M B, *et al*. Maximum effective moment criterion and the origin of low-angle normal faults. J. Struc. Geol. , 2004, 26:271~285